OPEN QUEST
引導力

OPEN QUEST
POWER OF FACILITATION

上冊 引導的基本觀念與
即時介入

Volume I: Fundamental Concepts
and Real-Time Intervention

鐘琮貿　著
SHAWN CHUNG

OPEN QUEST引導力——
讓前行者沒有遺憾的地圖

許逸臻Laura Hsu ^{CPF | M / CToPF}

「引導力」三個字，在剛開始引導的教學的時候，我特別圍繞著這個「力」來展開。這就像練武功，同樣使出某一個招式，為何某些人怎麼使都沒有撼動對方，而武林高手就能讓對手震飛？引導這件事情也是一樣，不只是純知識，還是在應用面上要能發力。引導所發的力是團隊智慧的力。一旦引發得當，團隊智慧會讓很一般的會議室都變成夢想實現的地方。怎麼發力需要經驗的積累，而發力得當的成果，是在團隊與組織當中一段時間之後，看得到後續正向績效成果的。我和Open Quest的團隊，忙碌於各式各樣的專案，當中最沉浸享受的部分就是常常能夠協助世界各地不同的組織，點燃團隊智慧之光，促進渴望的改變。引以為榮的是我們團隊多次榮獲IAF國際引導者協會的引導影響力大獎(Facilitation Impact Awards)。

身為Shawn的工作夥伴以及另一半，在忙碌的工作中，我和Shawn常常對談，某次聊到一個話題就是如果明天就是人生盡頭，是否還有什麼遺憾？我記得當時他的遺憾就是，想寫的書都還沒寫好。去年(2022年)環境面有不少的挑戰，其中之一是上海疫情期間的封控。這段時間我們被封在上海，而這本書就在這段期間誕生了。在沒有外界出差或者太多專案干擾的情況之下，Shawn進入了閉關創作的狀態。每天都在書房從早閉關到晚，在那樣沒有外在壓力的情況之下，內在動力驅動著他日日夜夜埋首創作。

最終成品寫好時，讓我幫忙看，才發現寫一本書已經變成需要分為上下冊。寫的詳細程度還讓我一度問他說，這樣把我們的秘笈都寫出來好嗎？不藏私的他，覺得這是給引導領域的貢獻，還是記錄下來比較好。

這本書在寫什麼呢？如果引導這個領域像是一個很大的島嶼，二十幾年前我們開始學習的時候就好像從某個海灘上了岸，被它的風景所吸引，把上岸那一帶玩得很透徹，甚至能夠當導遊。後來隨著接到不同的任務，到不同的地點探險之後，才發現這個島嶼存在著不同的地形地貌，需要我們帶著不同的裝備、能力與理解才能安全巡航，慢慢地這整個島嶼變成了我們最熟悉且珍視的神聖之地。經過了這麼多年，在各式各樣團隊、組織的專案當中考驗並積累知識，從2013年開始，我們的方法論開始在公開課當中系統性的教授，學生們也紛紛通過國際考試並且能夠在職場上自己的位置發揮引導的力量。

近年來引導領域的書籍也如雨後春筍紛紛上市。我們欣見這麼多實踐者能把自己的經驗化成案例故事、工具集等等，豐富這個領域的知識庫。也發現有許多工具書的同時，目前其實很少有針對引導這件事情的本質講透的書。也因此每次有剛進這領域的朋友們想讓我們推薦一本書就能了解引導的全貌，我們一直必須推四到五本讓大家自己去試著看見全貌。隨這引導力書的出版，未來將可以很驕傲的推薦先讀這一本（事實上是上下冊兩本）。我想這是Shawn這本書最大的貢獻，就是把這個二十餘年前我們帶著興奮之情發現的島嶼，完整的地圖寫清楚，並且附上使用指南。這也是屬於我們Open Quest的方法論。我們這些年累積的如何讓引導「力」發揮出來的內隱知識—也就是那種遇到了什麼情形就「知道如何做」的直覺，以及「千萬不要那麼做」的警覺—在這本書當中希望能體系化的介紹給大家。

這本書獻給所有對引導是什麼存在好奇的人。第一類的人是一般需要和團隊常常開會的人。你不見得具備引導的專業訓練，但你經常需要開會。你可能是會議的發起人，甚至是會議的參與者。如果發現會議有卡點，但想要從自己的位置即時介入來促進討論成果，那麼從這本書的上冊你將可以找到發力點。第二類是獻給開始戴上引導者帽子的你。如果你正式邁向引導的角色，甚至要帶領稍微挑戰的會議，那麼除了從上冊打好基本功之外，下冊的流程設計與實施，將會帶領你做好從引導前的準備到引導實施的過程工作，讓你提前準備好不踩坑，並且將理論框架應用到實境的工作。

引導這座島嶼還是存在著許多值得深挖的極少為人知的秘境，我和Open Quest的同事們秉持的極限探險的精神，每年都在客戶的真實議題以及我們的興趣領域尋找可以進一步深入理解的命題，進行實驗與新嘗試，因此我相信這兩本書只是個開頭。希望更多的人能加入我們學習及研究的領域，這本書將讓你也能掌握到我們這些年來理解到的地圖。邀請你讀起這本書，加入我們用引導力點燃團隊智慧之光，催化組織正向改變的行列！

許逸臻(Laura Hsu)

OPEN QUEST開放智慧引導科技股份有限公司/上海睿問企業管理諮詢有限公司的創始人之一、IAF國際引導者協會認證的大師級專業引導師以及評審(IAF Certified© Professional Facilitator｜Master / Assessor)、國際引導影響力金獎得主

序

這本書叫《OPEN QUEST引導力》。不熟悉引導領域的讀者應該不明白這個書名的意思,所以我簡短解釋一下。

Open Quest 是我所屬的團隊,引導是我們主要從事的工作。引導力是我們自己在工作上幫助客戶的能力,也是我們希望教給更多人的能力。以下我們的標誌即是象徵著我們對於客戶帶來的幫助。

我們的標誌是一個大圈旁有一個小圈。大圈象徵著接受引導服務的一群人,可以是一個組織、一個團隊或一個團體;小圈象徵著引導者,也就是在過程上施力,幫助他們作好交流與產出內容的人。大圈之中有一個空缺的小洞,象徵著他們所需要的引導者角色。而我們即是小圈所代表的引導者角色。小圈進入大圈去補充這個角色,在一個獨特的位置上幫助他們更有效運作。

在2002年我剛成為專職的引導者時,跟一群夥伴一起創立了Open Quest這個引導團隊。我很幸運能夠在Open Quest團隊工作。一路走來,雖然有人事更替,但透過Open Quest這個平台,我一直能跟非常專業且有影響力的夥伴一起工作,並且有機會把引導上的知識與經驗透過教學與輔導傳授給他人。Open Quest給了我學習、實踐與傳授引導的舞台。

寫這本書的目的與我們Open Quest的使命有關。我們的使命是「點燃團隊智慧之光，引導組織正向改變」。為了達成我們的使命，我們除了以引導直接幫助客戶之外，也致力於傳授引導知識與技能，希望培養引導者，以及幫助領導者與各領域的專業人士在他們的工作中運用引導。

在傳授引導知識與技能方面，教學與輔導雖然能夠深入幫助引導者的學習，但所能影響的範圍比較有限。因此，我與我的夥伴們一直期望透過出書的方式，讓更多人能夠了解這門學問。我們所認知到的引導的體系相當龐大，要把它說清楚不是三言兩語可以做到的事情，以課程的形式傳授也都會有許多遺漏。而書是容量比較大的載體，所以書是很好的形式，讓我們將這些內容有體系地由粗到細呈現出來。

我的夥伴對我非常地寬容。在我寫作這本書的內容的過程中，他們從沒干預。這給了我充分的自由度，可以按我的方式去重新解構、定義、描述及重新建構許多引導上的概念。這些概念中有許多是隱性的知識，存在於我們的實作經驗當中。雖然當中有一部分已經被顯性化，作為我們的引導力培訓系列課程的內容，但有許多都還沒有被仔細挖掘與組織起來。這本書的寫作相當於我的一次嘗試，嘗試用我的方式去解釋引導是什麼以及怎麼做。這些知識除了來自於我本身之外，還有許多來自我與我的老師、我的同事、合作夥伴共事時一點一滴累積的經驗，也來自於相關領域許多人分享的知識與經驗。我嘗試再往前跨一步，把它們構築成體系並整理成書。

因此，能夠完成這本書，我需要感謝的人太多。其中最主要的，是我的引導的啟蒙老師們，文化事業學會（The Institute of Cultural Affairs）的 Richard West, Gail West, Lawrence Philbrook三位老師，以及我生活與工作上最親密的夥伴許逸臻 Laura Hsu。沒有向你們學習以及與你們一起工作，我不可能有基礎建構起本書的理論與技能體系。其中，還要特別感

謝Laura在本書付梓前看過書稿，對內容提供了建議，幫助我對內容作最後的調整。

其次要感謝的，是Open Quest的工作夥伴們。你們承擔起許多的工作，讓我可以很放肆且奢侈地運用大把的時間寫作。

再要感謝的，是與Open Quest合作過或與我單獨合作過的引導者們。與你們每一次共事的經驗，都給我帶來不同的學習，成為誕生寫作靈感的養分。

還要感謝的，是參加Open Quest引導力系列課程的學員。你們的學習熱忱給了我持久的動力去作較枯燥的基礎研究，以及問了許多讓我想回答清楚的基本問題。我希望這本書能夠回答你們大部分的問題，以及真正為你們的學習帶來幫助。

特別要感謝的，是引導者圈子裡的朋友們，以及在引導圈子裡分享經驗的其它領域的專家。我在不同的場合與你們交流，豐富了我的眼界。也特別感謝國際引導者協會（International Association of Facilitators）以及它在各地的分會，舉辦許多的活動，聯繫起了世界上許多的人，讓我能夠有機會與眾多的引導者與引導愛好者交流。

最後要感謝的，是正在看這本書的你。感謝你花時間閱讀這本書。在你利用本書學習與應用引導的同時，也成就了我們Open Quest的使命。雖然你我可能素昧平生，但我們已是愛好引導的同道夥伴。

目錄 CONTENTS

第四部　豐富內容的即時介入　　321

下冊：引導流程的設計與實施

第五部　會議的籌備與安排

第二十章　與客戶一起工作以制定會議目標

第二十一章　引導前的籌備工作

第二十二章　引導流程的常態安排

第六部　引導流程的設計

第二十三章　安排流程架構與流程段落

第七部　引導流程的實施

第八部　引導者的修練

附錄：鐘氏引導流程符號系統

引導知識與技能體系結構圖

我希望透過本書以有系統的方式介紹引導的知識與技能。由於引導的知識與技能在種類、數量與層次上都比較多，為了讓你更方便查找正在閱讀的內容處於整個知識技能體系中的位置，我將書中所介紹的知識技能繪製成「引導知識與技能體系結構圖」，呈現在以下兩頁。此外，對於技能種類比較繁複的「即時介入」，我也繪製了「即時介入技巧體系結構圖」，放在整體的結構圖之後幾頁。其中包含了基本技巧、幫助交流的即時介入技巧、豐富內容的即時介入技巧三大類。

如果你還沒有開始閱讀本書章節裡的內容，你可以從結構圖中大約了解整本書主要的內容安排，並從你感興趣的章節開始閱讀。

在閱讀本書章節裡的內容時，任何時候你覺得迷失了內容的脈絡，你也可以回來看看這個結構圖，以清楚當前你閱讀的內容在整個體系中的位置。

引導知識與技能體系結構圖
(二之一)

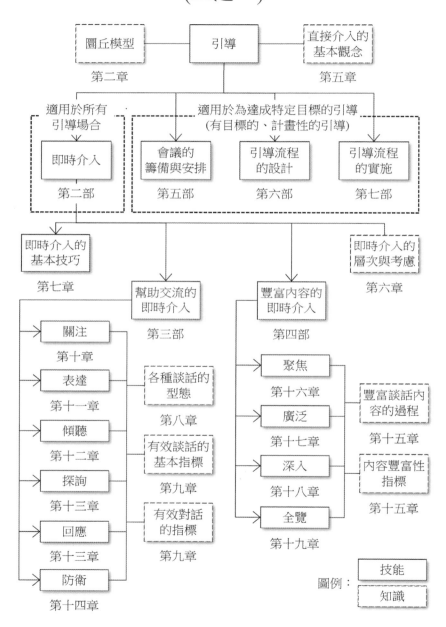

引導知識與技能體系結構圖
(二之二)

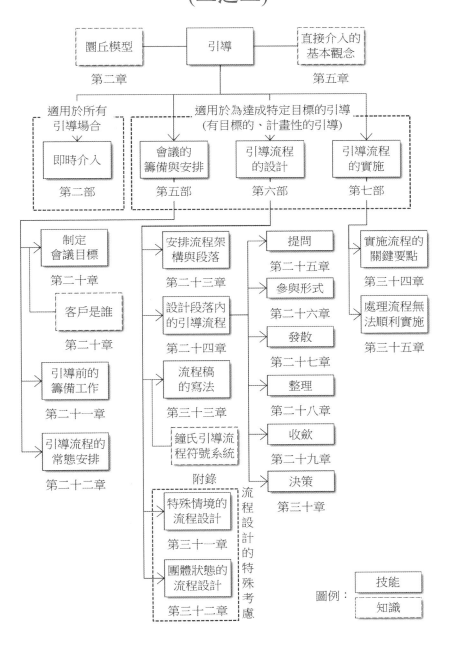

即時介入技巧體系結構圖

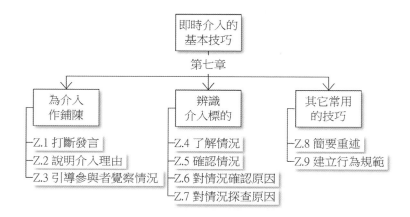

即時介入的
基本技巧
第七章

為介入
作鋪陳
- Z.1 打斷發言
- Z.2 說明介入理由
- Z.3 引導參與者覺察情況

辨識
介入標的
- Z.4 了解情況
- Z.5 確認情況
- Z.6 對情況確認原因
- Z.7 對情況探查原因

其它常用
的技巧
- Z.8 簡要重述
- Z.9 建立行為規範

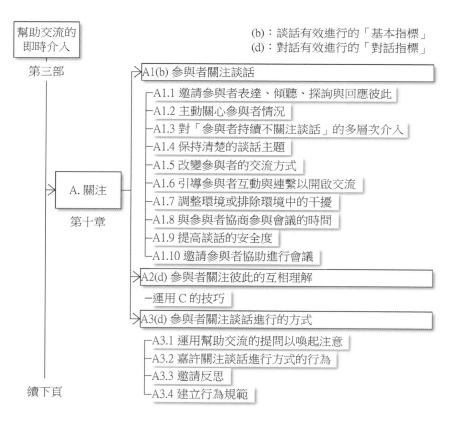

幫助交流的
即時介入
第三部

(b)：談話有效進行的「基本指標」
(d)：對話有效進行的「對話指標」

A. 關注
第十章

A1(b) 參與者關注談話
- A1.1 邀請參與者表達、傾聽、探詢與回應彼此
- A1.2 主動關心參與者情況
- A1.3 對「參與者持續不關注談話」的多層次介入
- A1.4 保持清楚的談話主題
- A1.5 改變參與者的交流方式
- A1.6 引導參與者互動與連繫以開啟交流
- A1.7 調整環境或排除環境中的干擾
- A1.8 與參與者協商參與會議的時間
- A1.9 提高談話的安全度
- A1.10 邀請參與者協助進行會議

A2(d) 參與者關注彼此的互相理解
- 運用 C 的技巧

A3(d) 參與者關注談話進行的方式
- A3.1 運用幫助交流的提問以喚起注意
- A3.2 嘉許關注談話進行方式的行為
- A3.3 邀請反思
- A3.4 建立行為規範

續下頁

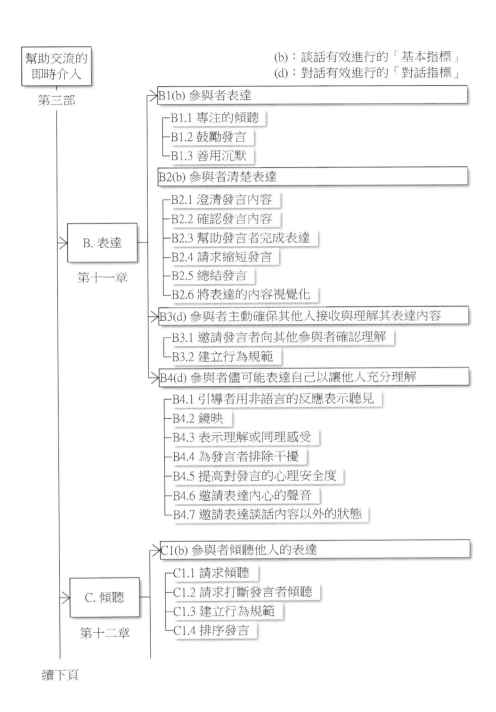

幫助交流的
即時介入

第三部

(b)：談話有效進行的「基本指標」
(d)：對話有效進行的「對話指標」

B1(b) 參與者表達
└B1.1 專注的傾聽
└B1.2 鼓勵發言
└B1.3 善用沉默

B2(b) 參與者清楚表達
└B2.1 澄清發言內容
└B2.2 確認發言內容
└B2.3 幫助發言者完成表達
└B2.4 請求縮短發言
└B2.5 總結發言
└B2.6 將表達的內容視覺化

B. 表達

第十一章

B3(d) 參與者主動確保其他人接收與理解其表達內容
└B3.1 邀請發言者向其他參與者確認理解
└B3.2 建立行為規範

B4(d) 參與者儘可能表達自己以讓他人充分理解
└B4.1 引導者用非語言的反應表示聽見
└B4.2 鏡映
└B4.3 表示理解或同理感受
└B4.4 為發言者排除干擾
└B4.5 提高對發言的心理安全度
└B4.6 邀請表達內心的聲音
└B4.7 邀請表達談話內容以外的狀態

C1(b) 參與者傾聽他人的表達
└C1.1 請求傾聽
└C1.2 請求打斷發言者傾聽
└C1.3 建立行為規範
└C1.4 排序發言

C. 傾聽

第十二章

續下頁

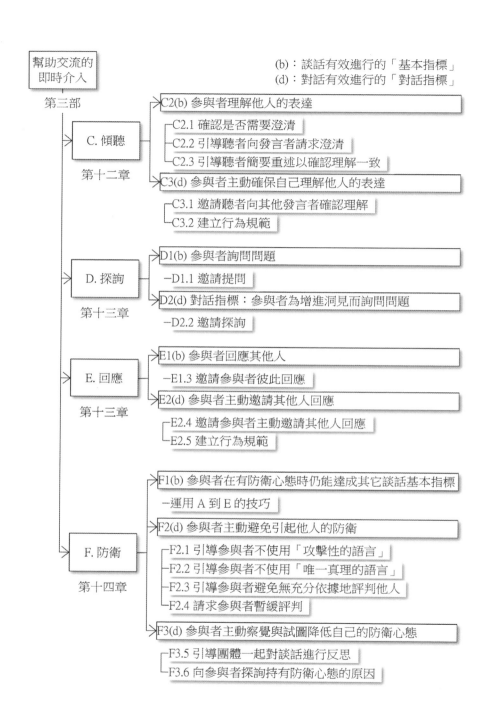

幫助交流的
即時介入

(b)：談話有效進行的「基本指標」
(d)：對話有效進行的「對話指標」

第三部

C. 傾聽
第十二章

C2(b) 參與者理解他人的表達
C2.1 確認是否需要澄清
C2.2 引導聽者向發言者請求澄清
C2.3 引導聽者簡要重述以確認理解一致
C3(d) 參與者主動確保自己理解他人的表達
C3.1 邀請聽者向其他發言者確認理解
C3.2 建立行為規範

D. 探詢
第十三章

D1(b) 參與者詢問問題
D1.1 邀請提問
D2(d) 對話指標：參與者為增進洞見而詢問問題
D2.2 邀請探詢

E. 回應
第十三章

E1(b) 參與者回應其他人
E1.3 邀請參與者彼此回應
E2(d) 參與者主動邀請其他人回應
E2.4 邀請參與者主動邀請其他人回應
E2.5 建立行為規範

F. 防衛
第十四章

F1(b) 參與者在有防衛心態時仍能達成其它談話基本指標
運用 A 到 E 的技巧
F2(d) 參與者主動避免引起他人的防衛
F2.1 引導參與者不使用「攻擊性的語言」
F2.2 引導參與者不使用「唯一真理的語言」
F2.3 引導參與者避免無充分依據地評判他人
F2.4 請求參與者暫緩評判
F3(d) 參與者主動察覺與試圖降低自己的防衛心態
F3.5 引導團體一起對談話進行反思
F3.6 向參與者探詢持有防衛心態的原因

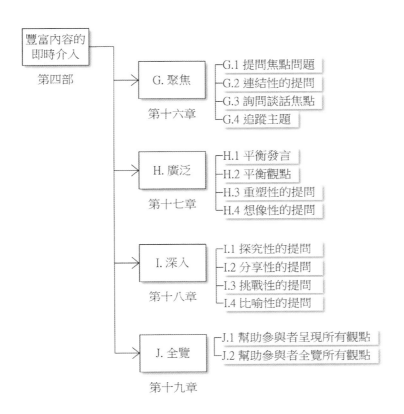

本書詞彙

我把書中容易混淆意思的詞彙放置在此以方便快速查閱。這裡所放的是簡要的定義。對於大部分的詞彙，書的內文有更詳細的說明。

「參與者」、「引導」、「引導者」

「參與者」是參與交流「內容」的人。

「引導」是在人際互動的過程上施力，以幫助人與人之間的交流的技能與作法，以及能支持這些技能與作法發揮作用的知識、心態與價值觀。

「引導者」是運用引導的知識與技能，在交流的「過程」上幫助參與者的人。

「互動」、「交流」、「溝通」

「互動」泛指人與人之間彼此回應的行為舉動，可能以各種形式進行，例如語言的寒暄、交談或非語言的握手、點頭致意、微笑等。

「交流」指互動中有表達具體意思的行為舉動，例如表達意見、詢問問題、專注傾聽等。

「溝通」是就特定的關注焦點進行交流的行為舉動，例如對不同意的觀點進行溝通、對如何推進行動方案進行溝通。

「廣義的引導」、「為達成特定目標的引導」、「單純幫助交流的引導」

「廣義的引導」是在人際互動的過程上施力，以幫助人與人之間的交流的技能與作法，以及支持這些技能與作法發揮作用的知識、心態與價值觀。

「為達成特定目標的引導」是在廣義的引導之中有預設特定目標的引導。由於有特定目標，所以需要預先設計流程，在引導時要實施引導流程以及視發生的情況作相應的即時介入。

「單純幫助交流的引導」是在廣義的引導之中沒有預設目標的引導，不需要預先設計流程，引導時只需要視發生的情況作即時介入。

「會議」

為達成特定目標而運用引導的所有場合，在本書都稱為「會議」。無論它是原本就叫「會議」，或是叫「工作坊」、「共識營」、「共創會」、「團隊建立」、「社群營造」或其它名稱。

「團體」、「團隊」

只要是一群人都是「團體」。但當一個團體中的成員彼此之間是工作關係而有共同目標時，是一個「團隊」。「團體」是較廣義的概念。「團體」包含了「團隊」，「團隊」是團體的一種。

「決定」、「決策」、「決議」

這三者在本書內的意義相同，只是順應文字的慣例，有時用「決定」，有時用「決策」，有時用「決議」。

「引導現場」、「引導流程的實施」

「引導現場」即引導者實際引導人際交流的現場。在有預先設計引導流程

的場合，引導者在引導現場用設計好的引導流程來幫助交流的行為，即是「引導流程的實施」。

「會議目的」、「會議目標」

「會議目的」是指期望透過舉辦會議而達成的目標或影響，可能超出會議之外，而在會議之後發生。

「會議目標」是指期望會議在結束時就能達成的目標，可能是希望透過會議創造的產出、會議中帶給參與者的體驗，或參與者經歷了會議之後自身的轉變。

「線下實體會議」、「線上虛擬會議」、「線上線下混合會議」

「線下實體會議」指的是參與者聚集到同一地理位置實際面對面開的會議。

「線上虛擬會議」指的是參與者透過網路及連線的軟硬體設備所開的會議。

「線上線下混合會議」指的是同時使用上述兩種會議方式的會議。它可能是全部參與者都同時在線上與線下參加的會議，或一部分人在線上參加而另一部分人在線下參加的會議。

「直接介入」、「間接介入」

「直接介入」是引導者對參與者直接實施作為的介入。由於引導者在引導現場絕大部分的引導工作都是運用直接介入的技能來完成，所以一般在說「介入」時，如果沒有特別聲明是哪一種介入，指的就是「直接介入」。

「間接介入」是引導者透過其他人進行或透過調整環境而間接影響參與者的介入。

「通用流程」、「專用流程」

「通用流程」指能在不同情境或用途上廣泛使用的流程，專用流程指專門在一種情境或用途上使用的流程。

需介入的「情況」

作為介入標的的「情況」，可以是指行為本身、行為造成的情況，或與行為無關的情況。例如「打斷別人發言」是一個行為；「許多人同時發言以致於大家聽不清楚任何一個人說的話」是行為造成的情況；「桌椅安排不當妨礙了分組討論」是與行為無關的情況。

「共同進行的流程」、「分別進行的流程」

「共同進行的流程」是指同一個場域的參與者共同參與的流程，無論是以個人或小組為單位進行參與。由於參與者是共同參與在一個場域裡面，所以同時間只能有一個人發言，否則會聽不清楚。

「分別進行的流程」是指站在範圍較大的場域的角度來看，參與者各自在其中較小的場域進行的流程。例如全體參與者的共同場域裡以小組或個人為單位各自進行的流程，或在小組裡又分更小的小組或個人進行的流程。在各自較小的場域裡的參與者共同進行的流程，也一樣必須同時間只有一個人發言，否則大家會聽不清楚。

在有「分別進行的流程」的情況下，對較大範圍的場域而言，雖然同時有多人發言，但因為發言都發生在其中各個較小的場域內，彼此不互相干擾，所以不會因此造成聽不清楚的問題。

「全體的場域」

「全體的場域」通常指會議全體參與者共同進行流程的場域。若是要特別用來稱呼小組內的全體參與者共同進行流程的場域，則需要特別寫上「小組」以資識別，而稱為「小組內的全體場域」。

第零章 簡單地開始一段引導

引導聽起來很玄？很難？不容易理解？

如果你有這個感覺，請試著在下次開會或參加一場討論時，刻意做以下幾件事情。

一、邀請發言

當沒有人說話時，重提一下今天會議的主題或討論的話題，並邀請大家發言。例如：「關於目前業務進行的困難點，大家有什麼想法？」

在某個人發言後，簡單地問：「還有嗎？」、「還有其它想法嗎？」、「有人想要回應一下這個說法嗎？」來邀請其他人發言。

二、幫助表達與傾聽

當某人似乎很努力想表達某個意思時，或其他人聽得有點吃力時，試著在發言的人說完後重述一下他的意思，然後跟他確認他的意思是不是你重述的內容。例如：「我聽起來，你的意思是……。是這樣嗎？」

你也可以問一問聽的人：「大家理解嗎？」、「有沒有什麼疑問？」

三、為發言「指揮交通」

當有好幾個人同時想要說話時，簡單為他們排個序。例如，你可以說：「我們同時有好幾個人要說話，不如我們一個一個來。照這樣的

順序發言：老呂、小潘、孫哥、周姐。可以嗎？」

就像程咬金到哪兒都能用的的「三板斧」功夫一樣，用這看似簡單的「三板斧」，你已經從討論內容的「參與者」轉變為引導討論進行的「引導者」。也是說，你已經在做引導了！

引導，即是當大家沉浸在討論的內容中埋頭苦幹時，在討論的內容之外觀察大家進行的情況，並為討論的過程適時提供幫助。有了這樣的幫助，討論的效率與品質會大大提高。也難怪在愈來愈要求發揮群體智慧、團隊協作的現代，引導愈來愈受重視。

如果你是在翻閱這本書時才第一次知道引導，那麼以下這些比喻或許可以幫助你很快對引導有比較形象的認識。

- 引導就像在為眾人創造獨特的時間與空間，讓期待的交流與共創能夠發生。
- 引導就像為團體的交流添加柴火，讓它的火焰更加熱烈。
- 引導就像在談話中穿針引線，讓它更密集更流暢。
- 引導就像在將個體揉入整體，在維持「我」時還能有「我們」。
- 引導就像在協助眾人湊齊拼圖，讓所有觀點都能浮現以呈現事物的全貌。
- 引導就像在協助團體共同創造雕塑，讓創意揉合在一起，創造出共同的作品。
- 引導就像是軟墊，為衝突提供緩衝，以緩和衝撞及容許轉圜。
- 引導就像引水渠，讓眾人的思潮如水往達成交流的目的前進。
- 引導就像容器，承載著思考與交流的內容，讓它們在裡面發酵。

· 引導就像雕琢寶石，幫助眾人打磨質樸的想法成為精煉的方案與作品。

· 引導就像煉金，昇華原始的想法以精煉出精華。

· 引導就像打鐵，幫助團體反覆淬煉出最好的結論。

· 引導就像煲湯，最後留下味道醇厚的共識。

· 引導就像施工，為會後的行動打下堅實的地基。

· 引導就像嚮導，引領眾人一步一腳印，達成聚會交流的目的。

如果說「科技」是指幫助生產的質與量的方式方法，那麼「引導」可以說即是幫助人發揮群體智慧、彼此協作的科技。它優化了彼此溝通、發揮創意、形成共識、作出決策的過程，幫助了群體產出的成果的質與量，甚至改變了人本身。

掌握了引導這一門學問與技能，你就掌握了幫助人們運用群體智慧的一把鑰匙！

第一部
引導的概念

本書第一部〈引導的概念〉在介紹引導的基本概念。內容涵蓋了引導的定義、來源、發展、用途、如何作用、引導者的角色、技能的分類等等。基本概念能幫助你認識引導的基礎知識體系，從整體的脈絡來看引導的內容。有了基本概念之後，你就能更有效地學習引導的其它知識、技巧與工具。

引導的作用是幫助人與人之間的交流。幫助交流的作法在人類的社會一直普遍存在，但很有趣的是，沒有一個詞專門稱呼這件事。一直到一九九〇年代，才有人開始用現在我們所熟悉的「Facilitation」這個詞來稱呼引導。但由於這個詞也是從別的詞借用過來的，所以沒接觸過引導的人光是看這個詞並不能意會它的意思。而且，引導的知識直到現在還在不斷地發展、演進，許多引導者都會根據自己的體會賦予引導定義與說法。因此，在開始介紹引導的各種實務技巧與工具之前，我首先還是要先以我的觀點清楚定義「引導」是什麼。接著再以此為基礎，介紹與之相應的各種知識、技巧與工具體系。

「引導」在過程上施力以幫助交流

在人際交流中，我們通常會把談話的重心放在內容上。我們會專注於表達自己想說的內容、聽別人表達的內容，以及就內容作回應。這是在交流中屬於「內容」的層次。

偶爾，我們會發現自己說的話別人不容易理解，而試著改用另外一個說法幫助別人理解。或者，我們在聽不懂別人表達的內容的時候，我們會問問題澄清，或請對方再說一遍。有時，我們甚至會請對方將想表達的內容寫或畫下來，以幫助我們理解。此時，我們除了關注交流的內容之外，還關注交流的方式，也就是關注交流的過程如何進行。也就是說，在交流中，我們除了關注交流的「內容」的層次之外，還關注了交流的「過程」的層次。

對於交流而言，「內容」（即「What」）非常重要，畢竟交流的目的就是要交流內容。但對於內容是否能夠有效交流，「過程」（即「How」）有著關鍵性的影響。內容與過程的關係，就像「食材」與「作菜方法」的關係。當你製作一盤菜時，組成菜的「食材」固然很重要，但「菜怎麼作」對於菜的品質會有關鍵影響。有了再好的食材，若是作菜的方法不適當，那麼作出來的菜品質也不會好。在人際的交流上也是一樣，每個人想表達的內容再好，若是交流的過程不適當，那麼交流的品質也會大受影響。

當我們有意識地關注交流的「過程」而非僅僅是關注內容，並且刻意地在人際互動的過程上施力來幫助人與人之間的交流，我們即是在做「引導」了。每個人或多或少都有在別人的交流不順的時候，想辦法去幫助他們的經驗。或許就是簡單地請其中一個人等一下，讓另一個人說完；或者是簡要重述一下其中一個人剛剛說過的話，讓其他人能理解。在做這些動作的時候，我們其實已經扮演起了「引導者」的角色。只不過在日常的交流中，我們扮演這個角色時是隱性的，別人並未認知到我們是引導者的角色。而且，我們也可能並未察覺到我們自己已經不只關注「內容」的層次，而且還在「過程」的層次上幫助了別人，而進入了另一個角色。

這個概念用一個圖像來表示，就如此圖所示。引導同時關注了交流中內容的世界與過程的世界，透過幫助交流的過程提高交流內容的品質。

圖1-1：內容的世界、過程的世界與引導

當人參與在內容的交流之中的時候，我們稱他作「參與者」。

參與者在參與交流的同時又要做引導會比較難。難有兩個原因。第一個原因是：人的關注能力是有限的，在交流複雜且密集的時候，人很難兼顧內容與過程。第二個原因是：當一個人同時是內容的參與者的時候，其他立場不同的參與者可能會不想接受這個人的引導，因為他們會擔心接受這個人的引導可能會對自己的立場不利。所以，在不同的情境下，參與者同時擔任引導者會有不同的難度。這就導致在某些交流過程很重要的場合中，需要有專門擔任「引導者」角色的人，來做引導的事情。擔任正式的引導者角色的人並不參與在內容的討論之中。他對內容關注但保持立場中立，以便在過程上幫助大家有效地參與，讓交流更有效率、成果更好。

引導者除了在眾人交流時作「即時介入」以提供幫助之外，在有特定目標要達成的交流場合，為了讓整個過程更有效果及效率，還會事先根據目標設計「引導的流程」。引導的流程與一般我們所見的會議大綱或簡要的議程不同。它會有詳細得多的步驟，以更細緻地引導人們進行思考與交流。「事先設計流程」體現出引導者的另一種能力，也就是為不同場合設計有效的交流過程的能力。不同場合所需要設計的引導流程可能很不一樣，例如「解決技術問題」與「規劃經營策略」就不能使用同一套流程。所以設計適當的流程並且有效地把它實施出來，是引導者所擁有的其中一種專業技能。

簡而言之，「引導」即是在人際互動的過程上施力，以幫助人與人之間的交流的技能與作法。但要能做好引導，除了技能與作法之外，使用引導的人還必須要擁有能支持這些技能與作法發揮作用的知識、心態與價值觀。所以，廣而言之，「引導」除了技能與作法之外，還包含了能支持這些技能與作法發揮作用的知識、心態與價值觀。

而「引導者」即是做「引導」這件事的人。有時候引導者是正式而顯性的角色；有時候是非正式而隱性的角色。非正式的引導者通常由參與者兼任，所以這個人的角色會在引導者與參與者之間切換。正式的引導者通常不參與在內容的交流之中，而是獨立在內容的交流之外，專注擔任這個獨特的「引導者」角色，以求在最大程度上發揮引導者的功能，以及避免參與者認為引導者立場不中立而不接受引導。

引導的來源與發展

幫助別人交流是人自然會去做的事，所以我相信從古至今每個人在一生中或多或少都做過引導，只是長久以來它並未被認知為一個專門的學問而賦予一個名稱。隨著現代社會講求分工及專業，它的作用與角色才逐漸被發現與看見，而被視為可以單獨研究與發展的學問。

在一九九〇年代前，這個現在被稱為引導的學問還沒有一個公認的名稱。但當時世界上已經存在了各種各樣的幫助眾人交流的方法，例如腦力激盪(Brainstorming)、焦點討論法 (Focused Conversation Method)、團隊共創法(Consensus Workshop Method)、開放空間科技 (Open Space Technology)、KJ法、團隊列名法(Nominal Group Technique)等。這些方法存在於社群營造、組織發展、品質管理、創意發想、資料分析……等等不同的領域，由該領域中的實務工作者及專家所發明出來。這些方法在它們所生長出來的領域被廣為應用，但不見得被領域以外的人所知道。

後來，這些方法的使用者在跨領域的交流中發現了方法在使用上的共通點。有些人開始覺得這些方法之所以能發揮作用，似乎是因為有一些共通的原則或道理存在在裡面。於是，這些共通的原則或道理漸漸開始被人視為一個單獨研究的主題。但當時並沒有統一的詞彙來稱呼這門學問叫什

麼。直到一九九四年，一群引導的先驅成立了位在北美的國際引導者協會(International Association of Facilitators, IAF)時，把引導者的角色「Facilitators」這個詞用在協會的名稱上。至此，「Facilitation」這個詞才被定下來，成為這一門學問通用的稱呼。Facilitation 這個詞的原意是「使事情變得容易」，所以採用這個詞所隱含的意義是「引導是幫助事情變得更容易的一門學問」。引導者們希望透過引導的運用，幫助人們更容易一起發揮創意、解決衝突、達成共識、作出決策，把事情給做好。

所以，引導並不是從單一個源頭中發展出來的學問，而是從各種不同領域的方法中歸納出來的學問。它也不是只在學術殿堂裡討論的理論，而是在各應用領域中實際發揮作用的學問。引導生於實做，也在實做中發揮影響、體現價值，所以十分務實。

引導同時是一門很有深度的學問，它在研究與實踐怎麼幫助一群人互相影響以共同成就最好的成果。要做到這一點，引導者需要對人性、人與人之間的動態、討論的事物的內容、自己如何影響他人等方面有足夠的理解與洞察。而這些每一樣都是學無止境，很有深度的學問。因此，人在學習引導的歷程中，經常對人性與世界觀有不同的體悟和認知。

引導還是一門影響力很大的學問。人類各方面的發展是在經驗與智慧的交流與互相參照中達成的。其中，交流的品質與效率是影響成果極其重要的因素。我們在實務上經常看到客戶延宕多年未解決的重要問題，在引導的幫助下很快得到突破，讓問題獲得解決或讓事情有所進展的例子。引導可以說在這些交流的重要節點上發揮著關鍵作用。除了幫助問題的解決與事情的推展之外，引導的過程促使人們互相尊重，改變了人對人彼此的假設以及人與人之間的關係，而讓人自身的價值觀或團體、組織的文化發生質的改變，並因此而帶來更長遠的正面影響。

到我寫作本書為止，引導還是一門發展中的學問。有愈來愈多從事引導或研究引導的人在闡述、分享自己對於引導的理解。我也是其中之一。我希望透過本書來傳達我從引導的實踐與教學中對引導的理解，把對我而言引導是什麼、引導怎麼做給說清楚。可預見的是，隨著未來社會中人與人之間的交流變得更多樣更複雜，決策更分散，引導的重要性會越來越高。也因此，我相信引導會是一門愈來愈受重視的學問。

「引導」與「非引導」的界限

引導最廣的定義即是我在上文中所提到的「在人際互動的過程上施力，以幫助人與人之間的交流的技能與作法，以及能支持這些技能與作法發揮作用的知識、心態與價值觀」。這一點也可以作為區分「引導」與「非引導」之間的界限。

為什麼會需要區分界限呢？這是因為有許多其它專業也與人際交流有關，且經常令人感到與引導混淆。若是在混淆的情況下使用引導，引導就不容易發揮作用，甚至會產生負面的效果。

舉個混淆的例子，在英文中，Facilitator這個詞也經常被培訓圈子裡的人用來稱呼培訓師，所以從培訓的領域認識Facilitator這個詞的人會以為Facilitator等同於培訓師。的確，在某些培訓裡，培訓師會使用引導的技能來幫助學員進行交流，以獲得更好的培訓效果，所以採用這種方式的培訓在表面上與引導十分相像。但是，從本質而言，由於培訓師的目的還是在做培訓，所以他在交流的內容上並不完全中立。在大部分的培訓裡，輸出內容給學員是工作重點。培訓師會要求學員接受既定的結論或正確答案，學員也會期望培訓師給答案，而非如同在引導場合中的參與者完全認為自己是內容的產出者與擁有者。因此，培訓師實際上很難只扮演幫助交

流的角色。所以嚴格說來，他並不是純粹的引導者，而是使用了引導的技能或方法的培訓師。我們可以稱他做的事情是「引導式培訓」。雖然他用的是引導的技能與流程工具，但因為他的角色不一樣，所以目的就不一樣，在運用引導上的考慮也不一樣。有一些引導上必需要作的考慮，只做培訓的人不會經歷，因此他很難感受與理解引導。

就以上這個例子來說，如果一個人在概念上分不清引導與非引導的界限，就會有自己在做引導的錯覺，但實際上不是在做引導的情況。這會對於引導的學習、引導者角色的掌握與引導力的發揮都有不利的影響。所以我們首先要從界限中認識什麼是引導。

用最廣的定義來判斷是否為「引導」

要區分「引導」與「非引導」的界限，我們可以用引導中最廣的定義來判斷。因為那些連最廣的定義都不符合的，就很明確不會是引導了。

若是我們先不考慮屬於支持性質的「知識、心態與價值觀」，「引導」最廣的定義是「在人際互動的過程上施力，以幫助人與人之間的交流的技能與作法」。它包含了幾個特徵。也因為這幾個特徵，我們可以區隔出「引導」與其他專業之間的不同。這些特徵如下所示。

一、引導在於幫助

做引導是為了幫助交流。一個人在「同一時間」只能處於「參與交流」或「幫助交流」之中的一個狀態。這就像一個人無法在一個時間點扮演「主角」又同時扮演「輔助角色」一樣，一個人不能在扮演「參與者」的同時又扮演「引導者」。所以當一個人在做引導時，他就必然要從參與交流的角色中跳脫出來，而不會參與在內容的交流裡面。「引導在於幫助」對

「參與者」與「引導者」兩個角色做了清楚的區隔。

這對於由參與者做引導的場合來說也成立。因為雖然人可以在「一段時間」中參與交流及幫助交流，但無法在「一個時間點」上同時參與交流及幫助交流。所以，就這個場合整體來看，他其實是在「參與者」與「引導者」兩種角色之間切換，而不是在每一個時間點上都同時扮演兩種角色。

二、引導是在過程上施力

引導是在過程而非內容上施力，所以引導者不會給予內容，也不會有評價內容的行為。他不會發表自己對交流主題的看法、不會給參與者建議、不會替他們做決策、不會去說某個觀點好或不好或他自己認同或不認同。因為一旦在內容上施力，他就脫離了幫助者的角色而會被視為參與者，不是在做引導了。

這區隔了「引導」與其他「透過給予內容來幫助他人的方式或專業」。例如教學、培訓、演說都是由幫助者傳達既定的知識、答案、觀念給受幫助的對象，因此它們不屬於引導。如果你是一位主管或團隊領導者，當你分享你的知識、經驗給你的團隊成員時，你是用給予內容的方式在幫助他們，而不是在過程上施力，所以你不是在做引導，而是在做培訓或輔導。

有些時候，引導者因為想要使用某些概念或模型來幫助參與者思考，而需要先把這些概念或模型介紹給參與者，然後才引導他們根據這些概念或模型進行討論。在介紹概念或模型的期間，引導者雖然也是如同培訓一樣在做知識的傳授，但他的目的是為了幫助參與者根據流程進行交流，而非單純做培訓。因為他的主要目的是引導，所以他對概念或模型的介紹不會像培訓把內容做得那麼重，而是做到足以幫助交流進行的程度即可。所以當引導者這樣做時，還是在引導者的角色上，為了在過程上施力而做這件

事，並未偏離引導的範疇。

三、引導幫助的是人與人之間的交流

引導所幫助的是人與人之間的交流，而非透過引導者自身與受幫助對象的交流來達成幫助的目的。這個特徵也在「引導」與「透過自身參與在交流中以幫助他人的方式或專業」之間作出了區隔。例如教練(Coaching)、輔導(Mentoring)、心理諮商(Counseling)是以幫助者自身與受幫助的對象交流的方式進行，因此它們不屬於引導。

這其中有一個容易混淆的情況：兩個人在彼此交流的過程中，其中一個人偶爾會對雙方的交流做一下引導。例如兩個人在談話的時候，其中一個人說：「先停一下。我們兩個人一起說話，誰都聽不清楚。請你先說，等你說完我再說。」那麼這個人在引導時算不算透過自身交流在幫助另一方？如果是的話，那麼「幫助人與人之間的交流」這個特徵就不是引導的特徵了。

如本小節第一點所述，一個人在同一時間只可能是在「參與交流」或「幫助交流」，不會同時在「參與交流」與「幫助交流」。所以當這個人在做引導的時候，其實是暫時跳出了參與者的角色，以引導者的角色幫助另一個人與自己交流。所以在那個時間點上，他並非是以自身參與交流的方式在幫助對方，而是在做引導。也就是說，「幫助人與人之間的交流」是引導的特徵。

為達成特定目標的引導

廣義的引導是「在人際互動的過程上施力，以幫助人與人之間的交流」。這可以作為界限來幫助我們判斷什麼是引導。但有時候引導者運用引導的

目的除了在幫助交流之外，還意圖要幫助參與者藉由交流達成「特定目標」。這就構成了「為達成特定目標的引導」。以下我以圖形來表示「廣義的引導」與「為達成特定目標的引導」之間的關係。這是示意圖，圈的面積大小不代表實際的數量比例。

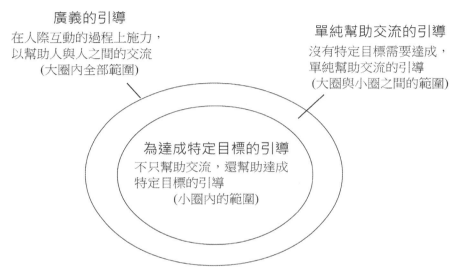

圖1-2：「廣義的引導」與「為達成特定目標的引導」之間的關係

所有的引導都在幫助交流，但當中「為達成特定目標的引導」由於有特定目標要達成，所以需要預先計劃與籌備，是計畫性的引導。沒有特定目標要達成的引導，則是「單純幫助交流的引導」，不需要預先計劃與籌備。這兩種引導我分別詳述如下。

·單純幫助交流的引導

某些場合中的引導單純是為了幫助交流而進行。參與交流的人各有加入交流的目的，但並沒有明確具體的交流目標。舉例而言，你與幾個好友在酒吧或咖啡廳裡聚會，天南地北聊一聊新聞時事，交換每個人

的觀點。這種聚會沒有什麼特別的目標要去完成,好好聊個天、享受與朋友相聚的時光本身就是目的。這時,你可以用引導在其中穿針引線,幫助大家交流得更好。

這種單純幫助交流的情況比較隨興。由於沒有特定目標要達成,所以通常不需要做事前的準備,只要讓大家在交流上盡興就好。所以,只要使用視情況介入以幫助交流的「即時介入」技能,就可以進行這種單純幫助交流的引導。這種引導通常完全跟著交流的內容走,沒有特定的焦點與方向。

· 為達成特定目標的引導

大多數會使用引導的場合是希望藉由引導的幫助達成特定目標。在這種場合中,達成良好的交流是運用引導的重要目的,但不是全部。引導的成功與否,還要看參與者們在交流後是否達成預期的目標。例如,你若是去引導一場解決問題的會議,參與者不只會期望你引導他們做很好的交流,還會期望在交流後能夠找到解決問題的方法。由於有預期的目標,所以引導者就需要預先設計引導流程,並且在引導現場按事先設計好的流程實施引導步驟。如此一來,才能透過流程讓大家有焦點、有方向地進行交流,以達成目標。所以,引導者不只需要作「即時介入」,還需要作「引導流程的設計」及「引導流程的實施」。

「為達成特定目標的引導」大部分發生在「會議」的場合。這些場合也經常被稱為「工作坊」、「共識營」、「共創會」、「團隊建立」、「社群營造」等各種名稱。為了有一個統一而方便的稱呼,對於任何「為達成特定目標的引導」,我在本書中都將它稱為「會議」。

附帶一提，如果你已經熟悉引導，那麼你有可能是用「工作坊」（Workshop）這個也被普遍使用的名詞來稱呼引導的場合。「工作坊」是從事生產工作的小型作坊。用它來稱呼引導的場合是取其共同創作的意義。由於「工作坊」這個稱呼的普遍性，我在決定本書所要使用的統一名稱時，也慎重考慮過使用「工作坊」。畢竟，這個特殊的稱呼可以突顯這個場合不是一個普通的會議，而有方便識別及帶給參與者不同期待的好處。但後來我選擇使用「會議」，一來是因為「工作坊」這個名稱也被廣泛用在稱呼培訓及團隊教練等場合，因此在場合性質的界定上不如使用「會議」來得清楚；二來是因為對於不是專職的引導者而言，例如自己運用引導的團隊領導者，「工作坊」是一個比較陌生的名詞，不如使用「會議」來得容易有體會；三來是我希望讀者能想像引導被用在儘量多的場合之中，而「會議」這個稱呼所含蓋的各種大大小小的場合比較多。但本書的統一稱呼只限於在本書中為了敘述方便而使用，不妨礙你使用你偏好的稱呼。

我將「單純幫助交流的引導」與「為達成特定目標的引導」的區別整理為下表。

	單純幫助交流的引導	為達成特定目標的引導
例子	引導朋友間的即興聊天	引導一場要求特定產出的會議
目標	沒有預設目標	有預設目標
作用	單純幫助參與者交流	幫助參與者達成特定目標
流程	不預先設計流程	預先設計流程
技能	即時介入	引導流程的設計、引導流程的實施、即時介入
意圖	引導交流時不見得有焦點與方向	有焦點與方向地引導交流進行

表1-1：「單純幫助交流的引導」與「為達成特定目標的引導」

引導專案及其工作階段

對於「為達成特定目標的引導」，引導者需要預先設計流程。為了確保流程符合會議的需要，引導者有許多事前的準備工作必須要做，例如跟會議召集人溝通及確認會議目標、了解會議參與者對會議所要討論的事情的想法、根據會議目標設計與撰寫引導流程、挑選及準備適合進行引導流程的會議場地與設備、準備引導所需要用的物資等。在會議結束後，引導者通常還會與會議的召集人互相分享對會議的觀察、檢視會議成效以及決定下一步。從準備工作開始到會議結束，構成了一個有始有終的引導專案。

專案中的工作按先後順序，可分為如下的幾個階段。

圖1-3：引導專案的工作階段

以下在介紹引導者的工作內容時，我所提到的「引導者」指的是純粹的引導者角色，而非同時扮演其它角色的複雜角色。在現實中，有些場合是由有引導需求的人自己引導會議，例如某個團隊的領導者自己擔任引導者來引導自己團隊的會議。這就像想吃飯的人自己作菜一樣，自己為自己服務。在這種情況之下，「引導者」還會同時身兼「客戶」的角色，自己滿足自己的需求。這種身兼多重角色的情況會讓角色變得比較複雜而難以介紹。所以，除非我在敘述時特別聲明，否則我在本書提到「引導者」時，都是指單純的引導者角色，以便能完整清楚地說明引導者的工作。

以下我來介紹引導專案的幾個工作階段。

1. 訂約階段

有特定目標要達成的會議，通常會有會議召集人，而且他通常就是引導的需求方。他想要透過引導者的幫助來達成會議目標。就引導者而言，第一步即是決定要不要接受他的請託。

引導者在這個階段需要評估他的需求是不是適合使用引導。有些場合並不是適合使用引導的場合。例如，若他想要的幫助是得到建議，那麼他尋求顧問的服務會比較適合；又如，若他想要的是提升團隊某方面的知識或能力，那麼他尋求培訓的服務會比較適合。

引導者確認他的需求適合用引導的方式去滿足之後，引導者就可以與他一起討論會議目標並作必要的調整，把會議目標初步定下來。雙方也可以約定工作目標、雙方負責的事項、工作方式、報酬等種種工作條件，把雙方的關係及權利義務確定下來。然後，雙方簽訂合約，他就正式成為了引導者的客戶，雙方可依約定正式開展工作。

但有時候，一開始來向引導者提出需求的人並不是真正能夠召集這個會議的客戶，而是負責採購引導服務的人。有這種情況時，引導者就需要見到真正的客戶，才能真正確認需求。這方面的工作，我在後面〈第二十章、與客戶一起工作以制定會議目標〉再詳述。

在這個階段，由於引導者已經了解了客戶需求以及初步制定了會議目標，有經驗的引導者對於會議如何進行或許已經有了一些想法，甚至已經可以寫出一個引導的方案來與客戶討論。這個方案通常是只有方向或大綱的初案。若是引導者在以下的調研階段發現新的事實或需要考慮的觀點，就可能有調整方案的必要。

2. 調研階段

在訂約階段中，客戶對引導者所描述的需求及其背景，是從他自己的角度出發所作的描述，基本上是侷限在他自己所知所想的範圍之內。既然客戶有召集會議進行交流的需要，通常就意謂著極有可能他想邀請來參與會議的人對於事情的認知與需求跟他很不一樣。假如引導者只聽客戶單方面對事情的認知與需求去設計引導方案，那麼很有可能設計出來的方案無法吸引大多數受邀的會議參與者與滿足他們的需求，而導致會議失敗。畢竟會議要能成功，需要所有會議的參與者積極參與。因此，若是引導者所做的引導只顧及到少數人，那麼獲得的參與度必定不高，會議自然不會有好的效果。

所以，引導專案的第二階段是做調研。引導者透過訪談或問卷調查等調研手段，儘可能了解可能受邀的參與者與重要利益相關人對於會議所要討論的事情的認知、態度與觀點。如果發現大家對於事情的看法以及對會議的需求與客戶大體上一致，那麼用原有的方案去召開這個會議就不會有什麼大問題。但如果根據調研的結果發現參與者的想法跟客戶想的很不一樣，那麼就表示客戶與其他人的認知落差極大。若是就之前客戶提出來的需求去召開會議，大概不會有好結果。這時，引導者就需要幫助客戶認識到這個情況，並且與客戶一起重新評估情況以及調整需求。若是需求有了調整，客戶就必須根據新的需求調整會議目標，引導者也就必須根據新的會議目標修改引導的方案。在極端一點的情形，當發現新的需求不適合採用引導的方式去滿足時，客戶會決定採用引導以外的方式滿足他的需求，而提前結束他與引導者之間的引導合約。

3. 設計階段

在與客戶討論過調研結果之後，引導者就可以根據確定好的會議目標

將方案細化，設計較為詳細的引導流程。詳細的引導流程就像引導者在會議現場的工作指南一樣，包括了引導者在什麼時間要引導會議的參與者做什麼事情，以及每一個時段的場地佈置方式、需用的材料等等。若是會有其他人一起在引導現場與引導者協同工作，那麼在這個階段還會決定分工，讓每個人清楚自己在會議的現場要做什麼。這份流程計畫不但是會議現場的流程步驟的標準文件，同時還是各種準備工作的參考文件。

4. 準備階段

有了引導流程之後，引導者就能著手準備引導所需的場地、設備及各種物資。以引導的方式設計的會議流程，對於場地及物資的運用會比一般人印象中的會議要來得豐富且靈活得多。例如，場地中桌椅的擺放方式經常不會是傳統的排排坐的方式，而且可能在一天之內會有幾次變動，以便進行各種形式的全體討論及分組討論。若這是一個需要創造或呈現資料的會議，那麼牆面可能會被利用來呈現與處理資料。除了投影之外，會議中還可能準備了各種海報、卡片、講義等輔助會議進行的視覺化材料，以及擺放著各種紙、筆、文具，讓參與者能在會議過程中記錄與呈現想法。這些都需要作事前準備。在特別大型的會議場合，引導者還需要考慮分組空間的運用、時間與空間的安排、人行動線的指示方式、會議成果的記錄與分發等，並且根據需要僱用各種工作人員。這些都需要事前的規劃、設置及協調人員的分工。

線上虛擬會議的準備工作則不太一樣。引導者需要選擇及取得軟硬體設備、依據流程設計虛擬空間版面的使用方式、培訓參與者使用會議軟體等等。若這是線上虛擬與線下實體混合的會議，還會需要準備錄影機及其擺放的位置、上傳現場實體紀錄的照片的線上虛擬空間等。

5. 實施階段

實施階段即是在會議場合將引導流程付諸實行的階段。一般而言由會議召集人開場後，就由引導者依照事先設計好的流程引導會議進行。引導者除了關注流程進行的情況之外，還要關注參與者互動的情況，並作必要的即時介入，以確保交流的品質，讓流程達成預期的效果。現場的助手及工作人員，例如協同的引導者、作現場支持的人員、翻譯員、視覺記錄員等，要通力合作以確保會議順利進行並且達到效果。如果有事前未曾考慮到的情形發生，引導者也需要和客戶密切合作，以作適當的處理。

6. 結束階段

由於引導通常是為了要在特定背景下達成某個更大的目的而進行，所以在引導的實施階段結束後，引導者與客戶通常會回到這個目的上，一起討論對於引導過程中人與事的觀察、實施引導的成效以及此次引導結束後的下一步。引導者也可以在這個階段邀請客戶給予引導者回饋意見，幫助引導者調整下一次的服務。

引導的成效基本上是以會議的目標是否達成來判斷。有些判斷比較容易，例如作為預期成果的行動計畫是否有如預期地被討論出來；有些判斷比較不容易，例如討論出來的行動計畫的品質是否夠好。縱使會議的效果有時候不容易在會議結束後馬上判斷，但客戶對於會議成效會有直接的感受。所以在會後的討論中，引導者通常都能了解客戶如何看待會議成效。

有些客戶除了依靠自己的感受判斷會議效果之外，還會對參與者作比較正式的調研。甚至有些客戶會作比較長時間的追蹤，以判斷會議是否達成預計的目的。對於重要的會議而言，會議的效果並不只展現為

會議結束時得到的成果，而且還有會後對人、對事、對組織甚至對社會較長期的影響。這些影響會隨著時間經過而顯現出來。例如，對企業的發展有長遠影響的重要決策雖然是在會議中作成的，但要較完整看到影響可能需要兩三年的時間。由於這種長期的影響在會議結束後還受許多其他因素所左右，並不容易衡量有多少是因為會議的引導所帶來的效果，所以並不會被當成衡量引導有效性的唯一判斷依據。

就以上這些階段來看，引導者純粹在幫助人與人之間的交流的時間，也就是「純粹做引導」的時間，就只有在「實施階段」中。在其它的幾個階段中，引導者其實是以「引導的顧問」的角色存在。也就是說，在這些階段裡，引導者並不是在做引導，而是以專家的身分，運用自己在引導上的專業知識，與客戶一起合作，創造出一個適合客戶的引導方案。這時候引導者是一個「方案的規劃者」。在他進入會議現場作為「方案執行者」的那段時間，他才完全是一個引導者。所以，在「為達成特定目標的引導」裡面，引導者以「引導的顧問」存在的時間，其實是比作為「純粹引導者」的時間長得多的。當然，這是對於引導者的客戶來說。對於只參加會議的參與者來說，由於他們只在引導的實施階段接觸到引導者，所以不會感受到引導者有「引導的顧問」的身分，而是只接觸到引導者單純作為「引導者」的那一面。

不適合用引導的情況

了解引導的定義與界限之後，我們就可以推知有些情境從根本上就不適合以引導的方式進行。在這些情境下，無論引導者的技巧多好、多有經驗，引導還是行不通。就算勉強去做，也會徒勞無功。

一、想用引導的人自己不在幫助者的角色上

當負有溝通甚至決策責任的當事人需要參與交流而不是幫助交流時，就不適合由自己作為引導者。這其中分為兩種情境，一是當事人意圖用引導來迴避自己作為當事人責任的情境，二是當事人意圖用引導來幫助自己負起當事人責任的情境。前者行不通，後者有時可行但有難度。

第一種情境，舉例來說，假設老王是個團隊的領導者，在團隊的重要事情上他是應該也是被預期要去進行溝通或作決策的人，但老王卻開始扮演引導者要別人去溝通及作決策。這相當於老王迴避了自己的責任。又由於其他人預期這些決策應該是老王的決策，所以縱使他們接受老王的引導互相交流，但心態上充其量也只是提供意見，不會認為這是他們的事。這容易導致決策延宕，重大的決策遲遲無法決定，甚至讓組織處於領導力真空的狀態。第一種情境的關鍵，是老王要認清自己是當事人。除非他能成功地授權，把權力與責任交出去而脫離當事人的角色，否則根本不能期望自己能用引導的方式來讓別人負起自己該負的責任。

第二種情境，同樣舉老王的例子來說，他引導大家交流討論這個議題的目的是聽聽大家的意見，最後老王要自己作決策。這種情況中，大家若願意來貢獻意見，或許可行。但老王會有兩個挑戰。一是老王自己對於引導者角色的把握比較難。作為當事人，老王在大家討論的過程中可能需要加入討論以提供一些其他人所需要的資訊，或者他自己就忍不住加入討論而且還發言最多。當他必須經常兼顧參與者的角色時，就會導致他很難把引導者的角色扮演好。二是如果老王所引導的對象是會被他的決策所影響的利益相關人，那麼大家在交流的內容與參與的行為上可能會有保留，以及抗拒或刻意迎合老王的引導。如果說這兩個挑戰導致老王要做好引導的難度太大，老王可以請其他人作為引導者，自己則完全作為參與者加入討論。有這樣的安排，老王自己與其他人參與會議都會比較容易。

二、客戶需要的不是過程上的幫助

對於客戶需要的不是過程上的幫助的情境，也不適合做引導。當客戶需要的是內容上的幫助時，提供幫助的人自己也在與受幫助的對象交流內容，自然就無法擔任引導者的角色。如果客戶想得到的是內容上的幫助，而幫助者選擇用引導的方式進行，那麼客戶的感受會是一直無法從幫助者得到他想得到的交流或內容。最終客戶會感到這位幫助者不適任。

三、客戶需要的不是幫助交流

引導在幫助人與人之間的交流。所以，如果客戶「並非」想邀請人來交流，而是想要做其它的事情，那麼也不適合用引導。眾人要能交流有一個重要的前提，那就是每個人有自由表達的空間。這意謂著事情目前還沒有定論，是處在可討論的狀態。如果客戶認為事情不需要討論，例如他只是想佈達給大家去了解及遵守，那麼自然就沒有交流的必要。此時，若是用引導的方式幫助交流，眾人只會覺得沒有意義。因為，大家討論的結果只要跟既定的答案不一樣，就不會被接受。

以下我列舉出一些被稱之為會議，但由於目的不是交流，所以不適合用引導的場合。

- ‧「說明會、佈達會」通常是由會議主辦方作單向的說明或告知，加上一段時間讓聽眾提問。

- ‧「慶祝會、表彰會、紀念會」通常是舉行儀式。

- ‧「演講會、座談會」通常是以演講形式作單向的表達而非交流。但若是以來賓對談的方式進行，在來賓對談的過程中可做一些引導，但不是參與者之間作交流。

- ・「表演會、發表會、博覽會」以展演為主，觀眾各自觀看。

- ・「同樂會、同歡會」以娛樂為主，可在需要參與者互動時做「單純幫助交流的引導」。

這些不是以交流為目的的場合，縱使有會議流程，需要的也是主持人而非引導者。

適合用引導的情況

引導可以幫助人與人交流得更好，所以基本上在各種需要交流的場合，引導都能提供幫助。這其中有非常適合使用引導的情境。

一、想運用群體智慧的場合

引導適合用在想要運用群體智慧的場合，也就是需要一群人來集思廣益的場合，例如一起解決問題、激發創意、發想方案等。透過多數人的參與，參與者可以看到彼此的盲點、可以互相激發更多的想法，也可以對事情作比較縝密的評估。

同樣的事情，如果想從頭到尾一個人完成，就不適合用引導。例如團隊的領導者想解決某個問題，他想要自己想一想就決定方案了。在這個決策過程中，他不想要其他人的參與。這種情境就不適合用引導。至於他為什麼要一個人做決定，他自然有他的考量。例如可能是因為事情簡單而不需要勞師動眾，可能是因為他沒有運用群體智慧的技能，也可能是因為他不想透露與這個決策相關的某些資訊等等。

但在前述這種情境之下，在某些環節還是可以找到運用群體智慧的空間。

例如雖然這位團隊領導者想要自己決定方案，但他想先聽聽大家對問題的分析以及對方案的建議，這時在分析與建議的部分就能用到群體智慧，而可以用引導進行。這位團隊領導者可以在團隊產出分析內容及建議方案之後，再回到個人工作的模式，參考這些分析與建議決定出方案來。

二、想形成團體或團隊認同的場合

例如常被稱為團隊建立、團隊融合、裸心會等等的場合，都是想形成團體或團隊認同的場合。會想這樣做，通常是因為組織剛成形或剛有人員的變動，而需要互相認識與建立起關係。或者，是因為有一個重要的目標要達成，但眾人彼此之間的關係不足以合作達成目標，所以需要強化眾人的關係。或者，是因為人與人之間由於對彼此的種種假設與猜忌而關係疏離甚至對立，而想要修補或改善關係。這些情況都需要眾人交流與互相理解，以促進相互之間的信任，進而建立起團體或團隊的認同。而引導所進行的方式正可以滿足這些需要，讓個別的「我」成為「我們」，所以能在這方面帶來很大幫助。

三、想建立對於行動的共識與承諾的場合

會議結束後的行動沒有按照會議決策的預期發生，通常是因為大家對於行動方案的認同度不夠，導致承諾度不高而沒有動力讓行動發生。引導的過程讓眾人有機會一起發展、評估、優化、細化行動方案、釐清權責，並且讓決策清楚且明確。人不會否定自己創造的方案，所以一旦眾人參與在創造方案的過程裡面，意見被聽見與考慮過，對方案的支持度自然大大提高，而讓行動能如實展開。

第二章　引導如何作用

在上一章中，我提到引導是「在人際互動的過程上施力，以幫助人與人之間的交流」，而且我們可以透過引導流程的設計與實施來「達成特定的目標」。本章我就延續這個概念，更進一步說明引導如何在過程上施力，以發揮幫助交流的作用。

「團體」與「團隊」的名詞使用

在往下介紹引導的作用之前，我先界定「團體」與「團隊」這兩個名詞的意義，以便在之後的內容中更精確地描述我想要表達的意思。

我將「團體」定義為「只要是一群人都是團體」。但當一個團體中的成員彼此之間是工作關係而有共同目標時，我稱它是一個「團隊」。所以「團體」是較廣義的概念。「團體」包含了「團隊」，「團隊」是團體的一種。它們之間的關係如下圖。

若是參與者在要討論的主題上彼此之間沒有工作關係，也沒有共同目標要達成，那麼他們就是某種團體，而不是團隊。例如，「參加讀書會的讀者」是一個興趣團體，「參加討論會的社區開發方案的各方利益相關人」是一個利益團體，它

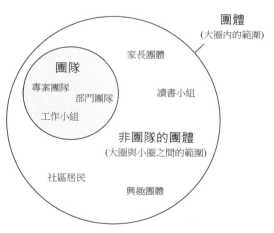

圖2-1：團體與團隊的關係

們都不是團隊。

「團隊」成員由於有共同的事務或目標要完成，所以會期望在討論中要產生共識，以及期望討論後所產生的行動是共同協作的行動。例如一個專案團隊在開會時，會設定要達成的目標與行動，並且作適當的分工，一起合作，以確保專案完成。

「非團隊」的團體成員是為了自己而參與聚會，所以並不期望最終產生共識。討論完很可能是每人各自有結論，產生的行動也是各自的行動。例如讀書會的參與者參加讀書會，是為了自己個人的學習與發展。每個人從讀書會中所收獲到的知識與心得很可能不一樣，之後也可能是各自將這些收穫應用在實際的生活上。雖然不排除有會後大家合作去做些什麼的可能性，但這並不在對這個會議的成果的基本預期之中。

此外，一群人可能因為討論議題的不同，而在「非團隊的團體」或「團隊」之間變換。舉例而言，一群讀書會的參與者在參加讀書會時是屬於「非團隊的團體」的性質，重點是在交流讀書心得，各取所需。但同一群人在計劃讀書會要怎麼長期舉辦時，又成為了一個「團隊」，密切地在一起工作，產出共同承擔的行動計畫。

引導可以對「非團隊的團體」進行，也可以對「團隊」進行。兩者在引導流程的設計與引導的考慮上大致相似，但也有些不同。因此，我在本書中大多會用概念比較廣的「團隊」來稱呼被引導的參與者群體。若是有提到專門適用於「非團隊的團體」或「團隊」的內容時，我會以「非團隊的團體」或「團隊」來稱呼被引導的參與者群體。

圜丘模型：引導所幫助的過程

要探討引導如何發揮作用，首先我們要知道引導在幫助的是什麼樣的過程，然後我們才能知道引導如何在這個過程中發揮作用。

引導所影響的是「人與人之間交流的過程」，而且經常是「為達成特定目標的過程」。這個過程有幾個階段。我將這些階段放在一個有意義的形狀裡面，作為一個模型來說明。因為它的形狀長得像一圈一圈漸漸疊高的圜丘，所以我把它命名為「圜丘模型」。由於它可以分為基礎、效果、結果三大層，所以取其英文 Foundation-Effect-Result 的首字母，也可以稱它為「FER模型」。

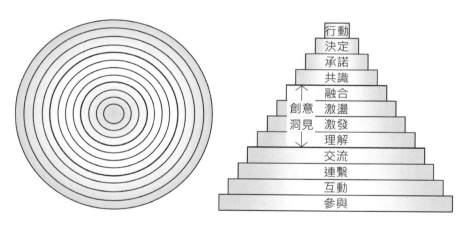

圖2-2：圜丘模型 / FER模型

我之所以用圜丘的形狀來表達這些階段，是因為階段之間互有「作用」與「基礎」的關聯性。左邊的圖是圜丘模型從上方看的樣子，這個形狀表示內層在外層之內發揮作用。有外層創造的環境，內層才能發揮它的作用。右邊的圖則是從側邊看的樣子。這個形狀表示下層是上層作用的基礎。有下層作為基礎，上層才能發生或順利進行。

以下我就從圓丘的底層開始往上介紹。

一、基礎層

最下方的四層稱為「基礎層」，由下往上包含了「參與」、「互動」、「連繫」、「交流」四層。沒有這四層作為基礎，團體的變化很難發生。

圖2-3：圓丘模型/ FER模型中的基礎層

「參與」是基礎層中的基礎。一群人必須先有參與的意願與行為，人與人之間才會有互動發生。「互動」泛指人與人之間彼此回應的行為舉動，可能以各種形式進行，例如語言的寒暄、交談或非語言的握手、點頭致意、微笑等。有了「互動」之後，人與人之間會開始產生「連繫」，也就是建立起關係。有了關係作為基礎，就能支持大家作進一步的「交流」。「交流」指互動中有表達具體意思的行為舉動，例如表達意見、詢問問題、專注傾聽等。

引導者的介入能夠直接影響「基礎層」裡的行為與現象，讓它發生。例如引導者可以邀請參與者發言，以鼓勵參與者「參與」；可以安排參與者互相交談以促成參與者之間的「互動」；可以邀請參與者分享個人資訊與觀點及安排不同人之間的小組討論，以建立人與人之間的「連繫」；可以幫助參與者邀請與澄清彼此的發言以促進「交流」。由於引導者的作為可以直接促成這些行為與現象發生，所以說基礎層

是引導可以實際操作的層次。

在交流目的不高的場合裡，例如只求大家能互相認識、關係能有增進就好的場合，引導只要做到基礎層，目的就已經達到了。但有些場合的要求不僅如此，還要求大家有意見的交換與研討，甚至要產出結論。對於這種場合，在引導上我們就會期望在做好基礎層的工作之後，還要有更進一步的效果發酵出來。

二、效果層

在基礎層之上的是「效果層」。效果層由下往上包含了「理解」、「激發」、「激盪」、「融合」四層。在這四層裡，下層也是上層的基礎。下層的效果沒有發生，上層的效果就不會發生。

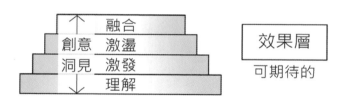

圖2-4：圓丘模型／FER模型中的效果層

我們期待眾人在「基礎層」彼此交流了資訊、想法與觀點後，開始「理解」彼此。參與者不只表達自己的想法，而且也聽見與理解別人的想法。理解別人的想法會對自己的想法產生刺激，讓自己用不同的角度去看待事情，而「激發」出更多的想法與觀點。這些想法與觀點的互相刺激，在團體內會產生「激盪」的作用。也就是說，想法與觀點在團體之內流動及碰撞。也由於每個人開始不再固著於自己的觀點，而能從更多不同的觀點去看事情，於是思想在團體之中流動了起來。當每個人能同時理解其他所有人的觀點之後，便會形成對於所有

觀點的共通的理解。以共通的理解為基礎，團體有機會可以「融合」為一個整體，一起感受與思考，並從中不斷產生新的想法、洞見，以及為內容創造出新的意義。

「效果層」同時也是創意與洞見發生的層次。「基礎層」為效果層打下基礎，「結果層」是效果發生後的結果。「效果層」處在這上下兩層之間，當中的「理解」、「激發」、「激盪」、「融合」的動態促成想法的流動與碰撞，最能刺激出創意與洞見。所以，在效果層裡最容易發生內容的量變與質變。有許多原來沒有的內容會在效果層裡產生出來，而讓交流產生更大的價值。因此，這一層也是參與者共創內容的層次。

「效果層」裡的四層效果是發生在人的心理層面以及團體的動態上。引導者的介入能直接影響「基礎層」裡的行為與現象，讓它發生。但對於「效果層」裡的效果，引導者只能期待它在基礎層的行為與現象上自然發生。所以說效果層是「可期待的」而不是「可操作的」。例如，「理不理解別人」或「有沒有被激發出想法」實際上是發生在人的內心裡，引導者不能保證透過他引導上的介入就能百分之百幫助一個人理解另一個人說的話，或一定就能幫助參與者互相激發出想法。

然而，這並不代表引導者不能促成這些事情，例如引導者可以跟參與者確認：「你理解他說的意思嗎？」或詢問：「如果用幾句話摘要他剛剛說的那一段話的意思，你會怎麼說？」來促進彼此的理解。但這種介入仍然是在「基礎層」上，而不是在「效果層」上。引導者可以抱著促進「理解」、「激發」、「激盪」、「融合」的目的，調整他在「基礎層」的作法，以提高效果層發生的機率。

當效果層的效果發生了之後，我們就有機會可以看到它的結果在「結果層」出現。

三、結果層

在效果層之上的是「結果層」。結果層一樣有四層，由下往上是「共識」、「承諾」、「決定」、「行動」。

圖2-5：圜丘模型／FER模型中的結果層

這四層之中，「決定」是在會議裡最明顯可見的結果。但決定的「品質」有好壞之別。品質好的決定有幾個特質：一是決定的內容本身經過深思熟慮，而且還可能有創意在裡面；二是這個決定得到各利益相關人的認可，而有「共識」在裡面；三是各利益相關人不只是嘴上說說而已，而且有決心將它實現，這表現為「承諾」。決定中含有的共識與承諾愈多，會後實現這個決定的「行動」就會愈有默契及執行力，會議對於真實世界的影響就愈大。

前一層的「效果層」對於高品質的決定有非常重要的影響。缺少了「效果層」裡的效果，一場會議還是可以作出決定。只不過，這些決定一方面沒有經過充分的研討，所以品質不見得好；另一方面這些決定背後不見得有足夠的共識與承諾支持，所以會後的行動會比較紊亂，力道會比較弱。反過來說，效果層的效果愈豐富，一方面在作決定前各觀點被呈現與討論過，所以作出來的決定的品質通常會比較

好；另一方面，效果層從理解到融合的過程能讓團體形成更好的共識與承諾，所以作出的決定會受到更大的支持，會後的行動也會更整齊有力。

然而，並非所有會議都需要在參與者之間形成結果層裡的「共識」。對於在目的上本來就不是要形成一致的意見的會議，例如學術交流會議、行業交流會議、讀書會等等這些「非團隊」的團體會議，通常在會議結束後每個人會有自己的決定與行動。這類會議雖然也可能形成眾人有共識的行動，但這不在預期之內。有共識很好，沒有也很正常。這類會議雖然不需要形成共識，但效果層所產生的作用依然有它的價值。因為在效果層中，每個人可以在交流中藉由理解別人得到更多啟發與洞見。這會讓每個人各自形成的決定更有品質，行動更為有效。

在需要達成「共識」的會議裡，若是有效果層裡的「融合」效果，團體會更容易整合出有共識的結論。有了「融合」的效果後，縱使會議參與者最終因為持有彼此無法認同的歧見，而無法形成有共識的結論，但因為他們共同經歷過尋找意義的過程以及已經理解彼此，所以他們能「同意」彼此的「不同意」。雖然最後可能不會有共同的承諾、決定與行動，但這也算是一種「共識」。他們在會議之後，仍然能在互相理解的基礎上保持良好的人際關係，未來也能夠持續交流與對話。所以，會議依然能有正面的影響。

但「共識」並不一定在明顯的「融合」作用下才能形成。有時，雖然團體的動態還不到「融合」的程度，但也可能會有「共識」發生。例如，參與者在彼此互相「理解」後，發現大家的想法原本就高度一致，因此就輕易達成了共識。或者，參與者也可能在被「激發」出一

些想法後，只互相輕微「激盪」了一下，就很快產生了共同的看法。所以雖然引導者會為「以達成共識為目的」的會議設計支持融合效果發生的流程，但實際上參與者很可能在尚未經歷融合的過程之前，就已經達成共識。也就是說，「效果層」的效果可能只要達到某個程度，會議就能產出預期的結果，從而滿足了會議目的，而不見得需要有整個效果層的效果發生。

完整的圜丘模型呈現如下。

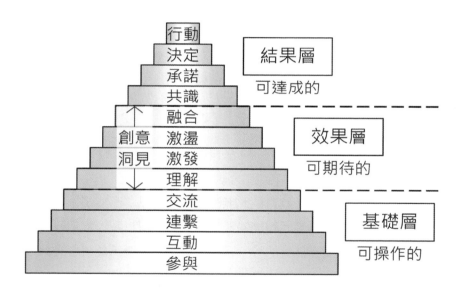

圖2-6：圜丘模型／FER模型全景

回到引導如何發揮作用的問題上。就圜丘模型來看，引導即是藉由幫助這個過程進行得更容易、更順利、更有效果，而發揮了引導的作用。也就是說，引導流程的設計以及引導者的介入行為，都是作用在這個過程之中。藉由幫助這個過程，引導發揮了它的作用。

引導的基本假設

「圓丘模型所描述的過程」以及「引導能有效地幫助這個過程」這兩件事背後有以下的假設與信念。

一、世界是一個整體

世界有它內在的聯繫與整體性。每個人身在其中只參與了其中的一部分，這構成了人的侷限。當人要尋找問題的答案時，需要突破自己的侷限，試圖去看到整體。這促成了人與人之間交流的需要。

二、沒有人擁有全部的答案

由於人對世界的參與及認知有限，所以沒有人擁有全部的答案。

三、我們需要每個人的智慧

答案存在於我們之中，但並不能確定存在於何處。所以要探索出答案，我們需要眾人的智慧。

四、尋找答案是探索的歷程

答案需要我們一起努力去發現，所以尋找答案的過程，是一個大家共同參與的、開放的，不預設答案的探索歷程。

五、群體大於個體的總合

藉由運用每個人的智慧，我們群體探索的成果會比個體各自探索的成果來得更豐碩。

由於抱持著這些假設與信念，引導者們能夠堅定地相信人與人交流及群體智慧的價值，並且願意採用引導的方式來幫助人們獲得這些價值。

引導能帶來什麼

若是引導發揮了它的作用，它能夠為人帶來的好處如下。

一、所有應該討論的問題都被提出來

雖然有許多的因素會影響人們能不能或願不願意提出真正想問的問題，但在理想的情況下，引導能夠創造時間與空間，讓人們把他們認為應該討論的問題浮現出來。

二、所有提出來的問題都被探索

對於提出來的問題，引導能夠幫助人們走過一個探索的歷程，一起探索它的答案。

三、所有被探索的問題都得到答案，或至少有個結論

探索之後會有結論。這個結論可能是已經發現的答案，或者是還不能確定答案的結論，但探索會有收穫。

四、個人自身或人與人關係的轉變

無論是否能找到答案，引導幫助人們共同走過一個探索的歷程，人們就可能有所轉變。轉變可能發生在個人身上、可能發生在人與人的關係之中，也可能發生為群體、團隊或組織文化的轉變。

其實，人的一生即是一個探索的歷程。我們無時不刻都在面對著未知，尋找著答案。而這當中有許多的事人們可以一起探索。無論是發展一個事業、推動社會的改變、共同完成一件創舉、挑戰更高的知識高度，或只是單純的觀點與經驗的交流，引導都能為其中共同探索的歷程帶來幫助。

第三章　引導者的角色

雖然引導者單純是「幫助者」的角色，但使用引導技能的人的背景及其使用引導的原因卻複雜得多。常用引導技能的人之中，有些人是全然地扮演引導者，做純粹的引導；但也有些人並不是扮演引導者，而是用引導技能來做好別的角色。雖然人們會以各種方式使用引導，但只要他是扮演引導者，就會在角色上有一些恆常不變的固有屬性。在一個人要同時扮演包括引導者在內的多重角色時，這些屬性會導致某些困難及潛力。這些我在本章中一一介紹。

常用引導技能的人

常用引導技能的人分為三類。第一類是全然扮演引導者角色的人；第二類是在扮演其它角色時，有時候需要切換到引導者角色的人；第三類是在其它角色中運用引導技巧的人。他們都需要運用引導來幫助一群人的交流。引導對他們來說是很重要的技能，但在運用的方式與程度上有差別。

一、全然扮演引導者角色的人

會議引導者

　　會議的引導者是最純粹扮演引導者角色的人。他們用引導的方式幫助參與者達成會議的目標。這裡所謂的會議是指以交流為目的的會議。根據場合的不同，也可能被叫作「工作坊」、「共識營」、「共創會」、「團隊建立」、「社群營造」或其它名稱。

二、扮演其它角色時需要有時切換到引導者角色的人

有些角色並不是純粹的引導者，但他們在適當時機切換到引導者的角色能夠幫助他們把原來的角色做得更好。以下列舉幾種這樣的角色。

團隊主管

團隊主管需要帶領團隊一起面對問題、找出對策，所以在開會時經常需要大家提出問題、想法及建議，有時還會一起作決策。這個時候團隊主管的角色切換成引導者，幫助大家交流，可以幫助團隊善用群體的智慧。

專案經理

在大多數的組織裡，專案經理與專案團隊的成員並沒有直接上下屬的實線關係，所以不能用上下屬關係來要求團隊成員進行工作。專案經理在開會時切換成引導者，能引導大家共同計劃專案及作出承諾。這是比單純的「要求」更能確保計畫的可行性及執行力的作法。

組織發展專家

組織發展專家為了幫助組織，讓組織內部的發展與調整能跟上組織發展策略，需要在組織內部進行建立關係、探討議題、形成共識、解決問題、推動變革等工作。而在這些工作裡，團體層次的工作是很主要的部分。對於組織發展專家來說，在團體層次的工作上經常需要扮演引導者，以便完成工作。

社群發展專家

社群發展專家幫助不同背景及需求的人建立起社群，所以需要進行大量的團體工作，以幫助人們建立互信及發展關係。引導者是他們進行工作時要扮演的重要角色。

策略規劃師

各種策略規劃，無論是組織策略、產品策略、行銷策略等，若是想要得到比較全面的視角以提升策略品質，以及得到各利益相關人的支持，通常在制定過程中就需要容納各方意見，甚至讓各方參與決策。這樣的過程以引導者的角色來進行最有效。

產品設計師／服務設計師

產品與服務的設計需要從調研的資料中產生對消費者或使用者的洞察，以及發揮大量的創意，以創造出對的產品或服務。這個過程可借重群體智慧，引導團體交流與碰撞，以產生創意的火花。在這個過程中，設計師可以扮演引導者的角色。

衝突調解人員

衝突的調解員並沒有裁判或仲裁的權力，而是必須要幫助衝突的各方協商出「衝突的解決方案」。在需要幫助衝突的各方進行對話時，他們可以扮演引導者以更有效地進行工作。

老闆／領導者

作為老闆或領導者，若想要從「凡事親力親為」到「創造出一個齊心且強大的團隊」，就需要有方法讓團隊分享權利、責任及歷練，以培育出更多具備共同價值觀與能力的領導者。適時扮演引導者角色，是讓團隊作群體思考、共同面對及解決問題、建立團隊文化的方式。

第二類人在適當時機將角色切換成引導者，能幫助他們把工作做得更好。這些角色中，有些人是外部諮詢顧問，例如外部的組織發展專家或社群發展專家；有些人是自身的角色即帶有權力，例如老闆或團隊主管。平時跟他們一起工作的人，都期望他們「給答案」。但「引導者」的角色發揮的

作用並不是給答案，而是幫助大家一起探索答案，所以他們原來的角色與「引導者」的角色是不相容的，不能同時存在。因此，他們只能在這兩種角色之中作「切換」，不能同時扮演。但儘管他們能夠適時切換角色，也可能讓參與者感到混淆。這是第二類人經常必須面對的困難。

三、在其它角色中運用引導的人

第二類人是在適當時機切換為純粹的引導者，但第三類人是在原來的角色上運用引導。也就是說，在運用引導時，他們自身的角色並沒有改變。他們可以這樣做，是因為引導是一種「元技能」，也就是能夠搭配其他的技能來運用的技能。以下列舉的幾種角色，都是經常結合引導與原來的技能，而把原本的功能發揮得更好的角色。

培訓師／老師

培訓師／老師幫助學員學習以達成學習目標。由於學習效果可以藉由學員的互動與交流而有明顯的提升，所以培訓師／老師可以用引導技能來增強學員的學習成果，以及創造學習過程中的感受。

團體教練／團隊教練

教練會運用引導技能促成被教練者之間的互動，讓教練的效果更好。甚至在某些情境下，教練會把整個工作團隊當作一個個體來進行教練。在這些情境中，引導是教練不可或缺的技能。

調研人員

有些以團體形式做的調研，例如焦點團體，需要從參與者的互動中取得有意義的資訊。這個過程對於調研問題及互動的過程需要有合理的流程設計及精確的流程實施。引導技能對策劃及執行這樣的調研幫助很大。

廣義來說，由於幫助人際交流即是屬於引導的範疇，所以在工作上運用到幫助人與人之間交流的技巧的角色都是屬於第三類，不限於以上列舉的三種角色。第三類的角色中，那些原來就會提供「內容」給參與者的角色，會比較容易在運用引導時造成參與者的困惑。例如習慣用講授的方式授課的培訓師/老師，在希望引導學員自己討論出答案時，學員可能因為不知道培訓師/老師的用意是什麼而覺得困惑。學員也可能因為心中預期培訓師或老師有「標準答案」，所以會猜想「標準答案」是什麼，而在參與討論時有所保留。但無論如何，採用引導的方式或多或少都可以幫助參與者運用群體智慧，而讓活動的效果變得更好。

引導者角色的特殊屬性

引導者在幫助團體上有特殊的功能。為了達成這個功能，引導有一套獨特的哲學、知識與技能，這足以讓引導者成為獨立存在的一個角色。就純粹的引導者來看，也就是前一節內容中運用引導的前兩類人來看，引導者的角色具備以下屬性。前一節內容中的第三類人由於並不是單純扮演引導者的角色，所以不一定具備以下的屬性。

一、引導者的權力完全來自於被引導的參與者

引導者是一個在權力基礎上非常脆弱的角色。如果參與者「不想」被這個引導者引導，無論是積極的抵制或消極的不配合，引導者都無法成功地進行引導。

有時候，「不想」被引導的參與者不會有明顯的抵制行為，反而會在表面上配合。他們願意配合通常不是因為引導者的關係，而是另有原因。舉其中一種情況的例子來說：某個會議是由老闆召集的，老闆請了某個人來做

引導。儘管大家實際上對於討論的主題並不感興趣，但還是會看老闆的面子假裝熱烈參與。如果這一場會議是由老闆自己做引導，這個現象就會更明顯。大家願意參與並不是因為自己對會議的主題感興趣，而是因為老闆希望大家參與，所以大家配合老闆的意願而參與。若沒有「老闆」的影響力存在，大家並不會接受引導。

這也就是說，願意接受引導參與會議的人，如果不是因為自己對會議感興趣，就是因為受到別的因素的影響而參與，但絕不會是為了引導者而參與。引導者這個角色不是權力來源。所以引導者在做引導的準備工作時，要曉得參與者為何願意參與。最好的情況是參與者是為了他自己而來，那麼他就有足夠的熱情參與會議。次好的情況是他們為了別人而來，但這時引導者就要有這一位「別人」站出來明確給予引導者支持，以作為引導者實施引導的權力基礎。

二、引導者與客戶合作以實現角色功能

自帶權威的角色，例如老闆、老師或專家，在說話時大家都會乖乖聽話，但引導者的角色不帶有這種權威。參與者願意接受引導者的引導，並不是因為引導者有權威在，而是因為他認為引導者所發揮的功能能夠幫助他們。所以引導者與「會議召集人」及「被引導的參與者」不是上對下的權威關係，而是幫助者與客戶的關係。客戶把如何進行會議的決定權交出來給引導者，引導者在客戶所賦予的權力上，運用引導上的專業知識與技能來負起角色上的責任幫助客戶。雙方是平等的合作關係。在幫助客戶的過程中，引導者並非完全聽從客戶，而是在引導的專業上有自己的判斷。所以，引導者對客戶也不是下對上的服務生或工具人，而是如同合作夥伴一樣，基於他在過程上提供幫助的功能，來幫助客戶達成會議目標。

三、引導者掌握流程，在內容上保持中立

引導者既然是透過流程來幫助參與者，那麼他自然必須有決定流程的權力。如果參與者不給引導者這個權力，基本上引導就無法進行。

同時，引導者在內容上要保持中立。引導者需要關注參與者交流的內容以確保流程有效進行，但不能對內容表達意見。所謂「對內容不能表達意見」，除了本書前面內容中提到的「引導者不貢獻內容(What)」之外，還有另一層意義，那就是「引導者不評價內容的好壞」。

在參與者有互斥的觀點存在時，引導者若是去評價觀點內容的好壞，就可能會被視為偏袒參與者的其中一方，而導致其他方不願接受引導者的引導。如此一來，引導者幫助參與者運用群體智慧的目的就達不到了，甚至引導會無法進行下去。

縱使在參與者中沒有互斥的觀點存在時，引導者評價內容好壞的行為也會帶來負面影響。例如某個參與者提出了一個想法之後，引導者說：「這個想法很可笑！」那麼這個參與者可能就不想再提出任何想法。若引導者說：「這個想法很好！」那麼其他參與者可能會想：「為什麼引導者沒誇我，難道他嫌我的想法不好嗎？」然後開始質疑引導者是否已經在誘導大家偏向某個想法。所以引導者無論如何評價，都可能對自己的角色造成負面影響。

這並不代表引導者不能對參與者作任何鼓勵。引導者可以鼓勵參與者的行為而非評價內容。例如：「我覺得你能積極提出想法很棒！」

這也不代表引導者不能對內容作介入。例如引導者可以說：「你的觀點我聽起來不是表達得很清楚，你想表達的意思是什麼？」這個對內容介入的

動作，的確隱含了對內容表達得清不清楚的評價。但引導者的意圖不是在評價內容的好壞，而是在幫助參與者交流以及達成引導的目的，所以並不會對於引導者的角色帶來負面的影響。

多重角色之間的切換

前面所提到的第二類的角色在使用引導時，是在原本的角色與引導者的角色之間切換。在參與者的眼中，第二類角色是多重角色。若恰好這個人原本所扮演的角色是「給答案」的角色，那麼這個角色與「幫助探索答案」的引導者角色即是互斥的角色。由於引導者的權力完全來自被引導的人，是個很弱的角色，很容易被其他角色覆蓋，所以這個身負多種角色的人在引導時，就會額外地困難。

造成這個困難的來源有兩個，一是來自引導者本身，二是來自參與者。

來自引導者本身的困難

第二類的角色之所以需要給答案，是因為他的角色的價值至少有一部分是來自於他所給的答案。例如老闆或團隊主管的角色本來就有領導者的職責，團隊會期待某些事情必須由他們作決定。又如提供專業建議的諮詢顧問，無論他們來自組織內部或外部，提供觀察與建議是他們本職上所必須做的事情。因此，為了扮演好他們的角色，他們非常本能地會想提供答案。畢竟在他們的權力上或專業上，一句話就能解決的事情，何必要經過討論，浪費大家的時間？或者，在他們引導的過程中，看到大家討論得精彩，或討論得不怎麼樣，甚至有時在他們看來是錯的的時候，怎麼能忍得住不說上兩句？因此，這類人在角色切換上會有困難，很容易不知不覺就回到了原來的那個角色上。

要克服這個困難，首先他們自己要很清楚「為什麼要用引導」。一般而言，領導者用引導所希望的，是眾人能夠對討論的事情貢獻答案並且承擔起責任、有主人翁意識，並且讓決策的品質更好。諮詢顧問所希望的，是那些該從參與者身上產出的答案能夠產出。在組織內部負有推動事務職責的顧問，還會希望參與者能產生自主的動力，一起推動事務，讓改變發生。目的明確了，自然用引導的決心會堅定許多，而可以約束自己參與討論內容的衝動。總不能因為一時忍不住，而讓原來的用意打了水漂。

要克服這個困難，他們還要清楚「要對什麼內容用引導」。對於那些他們決定「自己給答案」的內容，就不在適合採用引導的範圍內。對於那些他們「希望大家一起探索答案」的內容，就在適合採用引導的範圍內，讓大家去探索。這個範圍事先讓大家知道，引導者角色的切換就會有理有據。例如，團隊主管已經把「目標」給定了，他希望大家討論的是「如何達成目標」。如果團隊主管在引導討論的過程中，發現大家對於「目標」本身有疑問，那麼他跳出來解惑就是正常且必需的。把「要引導」與「不引導」的內容範圍界定清楚後，他就可以放心地在不引導的內容上切換回原來的角色。

來自參與者的困難

當參與者很在乎引導者對於討論的議題的影響力，或很在乎引導者對於他的表現的評價時，參與者會很難感受引導者的立場是中立的。舉例而言，若是團隊主管引導團隊成員討論一件團隊非常在乎的事情，而偏偏這個事情的決策者是這位團隊主管。或者，團隊主管對於團隊成員在這場會議的表現非常重視，可能影響到團隊成員的績效與升遷。那麼，就算這位主管覺得自己很中立，參與者看他也會覺得他有立場。縱使這位主管完全沒有對討論的內容發言，但他在某個人發言完之後的淺淺一笑，都可能被其他參與者解讀為他喜歡這個人的意見。甚至縱使他面無表情，不透露任何可

能跟內容偏好有關的訊息，而只單純在流程上介入，參與者也可能會懷疑為什麼他讓這個人發言這麼久而不打斷他，是不是他喜歡這個人的發言。這種參與者的「在乎」會無端為引導者的行為賦予過多的色彩，再回頭影響到參與者本身的行為，結果讓多重角色的人很難真正做好引導者的角色。在這種情況下，引導者做得再好，引導的效果也會打折扣。最明智的方法，是換一個人引導。讓角色分開來，各司其職。

參與者造成困難的另外一種情況，是因為扮演多重角色的這個人的風格所導致。舉例而言，某位一向不重視其他人的意見、喜歡獨斷獨行的領導者，突然有一天切換成引導者的角色，要大家一起討論問題、出主意，許多人可能一時反應不過來或適應不了。又如某位顧問一向都是收集意見之後自己研究策略，突然有一天切換成引導者角色，要引導大家一起研討策略，許多人可能會對於如何參與感到困惑。這種情況當然也可以讓別人來引導。但更棘手的是，換別人來引導，情況也可能好不了多少。這是因為無論是否由別人來引導，參與者都會懷疑原來這位風格上習慣給答案的人是否給了大家空間討論這件事情。沒有空間討論的事情，引導者換作是誰都不會有好的效果。要真正能讓大家參與，必須這個人本身的風格與形象有了轉變。這帶進來了下一節的題目：「引導式領導力」。

引導式領導力

引導式領導力，顧名思義就是用引導的方式來發揮領導力。但領導與引導是非常不同的兩個概念：一是帶領，一是幫助。兩個看似相對而不相容的概念為何會在一起，而成為「引導式領導力」呢？

這是因為引導是一種獨特的領導方式。能夠善用引導的領導者，除了自己能影響他人之外，還能夠幫助他所引導的團體中的每一個人影響彼此。在

OPEN QUEST 引導力 上冊
引導的基本觀念與即時介入

傳統的說法中，運用領導力的重點幾乎都是提升領導者自己的能力去影響他人。但運用引導式領導力的重點，則是在於幫助一群人互相影響。所以，如果說領導力是影響力的話，那麼引導式領導力就是幫助一群人對彼此發揮領導力的能力。

引導式的領導者幫助一群人對彼此發揮領導力，那麼他自己做什麼呢？

就事的層面而言，領導者在處理事情的過程中幫助整個團體發揮智慧，讓事情得到最好的發展。在開放大家討論的範圍之內，他透過引導交流的過程創造出一個場域，讓所有人能參與共創成果。久而久之，當領導者在場的時候，大家就能協同且高效地討論交流，會議過程與產出都因此而更有品質。這並不代表他就放棄了參與討論內容的權力。當需要他提意見或作決策的時候，他依然可以脫離引導者的角色去討論內容。

就人的層面而言，由於領導者讓出空間並支持大家發揮影響力，所以眾人也有機會表現與測試自己的能力，而讓領導力有機會得到磨練與提升。透過這個過程，最終領導者轉身成為了引導者，其他人則提升成為了領導者。從這個角度而言，引導式領導力的實踐，正是領導者培養更多領導者的實作過程。

但要發揮引導式領導力有其在角色上的困難。我在上一節中提到過，縱使領導者自己能夠做到忠於引導者的角色，但其他人看他時可能還是會覺得他有立場，而不完全信任他的引導。尤其是風格比較強勢的領導者突然做起引導來，大家非常可能不適應也不相信。所以，領導者通常需要務實、多次地引導團隊，用實際的行動讓人相信自己能用引導者這個角色來幫助大家，他才能夠真正發揮引導式領導力。

這並不是說在所有的場合中領導者就只做引導，而是說當領導者需要幫助團隊發揮群體智慧共同思考時可以做引導。領導者在其他場合中，還是可以用其他的方式與風格領導。直到有一天，當領導者切換為引導者的角色而大家不會覺得奇怪，而且能充分信任與接受他使用引導所帶來的幫助時，領導者也就成功地擁有了引導式領導力了。他的領導的彈性已經變得更大，能夠透過轉換領導風格成就更多事情。

第四章　引導者的技能

引導者幫助大家交流，自己不參與交流，所以話很少。在旁人看來，引導者通常就偶爾問個問題、說兩句話而已。表面上引導者好像沒做什麼，簡單得很，但這也正是困難之處。引導者必須要透過有限的介入完成他的工作。一旦介入的方向、時機或方式錯了，可能會讓交流的情況或會議的進行變得更困難，而不是更容易。這不只是挑戰引導者的作法，還挑戰引導者的行為、價值觀與心理素質。所以要扮演好引導者的角色，需要有技能、有知識，而且還要有內在的修養。

引導的技能有些是在「幕前」的引導現場發揮的，有些是在引導之前、引導之後或引導現場之外的「幕後」發揮的。以下我將引導的技能作個分類，讓你對引導所需的技能有整體概念。這些技能會在後面的章節中詳述。

引導者的「幕前」技能

「幕前」指的是引導者實際引導人際交流的現場，以下簡稱「引導現場」。對「為達成特定目標的引導」而言，即是在會議的場合。在這個場合裡，引導者對參與者的參與、連繫、互動與交流作各種介入，以進行引導。

在引導現場為引導而作的介入有兩種，一種是引導者對參與者直接實施作為的「直接介入」，另一種是引導者透過其他人進行、透過調整流程或透過調整環境而間接影響參與者的「間接介入」。它們之間的關係如下圖所示。

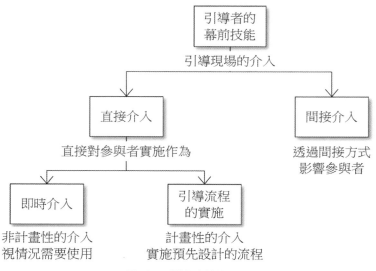

圖4-1：引導者的幕前技能

一、直接介入

引導者在引導現場絕大部分的引導工作都是運用「直接介入」的技能來完成，所以一般在說「介入」時，如果沒有特別聲明是哪一種介入，指的就是「直接介入」。「直接介入」又分為兩種。一種是「即時介入」，用於視情況幫助參與者之間的交流與豐富交流內容；另一種是「引導流程的實施」，用於實施預先設計好的流程。兩者分別詳述如下。

1. 即時介入

「即時介入」是在參與者的交流情況不佳或可以更好的時候，即時幫助參與者提升交流品質及豐富交流內容的介入行為。它並不是計畫性的介入，只有在引導現場發生情況時使用，不需要事先設計。

引導者無論是做「單純幫助交流的引導」或「為達成特定目標的引導」都需要用到即時介入的技能。在進行「單純幫助交流的引導」

時，由於該場合沒有特定的目標要達成，所以引導者以運用「即時介入」的技能為主。他並不需要引導具有方向性的流程步驟，只需要專注於運用即時介入的技能，幫助參與者在每一個當下交流得更好。

在進行「為達成特定目標的引導」時，引導者除了運用「即時介入」的技能之外，還會運用「引導流程的實施」的技能。「引導流程的實施」是計畫性的介入，藉由實施引導流程推動會議往前進行。但在實施引導流程時，引導者同時也需要非計畫性的「即時介入」來確保流程進行中的交流的品質，才能達成會議目標。如果參與者交流的品質不好，流程也會變成只是走個形式。舉例而言，引導者為某個解決問題的會議設計了合理適當的流程，也實際實施了這個流程。然而，由於各方參與者在流程進行中各說各話，不互相傾聽，而且引導者並沒有作即時介入以促進真正的交流，導致了會議直到最後仍無法產出有共識的解決方案。所以引導者若是不作適當的即時介入，而只靠設計與實施流程，經常不能確保會議的品質。

即時介入還細分為兩種，分別是「幫助交流」的即時介入與「豐富內容」的即時介入。

- **「幫助交流」的即時介入**

  這是在參與者交流的動態上作即時介入，以幫助參與者進行交流。例如幫助參與者關注談話、作清楚的表達、傾聽與理解別人表達的內容、回應彼此等。

- **「豐富內容」的即時介入**

  這是幫助參與者豐富交流的內容。引導者在作這種介入時，並不是提供交流的內容或評價交流的內容，而是幫助參與者

在內容上作更有效的交流。例如讓交流的內容更聚焦、擴大交流內容的廣度與深度、讓參與者能夠看到與衡量所有的觀點等。

這兩種「即時介入」的技能，我在〈第三部：幫助交流的即時介入〉與〈第四部：豐富內容的即時介入〉中介紹。

2.引導流程的實施

「引導流程的實施」的意思，是按「引導的流程」進行現場的引導工作。而「引導的流程」是指引導者在引導參與者進行交流時所要做的一系列步驟。

在「為達成特定目標的引導」的場合，由於引導者需要幫助參與者達成會議目標，所以他需要事先設計引導的流程。到了會議現場，引導者就運用「引導流程的實施」的技能，實際上施行這份引導流程。所以，它與「即時介入」最大的差別，在於「引導流程的實施」是計畫性的介入，而「即時介入」不是計畫性的介入。雖然在實施引導流程的過程中，當流程的進行不如預期或有障礙發生時，引導者也需要即時地作介入以讓流程順利進行，但由於這種介入的目的也是在完成計畫性流程的實施，為了避免讓概念變得複雜而妨礙理解，所以我將這種即時性的介入劃歸「引導流程的實施」的範疇，而非劃歸「即時介入」的範疇。

在「單純幫助交流的引導」的場合，由於引導者只需要幫助交流，所以就不需要預先設計與實施引導流程。但儘管如此，引導者若是在「單純幫助交流的引導」的引導現場即時設計與實施引導流程，也會運用到「引導流程的實施」的技能。

「引導的流程」可以是高度結構化的流程，步驟多而密集；也可以是低度結構化的流程，步驟少而稀疏。引導者透過「引導流程的實施」技能，實施流程步驟，往前推進參與者的交流，或幫助參與者在某個點上深入交流。所以，「引導的流程」就像能引導水往某個方向流動的引水渠。「引導流程的實施」就像使用引水渠，有方向地引導參與者的交流。引導者可以透過流程，幫助參與者達成一個又一個預先期望的引導效果，直至達成會議目標。

需要注意的是，引導者設計及實施引導流程的用意，是引導參與者去找出某個答案，而不是找出某個「特定」的答案。前者是沒有既定的答案，有空間可以探索；後者是答案已定，沒有空間可以探索。例如對於「要採用哪個方案？」這個題目，引導者設計及實施引導流程是要幫助參與者「選擇某個方案」，而不是引導他們去「選擇A方案」。如果沒有空間作探索及選擇，就不是引導，而是說服。

「引導流程的實施」的技能，我在〈第七部：引導流程的實施〉中介紹。

下表是以上兩種直接介入的技能的比較。

	即時介入	引導流程的實施
作用	提升交流品質與豐富交流內容	往前推進交流或深化交流
方式	不事先設計，現場情況需要時才運用	通常是事先設計好流程後在現場實施，但也有在現場即時設計與實施流程的情形

	即時介入	引導流程的實施
形態	視情況有需要時才介入，因此大多是點狀或塊狀的介入，每次的介入之間不見得有前後呼應關係	按流程步驟進行介入，同一流程段落中的介入前後呼應，相連成帶狀的介入
舉例	鼓勵發言、澄清發言內容、排序發言、邀請參與者彼此回應	引導「腦力激盪」流程或「歸納想法」的流程進行
角色	使用技能時，引導者角色可能明顯，也可能不明顯，作為參與者也可以使用	使用技能時呈現明顯的引導者角色
比喻	打造進行交流的方式與氛圍，就像形成一個容器，以承載交流的內容	流程就像引水渠，引導流程的實施就像運用引水渠引導水流

表4-1：兩種直接介入的技能的比較

兩相比較，「即時介入」是在某個情況發生時作介入，所以經常是在某個時間點上作用，各次介入之間不見得有前後呼應的關係。而「引導流程的實施」所作的介入是在推進流程步驟的進行。由於流程的步驟之間具有連續性，所以在同一個流程段落之中，「引導流程的實施」的每次介入之間常會有前後呼應的關係。你可以將「即時介入」想像成點狀或塊狀的介入；將「引導流程的實施」想像成帶狀的介入。

此外，「即時介入」的目的是為此時此刻打造有效進行交流的方式及氛圍。好的交流方式及氛圍就像一個容器一樣，可以讓談話在裡面持續地發生，以產生激發、激盪及融合的效果。它是作用在目前這個時間點上，讓當下交流的品質更好、交流的內容更豐富。這種介入不一定要專門的引導者角色才能作，參與者也能作這種介入。

「引導流程的實施」的目的是引導參與者一起進行流程步驟。流程不是一個點，而是點與點所連起來的線。所以流程具有方向性，要不就是往前推

進，要不就是往下深入。每當引導者進行「引導流程的實施」的動作時，就是要參與者離開目前這個點，往下一個點前進了。當有人這樣做的時候，大家都聽從這個人的指引，所以運用「引導流程的實施」的技能的人會有明顯的引導者角色。

二、間接介入

間接介入指的是引導者並非透過自己直接去影響參與者，而是透過間接的方式去影響參與者，例如調整流程實施方式、改變流程、調整引導現場的環境、請求客戶的協助、幫助客戶扮演好角色等等。這裡所指的客戶可以是會議召集人、對會議所討論的題目有影響力的主事者、會議所要推動的變革的推動者、對引導服務的把關單位、客戶端協助你做引導工作的支持人員等。

其中，調整流程與環境這類介入就像調整「引水渠」，原本就是引導者影響參與者會做的工作。但這些工作並非直接接觸參與者去影響他們，所以屬於間接介入。

請求客戶協助及幫助客戶扮演好角色，是因為客戶對於參與者通常有他獨特的角色與權力及義務。這些基於角色的獨特權力及義務是引導者不能取代的。因此，有些基於客戶的角色的影響，必須由客戶自己來發揮。例如，在參與者不熟悉引導者而沒有足夠的信任的時候，客戶對引導者的推薦與支持能快速形成參與者對引導者的信任基礎。又如，在參與者懷疑會議結果不會被尊重與實施而降低參與度的時候，客戶向參與者說明會議結果的處理方式，能夠打消參與者的疑慮與提升參與度。在客戶不知道自己能發揮這樣的影響力時，引導者可以向他說明情況及提出請求，由他來發揮影響力。

引導者的「幕後」技能

「幕後」技能指的是除了幕前的技能之外，其它能夠讓引導成功的技能。這些技能不是在引導現場用在被引導的參與者身上。但若是要做好一場引導，幕後技能不可或缺。以下是引導者所須具備的幾種重要的幕後技能。

一、與客戶一起合作

引導者服務的是人，所以引導者的工作不只是機械式地完成任務，而是在會議前的準備、會議中的引導及會議後的跟進，都必須與客戶合作，一起完成。

就「為達成特定目標的引導」而言，客戶不是只有接受引導服務的會議參與者，而是還有其他人，例如會議召集人、與你溝通會議籌備工作的人、在客戶的組織內部聯繫會議參與者的人……等等。他們要不就是能定義這場會議如何才叫成功，要不就是他們的協助對於這場會議的成功與否舉足輕重。他們對你的引導抱有期望，而且你對他們負有工作的義務，所以你必須與他們合作，你的引導才能順利實施與發揮功效。

其中最重要的客戶是會議召集人，通常他也是會議的需求方與出資人。沒有他，這個會議就不會發生。你必須與會議召集人一起工作，了解他召開會議的需求，並協助他決定會議主題、會議目標、會議討論的焦點與邊界、產出結論或方案要使用的決策規則、他個人參與會議的方式……等等。你還必須對會議的參與者或重要利益相關人作調研，以了解他們對於會議的目標與預定討論的內容的看法。之後，你必須把這些資料帶回來與客戶討論，才能最終確定會議的需求、主題、目標、討論的焦點與邊界等。這些是設計引導流程的基礎。唯有這些都確定之後，你才能設計出切合客戶需求的引導流程。

當你同時是會議的召集人時，你自己就知道會議的需求、主題、目標、討論的焦點與邊界，但最好也別太快下定論。你一樣需要先對利益相關人作調研，並根據結果作必要的調整後，把這些確定下來，之後再著手設計與實施引導流程。如果利益相關人對於會議的想法與你的想法有很大差距，你必須用別的角色的權力先創造召開會議的條件，然後才用引導者的角色進行工作。若是你最後發現這件事並不適用引導的方式進行，這個發現本身也是一種收穫。

在完成引導流程的設計後，準備會議的過程中，你要與客戶端的人員一起合作，完成場地的佈置、設備與物資的運送及安裝、現場工作人員的培訓與安排等工作。對於沒有召開這類型會議的經驗的客戶，你還需要對他提供準備會議的建議，例如告知適合作引導的場地的條件、建議能有效邀請會議參與者的方式等。

會議進行時，你要與客戶保持溝通，聽取他的觀察與反饋，以便調整你的引導流程與介入方式。在會議結束之後，你要與客戶一起反思會議成效、幫助他思考與決定下一步。

要做到這些事情，與客戶建立信任關係、幫助客戶認識引導者的角色、維持良好的溝通、發掘與確認客戶需求、進行調研與訪談利益相關人、協助客戶訂定合適的會議目標、設定討論的內容焦點與邊界等，都是身為引導者需要具備的技能。

二、了解人的系統的動態以及與會議主題相關的專業

引導所處理的是人與人之間的課題，以及人與人之間合作一起處理的課題。前者例如兩個部門之間的協作；後者例如產出我們組織的長遠目標及達成目標的策略。

就前者而言，人的組織是一個複雜的動態的系統。作為引導者，你需要了解你所要引導的會議參與者之間的關係、他們過去的歷史、他們如何一起工作、遇到事情如何反應、對要討論的事情態度是什麼、對彼此有哪些需求或期望、有哪些衝突等等，你才能夠感受他們在會議所要談的事情上所需要突破的關鍵點是什麼。如果你對這些方面的認識不夠，你對於他們的會議需求及會議目標的理解就會有限或偏差。這會導致你不但幫不了你的客戶，反而容易為他們帶來困擾。

就後者而言，你對於會議主題相關的專業領域要有足夠的了解，才能設計出真正能幫助客戶思考與產出有用成果的適當流程。例如，客戶想在會議中討論出企業發展策略，那麼你對於怎麼思考及規劃企業發展策略就要有足夠的了解，否則你會設計出無效的引導流程。又如，若是客戶要作某種民生消費產品的開發，那麼你對於品牌、行銷、消費者調研、消費者洞察的理論與方法就要有一定的認識，否則你也會設計出無效的引導流程。由於光是把引導最核心的知識、技能與通用流程工具寫進本書裡，本書的內容就已經過於龐大，所以我不會在本書中介紹引導在這些專業領域的應用。但我相信在學會本書的內容之後，你應該有能力將引導用在自己的專業領域上。

三、設計引導的流程

對於有特定目標要達成的會議，引導者不能隨著交流進行到哪裡就引導到哪裡，而是要設計「引導的流程」及將它付諸實施，以幫助參與者有條理、有步驟地確實達成會議目標。

要把引導的流程設計好，需要有技能。例如，要能根據有邏輯的思考脈絡來安排流程架構、根據討論能有效展開的樣貌與規律來安排流程段落、制定各流程段落的題目與目標、設定內容焦點及設計焦點問題、安排適當的

參與形式、撰寫流程稿等等。要能做好這些工作，還必須要擁有流程設計的概念與知識。除了設計會議的主要流程段落之外，引導者也要能設計會議的開場、破冰活動、暖身活動、提振精神的充能活動、結束會議的流程等這些作為常態使用的會議流程。

流程是由各種流程元素組合起來的，例如要用來提問的焦點問題，以及分組方式、參與順序、活動型態、記錄方式等各方面的參與形式。這些流程元素組合起來就形成一段有結構的流程，可以用來實施引導。有些流程已經被工具化，有固定的步驟，用來達成特定的效果，例如將參與者分組、記錄想法、將資料貼上牆、畫圖、簡單的篩選資料等。還有些流程工具已經有自己的名字，被普遍認識與使用，例如腦力激盪、團隊共創、團隊列名、KJ法、世界咖啡館、開放空間科技等。了解各種流程工具的屬性與適當的組合與運用它們，也是引導者的核心技能。若引導者在不了解工具的情況下使用工具，就會像是拿了鋸子來釘釘子，不但費力，而且也達不到效果。

引導者也要有能力預估流程所需要的時間，並且設計時間內能合理完成引導的流程。若是引導時發現實際進行流程的時間比預計的時間來得快或慢，或者是發生了未預料到的情況導致原來設計的流程變得不合適了，引導者還需要有能力與客戶溝通情況，並適當調整流程的設計。

基於引導者預估流程所需時間的能力，引導者也會有能力預判在既定會議條件的限制下是否有可能達成會議目標。例如，在訂約或調研階段，客戶提出會議目標及告知會議條件是一天八小時、三十人參與會議時，引導者就能初步評估客戶訂的會議目標是否可能達成。如果不能達成，引導者要向客戶反饋意見以調整會議目標。

四、創造引導的現場環境

引導者要有評估進行引導所需的軟硬體條件並作好充足準備的能力。對於線下實體會議，空間的運用是一大學問。引導者要能夠判斷需要多大的空間、桌椅如何擺、牆面要怎麼運用、需要哪些道具、要創造哪些視覺聽覺效果等等，才能滿足引導流程的需要。對於線上虛擬會議，引導者要有規劃與運用適當的設備與軟硬體進行引導的能力。若是參與者不熟悉軟體的使用，引導者還要能事先為參與者培訓使用方法。

發揮技能的基礎

無論是哪一種技能，都是由「引導者」來運用。所以引導者本身的狀態非常重要，好的狀態是發揮各種技能的基礎。我們可以說如果引導者本身也算在服務客戶的「工具」裡面的話，那麼它是所有工具的源頭。若是這個源頭本身狀態不好或不穩定，就會像身體素質差的人拿了把鋒利的大刀，刀很好但人卻無力駕馭。要修練好狀態，你需要經常有意識地去覺察自身的引導者角色與引導上的作為，保持身心狀態的穩定與平衡，並且能夠開放地接受不同的經歷並從中學習。

本書的內容順序

由於引導是一門「做」的學問，從「做」中發揮引導者角色的影響力，所以我在本書介紹引導時，大部分的篇幅都以介紹「技能」與「作法」為主。在介紹技能與作法的過程中，我會將相關的原理、知識及哲學帶進來。

從內容的結構上來看，本書共有八部、三十六章及一個附錄。以下我按順序以文字介紹。你可搭配本書開頭的〈引導知識與技能體系結構圖〉獲得更清楚的理解。

第一部是目前你在閱讀的〈引導的概念〉。這一部的作用是幫助你建構起對引導的基本認識，以便開始後面的技能的學習。

第二、三、四部介紹「即時介入」。第二部是〈即時介入的共通概念與技巧〉，介紹在所有即時介入中共通的內容，包括即時介入的層次與考慮，以及共通的基本技巧。第三部〈幫助交流的即時介入〉介紹幫助參與者調整交流動態的即時介入技巧；第四部〈豐富內容的即時介入〉介紹幫助參與者豐富交流內容的即時介入技巧。為了說明這些技巧，這兩部的開頭還會介紹與這些技巧相關的基本觀念及判斷技巧的使用時機的指標。

「即時介入」是引導的兩大類技能中的一類，所以我用了第二、三、四部來介紹。「引導流程的設計與實施」是引導的兩大類技能中的另一類。我把「即時介入」放在「引導流程的設計與實施」之前介紹，是因為它比較適合作為一開始學習與練習引導的技能。你不一定要擔任專門的引導者角色才能使用它。在任何交流的場合，無論你身為引導者或參與者，都可以使用即時介入技能來幫助別人交流。它是生活中最有機會使用與練習的技能。

第五部〈會議的籌備與安排〉包括了〈與客戶一起工作以制定會議目標〉、〈引導前的籌備工作〉及〈引導流程的常態安排〉這三章。它們分別是設計引導流程之前、之後、之中要做的事。由於第六部的〈引導流程的設計〉的內容需要前後連貫、一氣呵成，不適合在中途插入其它內容，所以我把這些內容都放在第五部中介紹。

第六部是〈引導流程的設計〉，它幫助你了解如何從頭到尾設計引導流程。其中包括了設計流程的步驟、設計流程的各個元素、通用的設計概念與流程工具、為特殊情境設計流程所需要的考慮、設計流程時對團體狀態

的考慮，以及流程稿的寫法。我在本書中介紹給你的是設計引導流程的核心概念與工具，能在不同情境廣泛使用。在熟悉了這些核心概念與工具之後，你就有基礎可以學習與理解其它屬於專門用途的概念與工具。

第七部是〈引導流程的實施〉。流程設計好之後，還要能有效地在引導現場實施。第七部說明實施引導流程的關鍵要點，以及如何處理流程無法順利實施的情況。

第八部〈引導者的修練〉包含了我對於提升引導者能力的一些看法。

在本書最後，我放了一個〈鐘氏引導流程符號系統〉的附錄，介紹一個用來寫作引導流程的符號系統。這些符號可用來取代經常需要重複寫在流程稿裡的文字，以減輕引導者寫作流程的負擔，而且可以確保引導者設計流程時考慮到一些必須要考慮的流程元素。

我希望透過這樣的安排，能夠儘量有條理地把我心目中引導最核心的知識與技能介紹清楚。

第五章 直接介入的基本觀念

「直接介入」是引導者對參與者直接實施的作為。引導者在引導現場所作的介入絕大部分是「直接介入」，所以它可以說是引導者在引導時最主要的技能。本章介紹「直接介入」的基本觀念，更具體詳細的觀念與技巧分別在第二部〈即時介入的共通概念與技巧〉、第三部〈幫助交流的即時介入〉、第四部〈豐富內容的即時介入〉與第七部〈引導流程的實施〉中介紹。

由於「直接介入」是引導者最常用的技能，所以一般稱「介入」時，指的就是「直接介入」。為了在敘述上方便，在本書中寫到「介入」的地方，如果我沒有特別聲明，指的即是「直接介入」。

引導者作介入的基本態度

使用任何的介入技能，都需要有正確的基本態度。若是沒有正確的基本態度，所有的技能使用起來都會走調；若是有了正確的基本態度，所有的技能都能發揮更好的效果。所以說，在使用技能時覺察自己身為引導者的態度是否正確非常關鍵。以下是引導者作介入時的基本態度。

正直

引導者保持正直。他在引導上的任何介入，目的都是為了扮演好引導者的角色，為參與者服務。因為正直，所以他能做到言行一致。當參與者懷疑引導者的介入動機時，引導者會誠實告知他的動機，不需隱藏。

引導者也保持透明。在參與者不清楚引導者的作法或考慮時，引導者會向參與者分享自己在引導上的思考與決定，讓參與者知悉。參與者因此能信任引導者，而能夠心無旁騖，專心致力於交流與達成會議目標。

尊重

引導者尊重參與者。引導者的介入不是強迫，而是邀請。所以他會讓參與者擁有足夠的資訊，在知情的情況下作出自主的選擇。他不會故意隱藏、扭曲或捏造資訊，或試圖操弄參與者。

為了讓參與者作出知情而自主的選擇，他會致力於營造心理安全的環境，讓參與者能放心參與在交流之中、能放心表達不同的意見，以及能放心在決策時作自己認同的選擇。

信任

引導者信任參與者。他信任參與者在當下會做出自己力所能及的最好選擇。所以，儘管參與者作出的選擇並非引導者的偏好，引導者依然會尊重參與者的選擇。引導者不會扮演裁判或救世主去糾正或拯救參與者，而是會盡力幫助參與者理解情況及作出判斷，讓參與者為自己的選擇負責。

好奇

引導者保持好奇。由於好奇，所以他能持續關注參與者的狀態，以及察覺到當下最需要向參與者提問的問題。也由於好奇，他能放開自己的假設。在他覺得「應該發生的事」沒發生或「不應該發生的事」發生時，他仍能保持開放、探詢原因，而不陷入與自己或與參與者的糾結之中。在介入時，他的語言與行為開放而平和，不會顯得咄咄逼人

而引起參與者的防衛反應。

也因為保持好奇，引導者能夠視引導過程為共同追尋答案的探索歷程。他會將注意力放在幫助參與者進行探索上，對各種可能性保持開放，而注意不讓自己的流程安排或介入造成不必要的限制。

但引導者不能單純為了滿足個人好奇心而作介入。例如，當引導者不斷追問一個所有參與者都明白而沒有興趣再探索的疑問時，他是為了自己的需要而不是為了參與者的需要而提問。此時，他就已經不是為了參與者服務的引導者，而是為了自己的興趣而提問的參與者了。

同理

引導者致力於同理參與者。所以他能理解參與者當下的感受，而能敏銳地察覺參與者何時需要他介入。他也能體會參與者的需要，所以能夠適時協助參與者。由於同理參與者，所以他能專注於引導現場正在發生的事，而非只專注於流程計畫中應該發生的事。他因此能適時調整自己及流程以呼應參與者的需要，而非一成不變地執行已經不符合需要的流程。

但同理不等於認同。若引導者認同參與者的觀點，引導者就對於參與者的內容作了好壞對錯的價值判斷。結果可能是在參與者心中引導者並不中立，而導致參與者不願接受引導者的引導，讓引導者無法扮演好他的角色。

引導者的狀態

引導者要保持上述的基本態度以及持續關注與解讀參與者的狀態與需求，

才能適時適當地作介入。要做到這點，引導者要有高度的覺察力。引導者不只是對參與者的狀態及周遭環境有所覺察，還要對自己有所覺察。

引導者對自己的覺察，除了覺察自己是否正直、尊重、信任、好奇、同理之外，還有其它更多。例如，覺察自己是否做了前述提到的「引導者是為自己的需要而非參與者的需要作介入」，而能及時調整或停止自己的介入行為，以保持好引導者的角色。

此外，引導者「對自己的覺察」還是「對參與者的覺察」的基礎。舉例而言，當引導者覺得某個人的發言不太對勁，這是「對自己的覺察」。它為引導者提供了很好的線索，提醒引導者更進一步關注這個人。然後，引導者發現這位參與者對討論的話題感到困惑，這即是「對參與者的覺察」，由引導者「對自己的覺察」喚起。最後，引導者發現這是一個需要介入的點。也就是說，引導者要先能覺察到自己，才能做到對參與者的覺察。

所以，引導者保持自身的覺察力，是一切引導工作的開始，也是一切引導工作的基礎。引導者要能做好工作，就必須在工作過程中持續保護好這個基礎，讓自己保持在高度覺察的狀態。

為了做到這一點，引導者要能持續摒除成見與雜念，讓自己的心靈保持在一個放鬆、平靜、客觀的狀態。唯有在這樣的狀態之下，引導者的心靈才有餘裕持續保持足夠的覺察，讓他在觀察與傾聽參與者的同時，還能捕捉到自己內心對於參與者一舉一動的感受與理解，從而以這些感受與理解為基礎，去解讀目前參與者的狀態與團體的動態。一旦引導者心中有了雜念或執念，例如說他對於某個說法有強烈的不同意見而內心充滿了反對的聲音，又很執著於這些內心的聲音而放不下，那麼他自然很難對參與者繼續保持細緻的覺察。如此一來，他要做到適時適當的介入就會非常挑戰。

一旦引導者的狀態與基本態度對了，他在使用技巧上就不至於出現太大的偏差。隨著經驗的累積，他對技巧的運用就能逐漸成熟而自然。

直接介入的作用

引導者的直接介入是透過提問問題、引導參與者思考與交流、與參與者互動、創造參與者的體驗等作為，在參與者的「內在」與「行為」兩個層次上發揮作用。

對參與者的內在發揮的作用

引導者透過介入能影響參與者的注意力、建立起參與者的關注點，以及引發參與者的各種各樣的內在心理活動。內在心理活動例如：回憶、想像、覺察、感受、體會、思考、詮釋、區辨、歸納、分析、總結、抒發情感、下承諾、作決定等等。這些內在心理活動產生出交流的內容。

引導者的介入還可以幫助參與者提升對於交流過程的意識。由於引導是在交流的過程中提供幫助，所以每一次適時適當的介入，都能讓參與者感受到過程的改變對於提升交流品質的幫助。參與者因此有機會提升他們對於交流過程的意識，而在關注交流的「內容」之外，也開始主動關注交流進行的「過程」。

對參與者的行為發揮的作用

引導者透過介入以幫助參與者適當地作為與不作為，以進行有效的交流。作為例如依照流程的指示進行活動、依引導者給予的條件進行分組、適當地表達、傾聽、探詢、回應、移動位置等；不作為例如不插話、不任意打斷他人、不三三兩兩開小會等。引導者也能透過介入幫助參與者覺察自己的行為，而對行為作出改變。

此外，參與者關注交流過程的意識開啟後，他們就能主動覺察與調整自己的交流行為與狀態，以讓交流的品質更好。對於對交流過程有高度意識的團體，引導者甚至能與他們溝通關於引導流程的考慮與決定，而讓引導進行得更順利。

短介入與長介入

從影響參與者動態的程度來看，直接介入的技巧可大略分為「短介入」與「長介入」兩類。

短介入

顧名思義，短介入是存續時間比較短的介入。短介入對於參與者的動態影響輕微，不會造成持續的打斷、干擾或注意力的轉移。引導者在作了短介入的動作之後，只要參與者接收到訊息、作出回應或作出行為，短介入即完成。雙方不需要有後續的來回互動。以下我就兩種直接介入的技能舉例短介入。

「即時介入」的短介入例子

例如引導者說：「請有想法的人發言。」、「請聽到的人點點頭。」、「請大家坐下。」、「請提出你的問題。」、「請問你已經說完了嗎？」、「請問你對剛剛的發言有什麼回應？」、「大家從剛剛老謝的發言中聽到哪幾個重點？」這些引導的動作做完後，只要參與者接收到訊息、作出回應或作出行為，介入就已經完成，所以它們是短介入。若是參與者的反應不如預期，引導者可以再作一次介入。但再一次的介入可作、可不作，並不是這次介入的後續步驟。

「引導流程的實施」的短介入例子

例如引導者說：「請在三分鐘內結束小組討論。」、「請移動到會議室的另一邊。」、「請下一組派一位代表發言。」、「大家還需要多久的時間完成小組工作？」、「請把你寫好的紙貼到牆上來。」這些介入也是在引導者做完動作後，參與者接收到訊息、作出回應或作出行為，介入就完成了，所以是短介入。此外，依預先設計好的流程向參與者提問各種問題以引發思考與交流也是短介入。

短介入適合用在情況清楚、參與者不會誤解引導者介入的意圖，而且需要保持談話節奏的情況。因為情況清楚，所以引導者不需要再額外花時間去了解情況；因為參與者不會誤解引導者介入的意圖，所以引導者不需要再多花時間說明介入理由；因為需要保持談話節奏，所以引導者不能作長時間的介入，以免談話被迫停了下來，而打斷了團體思考與交流的連續性。

雖然短介入適合在情況清楚時使用，但也不是沒有在情況不清楚時使用短介入的情形。例如使用本來就是在情況不清楚時使用的「確認情況」的介入技巧，以及發生了例如「持續任意打斷別人發言」這類必須立刻制止的行為時所作的介入。

長介入

顧名思義，長介入是存續時間比較長的介入。長介入對於參與者的動態影響較大，會造成持續的打斷、干擾或注意力的轉移。長介入通常需要引導者與參與者連續來回互動一段時間才能完成，所以一定會將原來的談話停下來一段時間，因此會中止團體思考與交流的連續性。以下我就兩種直接介入的技能舉例長介入。

「即時介入」的長介入例子

例如了解情況、探查造成情況的原因、引導參與者建立行為規範、與參與者協商參與的方案等。引導者在作這些介入時，不是說完一句話就完成了介入，而是必須持續一段時間與參與者互動，所以是長介入。

「引導流程的實施」的長介入例子

例如說明流程、分派小組任務、緊湊地進行前後呼應的結構化流程步驟等。這些介入也無法在引導者作完一個動作就結束，而是持續一段時間的連續過程，會明顯打斷參與者動態，所以是長介入。

由於長介入會把談話給停下來，而且會用掉較多時間，所以使用的代價比短介入大。在有選擇的時候，引導者通常會優先選擇使用短介入。只有在非用長介入不可的情況下，例如有較多訊息需要傳達給參與者、需要花時間溝通才能達成介入目的、試過短介入但效果不好等情況，引導者才會選擇使用長介入。

在直接介入時使用提問

引導者在作直接介入時，除了使用一般說話所採用的「陳述句」或向參與者提出請求的「祈使句」之外，還經常使用「疑問句」，以「提問」的方式進行介入。引導中的「提問」可大致分為以下幾大類。

幫助交流的提問

「幫助交流的提問」是指為了幫助當下正在發生的交流而提問問題。比起陳述句或祈使句，疑問句更能聚集注意力及表達邀請的意思，所以有許多幫助交流的介入都是以提問的方式進行。例如，與其說：

OPEN QUEST 引導力 上冊
引導的基本觀念與即時介入

「大家多表達些想法。」或「請大家多多發言。」不如問：「請問大家還有什麼想法？」

此外，有一些「幫助交流的提問」不見得是真的要問問題。例如當引導者問：「還有嗎？」、「還有誰有想法嗎？」、「有誰想要回應嗎？」時，其實是在邀請發言，而不是真的要參與者回答：「有」或「沒有」。

「幫助交流的提問」幾乎全是視情況使用，因此屬於「即時介入」。

推進流程的提問

「推進流程的提問」是指為了推進引導的流程而提問的問題。引導者在推進引導的流程時，需要了解參與者的情況、說明流程步驟、請求參與者開始、停止或繼續某些行為等。引導者在推進流程時使用的語言大部分是陳述，但也有需要提問的時候。例如提問：「大家進行得如何？」、「你們還需要多少時間完成小組討論？」、「接下來輪到你們這個小組跟大家分享討論結果，好嗎？」、「大家是否已經準備好進行下一個步驟了？」、「我們這一回合的休息時間延後大約十分鐘，大家有沒有問題？」

推進流程的提問有些是真的在詢問問題，例如了解參與者情況或詢問是否同意；也有些實際上並不是在詢問問題，而是以問句的形式向參與者提出請求。以提問的方式提出請求在語氣上會比較柔軟，聽起來更像是邀請，所以比較不會引起參與者的防衛反應。但使用這種提問時，需注意不能太過委婉以至於讓人聽不懂你真正的意思。畢竟，引導者在推進流程時，是期望參與者進行自己所提供的流程步驟，所以在推進流程上所作的表達，必須簡要、清楚且不會被誤解。

「推進流程的提問」大部分是有計畫的介入行為，屬於「引導流程的實施」，但也有少部分是視參與者進行的情況作介入。這種即時性介入的目的也是在完成計畫性流程的實施，為了避免讓概念變得複雜而妨礙理解，所以我將這種即時性的介入劃歸「引導流程的實施」的範疇，而非劃歸「即時介入」的範疇。

聚焦內容的提問

「聚焦內容的提問」是指為了聚集交流的焦點以激發特定交流內容而提問問題。例如問：「我們提升工作效率的方法有哪些？」能有效把大家的交流聚集在「提升工作效率的方法」這個焦點上，以激發參與者想到更多這個焦點上的內容。

這種提問所問的問題稱為「焦點問題」。焦點問題是設計引導流程的重要元素。若引導者預先設計好「焦點問題」，那麼他在引導時提問這些事先設計的焦點問題是有計畫的介入行為，是屬於「引導流程的實施」。相反的，若他在引導時因為現場參與者的動態激發了他的靈感，而提問了臨時想到的焦點問題，則是視情況而作的介入，是屬於「即時介入」。

關於聚焦內容的提問，我在〈第二十五章、流程的重要元素：提問〉中會作較詳細的介紹。

豐富內容的提問

「豐富內容的提問」是指為了在某個焦點上豐富交流內容而提問問題。例如引導者在「提升工作效率的方法」這個焦點上問了「我們提升工作效率的方法有哪些？」這個焦點問題後，接著作豐富內容的提問：「還有哪些跟剛剛提到的這些方法很不一樣的方法？」、「你這

個想法的靈感是來自於哪裡？」、「剛剛大家提到了大多是個人採行的作法，還有哪些其它不屬於個人層次的方法？」、「讓我們再度聚焦回來目前討論的問題上，還有人想到什麼其它的方法？」藉由這樣的提問，引導者可以幫助參與者在「提升工作效率的方法」這個焦點上豐富交流的內容。

「豐富內容的提問」可說是在「聚焦內容的提問」後跟進的提問。如果說「聚焦內容的提問」就像投一顆石子到水池裡的話，「豐富內容的提問」的作用就是把它引起的漣漪擴大，幫助參與者把所有在這個焦點上所能想到的內容都表達出來。

雖然大多數「豐富內容的提問」是視情況進行的「即時介入」，但它也經常被預先設計，而成為有計畫的「引導流程的實施」，以增加參與者在交流內容上的廣度與深度。

四大類提問在作用上還有不同屬性，如下圖所示。

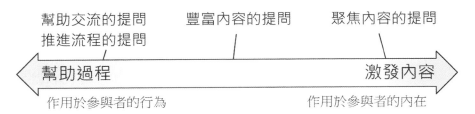

圖5-1：引導中四大類提問的屬性比較

「幫助交流的提問」與「推進流程的提問」主要作用於參與者的行為，是偏重於「幫助過程」的提問；「聚焦內容的提問」主要作用於參與者的內在，是偏重於「激發內容」的提問。「豐富內容的提問」是介於兩者之間的提問。它既有幫助交流過程的作用，又有激發內容產生的作用。這也是

它雖然大多數屬於「即時介入」，但又經常被預先設計而屬於「引導流程的實施」的原因。

在句式上，「聚焦內容的提問」幾乎都是採用開放式問句，也就是像問答題或申論題一樣可以容納各種答案的問句。「幫助交流的提問」與「豐富內容的提問」也大多是採用開放式問句，但偶爾也會採用封閉式問句。「推進流程的提問」則是使用封閉式問句比較多。封閉式問句是「是非問句」或「選擇問句」這種只能容許有限答案的問句，在引導上通常只用於邀請、請求或確認的用途，例如：「可以請你接著下一個發言嗎？」、「大家了解剛剛聽到的發言內容嗎？」、「除了剛剛提出來的建議之外，還有誰有不同的想法嗎？」、「可以請大家聽我說明下一個步驟嗎？」、「大家已經討論完剛剛的題目了嗎？」、「可以請大家進行下一步嗎？」

無論是哪一種提問，在吸引關注與表達態度上的效果都比陳述要來得好。所以，引導者在作直接介入時，能用提問的方式進行的部分，會儘量用提問的方式進行。

第二部
即時介入的共通概念與技巧

「直接介入」下的「即時介入」是視情況需要才作的介入,與實施預先設計的流程的「引導流程的實施」相對。「即時介入」包括了「幫助交流的即時介入」與「豐富內容的即時介入」兩種。這兩種即時介入的技巧我在第三部與第四部分別詳細說明。本部介紹即時介入的共通概念與技巧。

第六章

即時介入的層次與考慮

「即時介入」是視情況介入的技巧，但並非在任何情況發生時都必須要作即時介入，也不是都只針對可觀察到的情況作即時介入。在進行即時介入前，引導者需要考慮介入的層次以及判斷是否要作即時介入。本章介紹這些基本觀念。

即時介入的層次

作即時介入時，最重要的是要正確清楚地辨識介入的標的。如果引導者沒弄清楚情況就介入，或沒針對應該介入的情況作介入，那麼介入不只無效，還可能成為對參與者的不當干擾。因此，在介入的標的不清楚或可能有誤的時候，引導者就必須要了解情況或探查原因。這會形成即時介入的幾個遞進的層次。

一、不清楚情況時，先了解或確認情況

引導者在介入前，必須確信自己想要介入的情況的確存在。在引導中，大部分情況都是很清楚的，你可以就情況判斷是否需要作即時介入。所謂「情況」可以是指「行為本身」、「行為造成的情況」或「與行為無關的情況」。例如「打斷別人發言」是一個行為、「許多人同時發言以致於大家聽不清楚任何一個人說的話」是行為造成的情況、「桌椅安排不當妨礙了分組討論」是與行為無關的情況。三種都包含在我所說的「情況」裡面，可以作為介入的標的。

但偶爾會發生那種你知道有個情況發生，但又判斷不出是什麼情況，而不

確定該怎麼介入的情形。例如，有一群參與者說話突然變得很大聲，把所有人都嚇了一跳。你判斷不出他們到底是發生了什麼事情，所以也無從判斷該作哪種介入。這時你能做的介入是第七章介紹的「Z.4 了解情況」或「Z.5 確認情況」。「Z.5 確認情況」用於引導者對於情況已經有初步判斷，只需要向參與者作確認的情形，因此屬於「短介入」。「Z.4 了解情況」是請求參與者說明情況，會導致原來的談話停下來，因此屬於「長介入」。實務上引導者經常會先用「Z.5 確認情況」作短介入，若是沒猜對的話再用「Z.4 了解情況」作長介入。這兩個都是即時介入的基本技巧，「Z.4」與「Z.5」是它們的編號，意思是Z類中的第4號與第5號技巧。它們的具體步驟請見第七章中的說明。

這個層次有一個例外。如果情況本身讓你無法介入去了解情況，那麼你必須要先作緩和情況的介入，直到情況緩和到你可以去了解情況的程度，再作了解情況的介入。例如參與者已經吵起來了，你想了解情況他們也不理你，那麼你就得馬上介入，先將他們的爭吵停下來，之後才能向他們了解情況。

二、對情況進行介入

在清楚情況之後，接著就是運用適當的介入技巧對情況作介入，以排除交流的障礙、提高交流的品質、豐富交流的內容等。若是在對於情況作介入後，你發現沒有效果，那麼你就要探查造成情況的原因。

這個層次有一個例外。若是你在觀察到情況後，還沒作介入前，你就預判了對情況本身作介入不會有效果，那麼你可以直接跳過這個層次，直接進行下方的「探查造成情況的原因並對原因進行介入」。

三、探查造成情況的原因並對原因進行介入

對情況介入沒有效果經常是因為引起情況的原因還存在。只要這個原因存在，由這個原因所導致的情況就會持續發生。可能是發生同一個情況，也可能是不同情況。例如「參與者不斷進出會議室」的原因是「他是被指派來參加會議的，他自己對參加這個會議沒興趣」。那麼，縱使你透過介入他的行為讓他同意不再進出會議室，但因為造成行為的原因還在，所以他極可能還是會做出另一個不適當的行為，例如「打開電腦做自己的事」。

與此有關的技巧中，「Z.6 對情況確認原因」是引導者在對於原因已經有初步判斷的情形下，向參與者確認原因；「Z.7 對情況探查原因」是引導者不假設原因，而請求參與者說明原因。這兩個技巧都屬於「長介入」，是即時介入的基本技巧。具體步驟請見第七章中的說明。

在清楚原因之後，你就可以對原因進行介入。有些原因透過即時介入處理就會有效，但也有些原因只透過即時介入處理無效。若是你發現這個原因是你無法透過自己的介入有效消除或減緩的，那麼你就要採用間接介入的方式，例如改變流程或參與環境，或請求會議召集人或相關事情的主事者的協助。

考慮是否要作即時介入

即時介入有效果，但也有代價。每一次的介入都會對參與者造成干擾、都會造成時間的消耗，而且不一定明顯能成功。所以並不是每一次有情況時都適合介入。這當中有許多不同的考慮。你可以用以下我創造的這個模型，作為你在權衡是否要作即時介入時的參考。

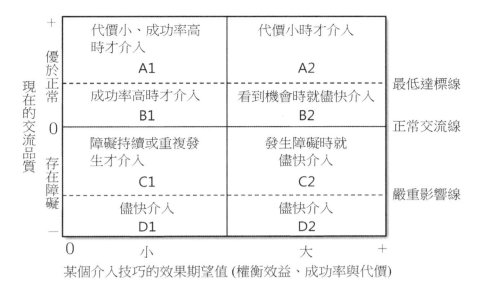

圖6-1：考慮是否介入的模型

縱軸：「現在的交流品質」

此模型的縱軸「現在的交流品質」中間的刻度為「０」，往上是以「＋」號代表的正值，往下是以「－」號代表的負值。刻度為「０」的水平線是「正常交流線」，代表了現在的交流正常，但品質一般。也就是說團體在現在這個時間點上交流得不算好，但也不算壞。在它上方的A1、A2、B1、B2區域裡，交流有效，介入的重點是提高交流品質，所以是從０到＋；在它下方的C1、C2、D1、D2區域裡，交流已經存在障礙而出現無效的情況，介入的重點是排除交流的障礙，所以是從－到０。

縱軸上還有兩條虛線，分別是「最低達標線」與「嚴重影響線」。

「最低達標線」代表了要達成會議目標所需要的最低交流品質。這條線最低時會等於「０」度的正常交流線。若是會議目標訂得很高，那麼為了要

達成會議目標，交流的品質就必須高於正常交流的水準。此時，這條線就會高於「0」度的正常交流線。

「嚴重影響線」下方的區域代表現在交流品質不佳的情況已經嚴重影響會議的進行與結果。例如，無人發言導致交流或流程無法進行。又如，參與者的發言明顯忽略了事情的某一方面或某個立場，可能嚴重影響會議決策的品質，導致會議目標無法達成。又如，嚴重的爭執即將造成參與者之間的關係或團體動態的重大損害。

橫軸：「某個介入技巧的效果期望值」

橫軸「某個介入技巧的效果期望值」借用了數學上期望值的概念。它的意思是在權衡某個介入技巧可獲得的效益、介入的成功率、介入須付出的代價之後，引導者預期有多值得作這個介入。

其中，「介入可獲得的效益」是指因為作了這個介入，交流品質能夠提升多少，或障礙能夠多有效被排除。「介入的成功率」代表介入獲得預期效益的成功率。「介入須付出的代價」包括了介入所消耗的時間、介入對參與者帶來的干擾、介入失敗的後果等各種代價。

在這個圖上，「效果的期望值」都是正值，從「0」到「＋」。正值表示效益大於代價。圖上只有正值，表示只有在介入技巧的效益大於代價時，才值得考慮採用。圖中期望值只大略分為「大」與「小」，以方便作說明。

在考慮效果期望值時，須注意不同介入技巧的效果期望值不一樣。所以若是對於同一個情況有不同的介入技巧，就必須就每一個介入技巧作介入與否的考慮。由於各技巧的效果期望值不同，所以就同一個情況，可能有些

介入技巧可以做，有些不能做。

介入與否的整體策略

一般而言，在會議中的大多數時間裡，參與者都會正常有效地進行交流，所以交流品質會是在正常交流線以上，也就是在A1、A2、B1、B2的區域。當在會議中的某個時間點出現交流障礙時，會讓交流變得無效，而讓交流品質掉到正常交流線以下，也就是在C1、C2、D1、D2的區域。

整體而言，當交流品質在正常交流線以上時，參與者是在正常交流的狀態，此時引導者的介入策略是要將交流品質拉高到最低達標線以上。在交流品質掉到正常交流線以下時，參與者已經發生了交流障礙而無法有效進行交流，此時引導者的介入策略是要排除障礙，讓交流品質回到正常交流線以上。但在大多數情形下，決定介入與否還需要考慮引導者當下所想到的介入技巧的效果期望值。以下我分區域說明。

A區的介入策略

若是現在的交流品質落在A區，表示現在的交流不但有效，而且已經可以讓參與者達成會議目標。此時的策略是儘量減少干擾，只在必要時作介入，以免擾亂了交流的有效運作。

當某個介入技巧落在「介入效果的期望值小」的A1區，表示它的效益超過代價不多，或者成功率不高。此時，除非這個介入的代價小且成功率不至於太低，否則就不介入。例如，以短介入的方式向發言者確認表達的意思，用的時間短、不會造成過大干擾、成功率不低、失敗代價小，就可以介入。

當某個介入技巧落在「介入效果的期望值大」的A2區，表示它的效益

明顯超過代價，成功率也高。雖然值得一試，但要考慮到這個介入的代價。若是它帶來的干擾太大，寧願不做。例如，雖然建立行為規範對於參與者進一步提高交流品質很有幫助，但要花很長的時間，造成干擾很大，那麼寧願不做。

B區的介入策略

若是現在的交流品質落在B區，表示現在的交流有效但不足以讓參與者達成會議目標。此時的策略是積極作介入，將交流品質拉到最低達標線以上。

當某個介入技巧落在「介入效果的期望值小」的B1區，表示它的效益超過代價不多，或者成功率不高。此時，由於要積極介入，所以重點在成功率。只要成功率高，縱使這個介入是高效益同時也有高代價，也可以介入。例如，建立行為規範對於參與者將交流品質拉高到正常交流線以上很有幫助，但要花很長的時間，造成干擾很大，但只要成功率高，還是值得做。

當某個介入技巧落在「介入效果的期望值大」的B2區，表示它的效益明顯超過代價，成功率也高。此時應該介入，儘快把交流品質拉高到最低達標線之上。

C區的介入策略

若是現在的交流品質落在C區，表示交流因為出現了障礙而有無效的情況，但對會議的進行過程與結果的影響並不嚴重。此時的策略是排除障礙，讓交流回到有效狀態。但在決定是否介入時，仍要衡量介入技巧的效果期望值。

當某個介入技巧落在「介入效果的期望值小」的C1區，表示它的效益超過代價不多，或者成功率不高。此時由於交流障礙的影響不嚴重，所以可以先觀望，若是有持續發生或重複發生的情形，才作介入。例如，有兩三個參與者互相調侃，開起了玩笑，但影響並不嚴重，而你想到的介入技巧所耗費的時間會比較長，因此落在了C1區。此時，除非行為持續或重複發生，否則就還不要介入。因為介入的代價可能是中斷了討論的進行，而讓參與者覺得你小題大作。

當某個介入技巧落在「介入效果的期望值大」的C2區，表示它的效益明顯超過代價，成功率也高。也就是說，它能有效排除障礙，代價也能接受，你可以儘快介入。例如，有兩三個參與者互相調侃，開起了玩笑，但影響並不嚴重，而你有把握可以在互開玩笑的兩三個人之間小範圍迅速建立起行為規範，以有效避免行為重複發生。這表示這個介入落在C2區，你可以儘快介入。

D區的介入策略

若是交流品質落在D區，表示交流因為出現了障礙而有無效的情況，而且嚴重影響了會議的進行過程或結果。此時，由於交流障礙的影響過於巨大，所以你無論如何都要儘快介入。否則，要不就是會議進行不下去，要不就是會議目標達不成。最好的情況是你想到了落在D2區「介入效果的期望值大」的介入技巧。縱使沒有，你也要試試在D1區「介入效果的期望值小」的介入。總之，你得儘快想辦法介入。

考慮是否介入有時會比較複雜，需要考慮的因素可能比這個模型所提供的更多。例如，作第三部介紹的「幫助交流的即時介入」時還會考慮談話的各方面有效性，作第四部介紹的「豐富內容的即時介入」時還會考慮談話的內容豐富性。但這個模型可以帶給你基本觀念，讓你考慮是否介入的判

斷過程有脈絡可循。

要用好這個模型需要實際的經驗，因為其中的某些判斷，例如對於現在的交流品質、介入的效果期望值、最低達標線位置的判斷，都需要引導者比對過往的經驗。引導者的經驗愈豐富，判斷就愈準確，就愈感覺這個模型好用。

這是我基於經驗所創造的模型，我期望它能在理解觀念上帶給你幫助，以及作為思考是否介入的參考依據。但由於引導者的介入經常需要「即時」，所以我也希望有一天你已將它內化為你的隱性知識，不再需要依靠模型一步一步推理，而能直覺快速地判斷是否要介入。

第七章 即時介入的基本技巧

由於需要即時介入的情況非常多樣，所以即時介入的具體作法有很多種，分類很細。在眾多的作法中，有一些技巧經常被使用，或經常結合在其它作法裡面，成為其它作法的一部分。它們可以說是即時介入裡的基本技巧。我在本章中分幾個類別來介紹這些技巧。下圖是這些技巧的概觀。前面有數字編號的是技巧名稱。我將基本技巧編號為Z以方便識別與引用技巧。

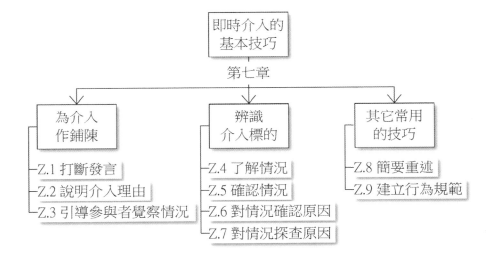

為介入作鋪陳

引導者的介入行為可能被參與者視為干擾而影響介入的效果。所以，在介入時，引導者可以先作一些鋪陳，讓介入被視為干擾的可能性減低，以讓介入順利進行。以下介紹這些「為介入作鋪陳」的即時介入技巧。

Z.1 打斷發言

「即時介入」經常需要在參與者還在發言時就介入。雖然有為數不少的情況是你可以趁著某次發言結束及下次發言還沒開始時的空檔，抓準時機介入，但也有不少的情況是你無法等到這種空檔出現，而必須在參與者的發言還沒結束時就介入。這時，你第一件要做的事情是「打斷」正在進行中的「發言」，讓參與者把注意力轉移到你的身上。如果你不先打斷發言，那麼你接著作的介入動作很可能不被注意到，自然就不會有介入的效果。

打斷發言對於某些人而言並不容易。縱使是平時能輕易打斷別人發言的人，在某些情況下，例如發言的人是自己的老闆時，打斷發言也會變成不容易的事。但若是你不當機立斷打斷發言，你可能就錯過了即時介入的最佳時機。之後，你想處理的情況就可能因為難以處理而持續下去。

覺得打斷發言困難的主要原因在於引導者自己的心理。通常造成困難的想法是：「這樣做會不會很不禮貌？」因為，當你想用「引導」的方式幫助交流的時候，在道理上似乎就不能作出一些看似不禮貌或強迫參與者的事情，否則要不就是得罪了人，要不就是會讓人感覺你在用權勢強迫他人用你的方式進行交流，而可能讓你的引導做不下去。這樣的憂慮導致引導者在該打斷參與者的發言時猶疑不定，裹足不前。

所以，要能做到打斷發言，關鍵在於兩個層次：一是如何打斷發言而不讓人感到你不禮貌，二是當你必須不禮貌才有辦法打斷發言時，要怎樣才能鼓起勇氣打斷發言，而且減低這樣做的負面作用。當然，縱使引導者必須不禮貌打斷發言，還是必須抱持著善意的意圖。

Z.1.1 有禮貌地打斷發言

步驟一、抓對時機

要打斷發言，首先必須抓對打斷發言的時機。如果你能夠抓到發言進行中的「暫停時間」去做打斷的動作，哪怕這個暫停時間只有半秒鐘，都可以讓你的打斷看起來更為自然而有禮貌。但有些人說話速度特別快、特別密集，似乎連個間隙都沒有，讓人感覺永遠等不到時機。若是有這種情況，你可以主動「創造時機」，例如輕咳一聲或站起來走到發言者看得到你的地方，讓他注意到你。當他的注意力短暫離開發言時，你就已經創造了一個適合打斷的時機。

步驟二、說明目的及請求給予時間

接下來再禮貌及簡要地說明你的目的及請求給予時間。例如你可以說：「抱歉，我想要打斷您一下。因為＿＿＿＿＿＿，所以我想請您暫停一下，給我一些時間。」這個＿＿＿＿＿＿裡填的是你的目的，例如可以是「我想要確認大家知道剛剛您發言的內容是什麼」或「因為時間有限，我想要多讓大家聽聽看其他人的想法」。

「說明目的」可以合理化你的打斷動作。如果目的合理，發言者自然就不會覺得你不禮貌。此外，「說明目的」也可以合理化你接下來向他請求給予你時間的動作。如果你不請求他給予時間，他可能因為不知道你接下來需要時間而就立刻再繼續發言。

當然，這個過程你自己要有禮貌。無論是在發言的內容上、語氣上或肢體語言上，要避免因為表達方式不當而讓被打斷發言的人感到不舒服。但你也不宜過於禮貌而讓人感到奇怪。有些引導者

會覺得打斷別人好像是罪大惡極的事情，而不斷道歉，態度上給人感覺十分愧疚。這樣反而做不好引導。要記得你引導的目的是在幫助參與者作更有效的交流，而打斷發言是也為了實現這個目的，不需要懷有愧疚心理。

Z.1.2「不」禮貌地打斷發言

需要「不」禮貌地打斷發言的情況其實是非常少見的，它通常發生在你連「轉移發言者的注意力」都很困難的情況。例如有兩個人已經不是在正常談話，而是吵起來了。你按照上面的作法無法打斷他們，就算是有禮貌地「創造時機」，他們也不理。這時，你只有用非尋常的手段才能轉移他們的注意力，而讓他們停下來。你可以發揮一些創意，例如走到他們兩個人中間，讓他們看不到對方而必須看著你，聽你說話。或者，你可以邀請其他參與者一起鼓掌，製造一些噪音，讓他們不得不停下來。這類非尋常的手段可能會讓發言者感到不舒服或激怒發言者，所以手段不能太過分。也就是說你的作法可以到「不禮貌」的程度，但不能到「不可饒恕」的程度。

成功地用不禮貌的手段打斷發言者之後，你一樣是要「禮貌地說明打斷的目的」及「請求給予時間」。但光是做這些往往不夠。因為你的不禮貌手段可能已經引起發言者的不快，所以你也必須要說明你用這種非尋常手段的原因以及道歉，以消除發言者的不快。例如，你可以說：「很抱歉我用這種不尋常的方式打斷你們的發言，但我擔心有人不清楚你們的發言內容，所以我想跟大家確認一下他們是不是清楚。剛剛我試了幾次溫和地打斷你們，但無法引起你們的注意，所以我才會嘗試用比較誇張的方式打斷，希望你們見諒。請給我一些時間，讓我跟其他人確認一下他們聽到的內容是什麼。」

藉由這種表達，讓發言者知道你的不禮貌是基於良善的意圖，這樣就能減少非尋常手段所帶來的負面作用。

Z.2 說明介入理由

當你作「即時介入」時，如果你的目的看起來不是很明顯，而且只是單純請求參與者「做什麼」，例如：「請大家注意聽小梁說話。」或「請你發言儘量簡短。」那麼他可能會覺得你介入就是來「干涉我」或「對我下命令」，而心生抗拒。因為他不知道你是根據什麼情況、什麼理由決定這樣做，也可能不知道你是抱持著善意來作介入。這種抗拒會讓你的即時介入變得比較無效，也可能引起參與者對你的引導不信任，進而削弱你引導的效果。

在你的介入有這種風險時，你可以先讓參與者知道你對於他或者團體的觀察，然後說明你介入的理由，以表達善意。這樣做可以讓他更願意接受你的介入，而不至於質疑你：「為什麼突然要我這樣做？」我把這個技巧叫作「Z.2 說明介入理由」。

「Z.2 說明介入理由」有兩個步驟。

步驟一、描述情況

你作介入一定有個理由，而且這個理由通常與你在現場所觀察到的情況有關。首先你必須做的，是描述讓你想介入的情況。例如：「我注意到你們經常會打斷別人說話，不讓人把話說完…。」

步驟二、陳述理由

然後，你要說明你要介入的理由。介入理由通常與你的期望或擔

憂有關。你或許期望交流進行得更好，或擔憂交流進行得不好。例如：「……我擔心你們這樣做會聽不到每個人完整的意思，而且會讓人覺得不受尊重而影響他參與談話的意願。」

但有時候理由明顯，你確認參與者不需要你特別陳述理由也能理解你介入的原因時，你可以省略這個步驟。例如：「小唐，我看大家好像不太懂你剛剛說的第三點。」然後略過陳述理由直接作後面的介入：「所以我想請你就這一點再多作一些說明……。」

「Z.2 說明介入理由」到這裡就結束了，接下來就是作你想作的介入。例如你可以接著使用其它即時介入的技巧引導交流、給予交流方式的建議、給予流程步驟的指示、創造行為規範等等。各種介入都可以視需要搭配「Z.2 說明介入理由」進行。

雖然「Z.2 說明介入理由」很有用，但你並不需要在每次介入時都先作「Z.2 說明介入理由」。如果你確信參與者不會質疑你的介入理由，例如理由十分明顯或同樣的情況已經發生過不只一次，那麼你可以略過「Z.2 說明介入理由」。因為，這時候再說明理由也不能為參與者或你的引導帶來價值。引導的每一次介入都是有代價的，它會打斷團體交流的節奏以及用掉寶貴的時間，所以要避免做不必要的動作。

Z.3 引導參與者覺察情況

「Z.3 引導參與者覺察情況」與「Z.2 說明介入理由」是相對的作法。引導者在觀察到某個情況之後，不直接向參與者描述情況及陳述理由，而是引導參與者去覺察情況與其影響。

「Z.3 引導參與者覺察情況」有兩個步驟。

步驟一、引導參與者描述情況

第一個步驟是引導參與者描述情況。例如你可以問：「大家回憶一下，剛剛你們在說話時是不是每次都能把話說完？」、「發生了什麼事情讓你不能把話說完？」

這個步驟的另一種作法，是邀請參與者為情況打分，讓參與者用分數描述情況。例如：「如果你要為剛剛你能參與談話的程度打分的話，你會打幾分？可打一到十分。十分是完全能參與，一分是完全不能參與。」或者，你也可以簡單問：「你感覺剛剛你能參與談話的程度是高、中或低？」這也能夠引導參與者覺察情況。

這個步驟並不是要引導參與者反思交流的「整體情況」，而是要引導參與者覺察「特定情況」，所以不適合問太模糊的問題。例如：「大家注意到剛剛發生了什麼事？」這樣的問法容易讓參與者對於你想問什麼摸不著頭緒，以致於回答不出來。

步驟二、引導參與者描述影響

接著你再引導參與者描述這個情況所帶來的影響。例如你可以問：「這種情況對你們的討論帶來什麼影響？」

當參與者描述情況的影響時，就在形成促進、維持或改變這個情況的理由，例如：「這會讓我們無法完整了解彼此想表達的意思。」這可以讓你稍後的介入擁有正當性。如果參與者這時回答不上來影響是什麼，你可以補充你的看法。

「Z.3 引導參與者覺察情況」的好處是由參與者自己覺察到情況，所以感受會比由引導者告訴他要來得深刻。它比較適合用在情況明顯而容易覺察的情境。若是情況不容易覺察，則參與者可能無法回答，或給出的答案與引導者想像的不一樣，而導致尷尬，或讓參與者覺得引導者在刻意刁難。

「Z.3 引導參與者覺察情況」除了用於覺察需要調整或改變的情況之外，還可以用於覺察可以增強或維持的情況，例如覺察對於交流有幫助的行為或態度。這麼做的用意是幫助參與者在覺察之後，有意識地去增強或維持他們已經做得好的部分。

此外，「Z.3 引導參與者覺察情況」除了作為介入的鋪陳之外，也經常被用來幫助參與者反思。若是你想引導參與者反思剛剛發生的特定情況，以收獲一些心得，你可以先作「Z.3 引導參與者覺察情況」作為鋪陳，再提問問題幫助參與者反思。

辨識介入標的

在介入前，引導者必須先確認要介入的情況是什麼。這個要介入的情況即是介入標的。介入標的可以是行為、由行為所導致的情況，或與行為無關的情況。在不適合以「情況」為介入標的的時候，還必須探查情況背後的「原因」，以該原因作為介入標的。以下介紹這些「辨識介入標的」的即時介入技巧。

Z.4 了解情況

引導者所觀察到的行為或現象，有一些已經足夠清楚，不需要再進一步了解就可以作介入與否的判斷，例如打斷別人談話的行為、同時說話導致大家都聽不清楚的現象等。有些則是有存在不同情況的可能性，而必須要探

知是哪種情況，才能作介入與否的判斷。這即是需要使用「Z.4 了解情況」的介入技巧的時候。

因此，當引導者觀察到一個行為或現象而不了解時，第一步是先作「Z.4 了解情況」的介入，再根據了解到的情況判斷是否需要繼續介入。「Z.4 了解情況」的步驟如下。

步驟一、描述情況

例如：「我看到你聽別人發言的時候一直皺著眉頭，好像有點困惑的樣子。」或「我看到大家的討論突然停了下來」。

這個步驟的另外一個作法，是邀請參與者為情況打分，以讓參與者用分數描述情況。這種量化的方式特別適合用來了解參與者的「感受」的「程度」。例如：「剛剛你們覺得談話進行得有多順利？可打一到十分。十分是完全順利，一分是一點也不順利。」或簡單一點問：「你感覺剛剛你們的談話是『很順利』、『還可以』或『不順利』？」

步驟二、提問問題

例如：「怎麼了嗎？」或「發生了什麼事情？」

Z.5 確認情況

「Z.5 確認情況」是引導者用於確認自己所觀察到的情況是否存在。「Z.5 確認情況」與「Z.4 了解情況」不同的是，引導者為「Z.4 了解情況」所問的問題是「開放式的問句」，以問答題的形式請參與者說明情況；為「Z.5 確認情況」所問的問題是「封閉式的問句」，以是非問句或選擇問句的形式，請參與者回答。所以，在作「Z.5 確認情況」時，引導者已經預先對情

況有了判斷，只想要向參與者作個確認。

在操作上，「Z.5 確認情況」屬於「短介入」。引導者不需要描述情況或說明介入理由，而是直接作確認性的提問，甚至一句話就問完。舉例如下。

· 有一位參與者發言時，說著說著就停下來了。你想邀請其他人接著發言，但又不確定他是否已經說完了。你可以提問問題以跟他確認情況：「請問你說完了嗎？」之後再決定要等候他說完或邀請其他人發言。

· 你看到坐在前面的人發言時，坐在後面的人皺起了眉頭，而懷疑他們是否因為坐得太遠而聽不清楚發言。為了確認情況是否存在，你可以提問問題以跟他確認情況：「坐在後面的人能聽清楚剛剛前面這裡的發言嗎？」若是有人說：「聽不清楚。」那麼你就可以請他們往前移動位置。

雖然確認情況的介入經常都很短，但在你覺得有需要的時候，也可以詳細描述情況或說明介入理由後，再作確認。以上面的例子為例，你可以這樣說：「我看到坐在後面的人皺起了眉頭，你們能聽清楚剛剛前面這裡的發言嗎？」或「我看到坐在後面的人皺起了眉頭。我猜你們可能是因為聽不到。如果是這樣的話，我擔心你們無法很好地參與會議。你們能聽清楚剛剛前面這裡的發言嗎？」

引導者除了用「Z.5 確認情況」來幫助自己作「即時介入」的決定之外，也常用它來幫助自己作「引導流程的實施」的決定。例如提問：「大家是否清楚接下來要做什麼？」以決定是否要再重新說明一次流程。又如提問：「大家的精神狀態是否能再專注討論半小時？」以決定需不需要提早開始

休息時間。

Z.6 對情況確認原因

引導者為了改變某個情況而作介入時，有時會發現直接對情況本身作介入無效或很難介入，而必須從消除或減緩造成情況的原因下手。例如「發言少」這個情況，若是你試過了第十一章的「B1.2 鼓勵發言」的介入技巧卻無效後，就表示要單純從這個情況本身作介入以改變這個情況很困難，而必須改為對造成這個情況的原因介入。除非消除或減緩造成這個情況的原因，否則這個情況會一直存在，或因為這個原因而不斷發生其它情況。

在造成情況的眾多可能的原因中，若是你已相當確信原因是哪一個，那麼你可運用本小節的「Z.6 對情況確認原因」的介入技巧，對自己的判斷作個確認，然後就接下去對原因作介入。這個作法比起使用「Z.7 對情況探查原因」的介入從頭探查起原因，要來得節省時間。

「Z.6 對情況確認原因」有兩個步驟。以「發言少」這個情況為例，假設你覺得原因應該是參與者他們參與這個會議的角色不清晰，則進行的步驟如下。

步驟一、說明介入理由

首先說明介入理由：「我觀察到大家的發言比較少，我猜想這是不是因為你們覺得你們參與這個會議所扮演的角色不清晰的關係。如果是這樣的話，我擔心這會影響我們今天會議的收穫。」在這個步驟裡，你要先描述可見的情況，再提出你所猜測的原因。

步驟二、進行調研

在這個步驟，你可以單純地問：「所以我想確認一下。你們覺得自己參與這個會議的角色不清晰嗎？」請參與者用點頭的方式或口頭回答。

你也可以作「是」或「否」的調研，例如：「所以我想跟大家確認一下。覺得自己的角色清晰的人請舉手。」、「覺得不清晰的請舉手。」

你也可以作有「程度區分」的調研。例如：「所以，我想確認一下大家覺得自己參與這個會議的角色的清晰度。如果用1到5分的程度來表示，1分表示完全不清晰，5分表示完全清晰的話，你參與這個會議的角色清晰程度是幾分？」接著，邀請大家同時舉起手指頭表示自己打的分數，以及邀請大家環視一下調研的結果。

如果調研的結果呈現出大家的確覺得自己的角色不清晰，那麼你就可以對這個原因作介入，例如引導大家討論以釐清角色，或請會議召集人向大家澄清角色。如果調研的結果呈現出不是角色不清晰的問題，而是有別的原因，那麼你就要繼續探查原因。「Z.7 對情況探查原因」的作法我在下一小節介紹。

在調研的設計上，「是」或「否」的選項適合用在答案只會有黑白兩極，沒有中間灰色地帶的情況。若是有中間灰色地帶，例如問「清晰度」、「滿意度」的情況，就適合用有「程度區分」的問法。在前面使用程度區分的例子裡，我用1到5分的原因，是因為這一組數字可以方便地用舉起一隻手的手指頭的方式表示。但你也可以用其它數字，例如1到10分。或者，你也可以採用其它方式呈現分數，例如寫下分數在紙上舉起來，或由引導

者數數後統計。此外，如果氣氛不適合作公開調研，你可以改為祕密調研，例如把答案寫在紙片上交給引導者統計。

Z.7 對情況探查原因

上一小節「Z.6 對情況確認原因」的作法，使用於引導者對於引起情況的原因已經有相當的確信的時候。如果引導者不確定引起情況的原因，則必須採用本小節的「Z.7 對情況探查原因」。

同樣以「發言少」為例。探查原因的作法有兩種，分別是「Z.7.1 請求告知原因」與「Z.7.2 進行原因調研」。分述如下。

Z.7.1 請求告知原因

步驟一、說明介入理由

首先說明介入理由：「我發現大家的發言比較少。我擔心這個情況會影響我們今天討論的收穫。」由於你不確定原因，所以在這個步驟只需要描述情況及說明介入的理由就好，不要提任何你自己猜測的原因。

步驟二、請求告知原因

然後，提問問題請求參與者告訴你原因。例如：「但我又不確定大家發言少的原因，所以想探查一下。請問大家在這個環節發言比較少的原因是什麼？」

如果順利的話，你會得到直白的答案。例如：「我們在這個會議中的角色不清晰，不曉得該怎麼參與討論。」或者：「談這個主題對我們來說有一些困難，需要時間想一想。」或者：「前一段討論的氣氛不太好，還在影響我們，現在我們不知道怎麼進行討

論。」接著你就可以作進一步的介入，可能是作其它的即時介入、建立行為規範、調整或改變流程、請求客戶協助、幫助客戶扮演好角色等，以消除這個原因或減低這個原因的影響。如此一來，原先因為這個原因所引起的情況就能獲得改善。

但也可能這個作法不是那麼順利，例如沒有人回答你，或回答得很模糊而不確定。這時，你可以用以下的「Z.7.2 進行原因調研」技巧作介入。

Z.7.2 進行原因調研

「Z.7.2 進行原因調研」可以單獨採用，也可以在「Z.7.1 請求告知原因」無效果後採用。前面所介紹的「Z.6 對情況確認原因」也可以進行原因調研。但「Z.7.2 進行原因調研」與「Z.6 對情況確認原因」的不同，在於「Z.6 對情況確認原因」中所作的調研是引導者為確認他所認為的原因是否存在而作調研，而本小節的「Z.7.2 進行原因調研」是引導者不預設原因，而從頭探查起原因。「Z.7.2 進行原因調研」的步驟如下。

步驟一、說明介入理由

首先說明介入理由，例如：「我發現大家的發言比較少。我擔心這個情況會影響我們今天討論的收穫。」由於你不確定原因，所以在這個步驟只需要描述情況及說明介入的理由就好，不要提任何你自己猜測的原因。

若你是因為「Z.7.1 請求告知原因」沒有得到答案而接著做本小節的「Z.7.2 進行原因調研」，那麼你可以省略這個步驟。

步驟二、進行調研

然後，再進行調研收集大家的意見。例如，將幾個可能的原因編上號碼，寫在板書架上作為選擇題的選項。然後給予指示及提問：「但我又不確定大家發言少的原因，所以想作個調研探查一下。請問大家在這個環節發言比較少的原因是什麼？我這裡預先準備好了幾個選項，請大家選好後，待會舉手表示自己的選項是哪一個。」等大家都選好後，你就可以依選項的編號順序邀請選該選項的人舉手，並統計票數。

在調研結果呈現出來後，接著你就可以作進一步的介入，可能是作其它的即時介入、建立行為規範、調整或改變流程、請求客戶協助、幫助客戶扮演好角色等，以消除這個原因或減低這個原因的影響。如此一來，原先的情況就能有所改善。

調研題目的設計

引導者在調研前要先想好調研題目。是非題或選擇題這種封閉式的題目的調研過程比較簡單，操作較容易，但調研不到不在選項裡的答案；填空題或問答題這種開放式的題目的調研過程比較複雜，操作較繁瑣，但不受預設選項的限制，比較能反映真實原因。兩種調研題目各有優缺點，沒有哪一種絕對適用於所有情況。你必須視你面對的情況作選擇。

以前面「發言少」的例子為例，引導者可以有以下的題目設計：

・是非題：「發言少是因為我參加會議的角色不清晰。是或不是？」

- 選擇題：「發言少是因為1. 我參加會議的角色不清晰 2. 我覺得這個主題比較困難 3. 這個主題比較敏感，我想先聽聽看別人怎麼說 4. 我有其它原因。」

- 問答題：「我發言少是因為＿＿＿＿＿＿＿＿。」

請注意，我在此列舉是非題是為了展示設計調研題目的各種選擇，實際上問是非題是屬於「Z.6 對情況確認原因」的介入，而非屬於「Z.7.2 進行原因調研」的介入。

在選擇題中放上「其它原因」是為了能夠得到較真實的答案。如果沒有「其它原因」可以選，那麼原因不在選項裡的人可能會為了有答案可交代而隨意選一個選項。如此一來，所有選項的調研都會不準確。與其如此，不如多一個「其它原因」的選擇，以呈現真實情況。若是調研結果顯示「其它原因」佔了主要比例，那麼就必須再進一步作調研。通常此時引導者作「Z.7.1 請求告知原因」的介入，能得到參與者回答的機率比起一開始就請求告知會高很多。

調研方式的選擇

此外，引導者還要選擇調研的方式。

你可以選擇公開調研的方式，例如舉手投票或在寫了選項的大張紙上貼貼紙投票。這樣做的好處是方便快速，壞處是在進行時所有人都可以看到每個人的答案，所以比較可能得到不真實的答案。

你也可以選擇祕密調研的方式，例如把投票處設在不能公開看到的地方，發給每個人投票用的貼紙，由每個人輪流到投票處貼貼紙投票。又如，把答案寫在紙片上交給引導者統計。這樣做的好處是比較能夠得到真實的答案，壞處是若需要額外收集與統計投票結果，就會比較繁瑣與費時。此外，由於引導的方式鼓勵參與者作直接的溝通，所以祕密調研可能對於引導的氛圍帶來不利的影響。

除了以上完全公開或祕密的調研方式之外，還有其它折衷的方式，例如分組進行調研後回報結果，或在休息時間抽樣詢問參與者。這些作法可以在方便與真實中取得一些平衡。

每一種調研方式都有優缺點，沒有哪一種適合所有的情況，必須視情況作選擇。

其它常用的技巧

Z.8 簡要重述

「Z.8 簡要重述」是把發言者說的話再簡要地重述一遍。重述的用語不見得要與發言者的用語完全一樣。但縱使用語不一樣，也要儘量準確地重述發言者的意思。

「Z.8 簡要重述」在即時介入中經常使用，因為它發揮了以下幾個很重要的作用。

一、幫助聽見

某些場合裡，聲音的物理傳遞並不是很理想。例如有背景噪音、座位

距離較遠、人數較多、發言者無法同時面向所有聽眾等情況，都會造成發言者的聲音聽不清楚。這時引導者簡要重述發言者的意思，可以幫助沒聽清楚的人聽到發言者的意思。但這種情況要根本解決，最好還是改變現場的座位或其它物理條件，或使用麥克風，以免頻繁的簡要重述干擾交流的進行。

二、確認意思

簡要重述發言者的意思，可以讓發言者知道別人從他說的話裡聽到了什麼。如果有遺漏的內容他可以補充；如果有理解不對的他可以澄清。這可以讓交流的品質提高。特別是不擅長表達的人經常會擔心自己辭不達意，簡要重述可以透過確認他的意思幫助他更準確地表達，減低他這方面的憂慮。

三、深化理解

在簡要重述的過程當中，進行簡要重述的人以及聆聽簡要重述的人也都在動腦梳理自己對於發言內容的理解，甚至有歸納總結的效果。這對於對發言內容的深入理解有很大的幫助。

四、啟發思考

發言者在聽別人簡要重述自己的發言內容的時候，可能又被啟發了思考，而有更多的想法出現。所以在簡要重述結束之後，原來的發言者經常會說：「我再補充一點……。」

五、促進交流

簡要重述讓發言者感受到「被聽見」與「被理解」，這種感受本身就會進一步提高發言者參與交流的意願。此外，發言內容的準確傳達與理解，也提高了交流的品質。

在進行「Z.8 簡要重述」前，你可以先鋪陳一下。例如你可以說：「我簡要重述一下我剛剛聽到的你說的內容，請你聽聽看對不對。」然後再開始作簡要重述。既然是簡要重述，內容就不能太長，愈精簡愈好。最常用的方式是列點，例如：「我剛剛聽到你說了三點，一是……，二是……，三是……。」

簡要重述時，你只需要用平和正常的語氣簡要重述發言內容就好，不需要去模仿發言者的語氣、神態、姿勢、動作，以免讓發言者感到尷尬或造成他的反感。

你可以用自己的話語來簡要重述發言者的意思，但關鍵或敏感的詞彙或句子最好還是使用發言者的原話。在參與者之間的關係比較緊張、立場比較對立或態度比較尖銳的場合，引導者很容易因為用語的不同而被參與者詮釋為為了偏袒其他人而刻意曲解他的意思，而影響到引導者的中立性。這在嚴重時會導致參與者不再信任引導者而不再接受引導，所以在簡要重述時要特別留意這一點。

此外，簡要重述的範圍必須是剛剛發言者說過的內容，切忌作超出內容的演繹。如果說你發現自己簡要重述所說的比原來的發言者多，那麼很可能你說的已經超出發言者原來的內容了。超出內容表示你已經加了自己的發言內容進去。在某些情況這麼做的影響不大，但在某些情況這會影響到你作為引導者的中立性，而導致某些參與者開始懷疑你的引導動機，因而增加了你引導他們的難度。

「Z.8 簡要重述」可以單獨使用。單獨使用時，「Z.8 簡要重述」有助於銜接不同的發言，也有對發言作總結的作用。但它更常被用於搭配其它的技巧，以進行釐清、確認發言內容或同理發言者等等的即時介入。後面介紹

這些即時介入技巧的內容裡，就有搭配「Z.8 簡要重述」使用的例子。

Z.9 建立行為規範

如果你認為「參與者若是能擁有某個行為，就能夠讓交流進行得更好」的話，那麼你可以引導他們建立行為規範。「行為規範」是指參與者約定好要一起遵守的行為。它可以以即時介入的方式，在談話進行到中途時建立；也可以以預先設計好的引導流程，在整個會議或某個流程段落開始時建立。以預先設計好的引導流程所建立的行為規範，通常會有一個正式的名稱，例如「參與原則」、「行為準則」、「行為公約」、「會議公約」等。

在本小節裡，我介紹如何以「即時介入」的方式建立行為規範。至於以預先設計好的引導流程建立行為規範的方式，我放在後面〈第二十二章、引導流程的常態安排〉中的〈確保參與情況〉那一節裡介紹。

即時介入以建立行為規範的步驟如下。

步驟一、說明介入理由

以「同時有好幾個人說話」的情況為例，你可以在打斷參與者的發言之後，說：「現在我們同時有好幾個人在說話。我擔心這樣一來我們會聽不到每個人的說話內容，那麼很多寶貴意見就會因此浪費掉了。」

若是情況明顯，你也可以改為使用「Z.3 引導參與者覺察情況」的技巧，讓參與者自行覺察情況。例如：「大家注意到你們剛剛同時有多少人在說話？」、「這種情況對你們的討論帶來什麼影響？」由參與者自行覺察情況，通常會讓他們的感受更加深刻。

步驟二、建立規範

接下來就是建立規範的步驟。有「引導者建議規範」及「參與者共創規範」兩種方式。

Z.9.1 引導者建議規範

第一種方式是由你作為引導者建議規範。例如：「我建議接下來我們一次一個人發言，大家願意這樣做嗎？」請注意這是一個帶有邀請性質的問句。由於引導者並不能強迫參與者遵守規範，所以要避免使用命令式的語句。參與者透過回答這個問句自願承諾遵守規範之後，這個規範就會成為他們自主選擇的規範。

若是參與者不同意你的建議，那麼你可以接著詢問他們的建議，也就是進行下面的「Z.9.2 參與者共創規範」。

Z.9.2 參與者共創規範

第二種方式是你引導參與者共創規範。例如：「我們可以怎麼做以避免這種情況發生？」來邀請參與者提出對於規範的建議。如果參與者提出了不只一個建議，你可以問：「這些建議有哪些大家覺得不錯，想試試看的？」最後，再問一個問題，邀請參與者對他們所挑選出來的建議作出承諾，例如：「那麼我們接下來就一次一個人發言，大家願意這樣做嗎？」

有時候，參與者對於要一步到位回答「建議怎麼做」的問題，會感到比較困難。若是有這種情況，你可以先問一些能幫助參與者思考「原因」的問題，例如問：「造成這個情況

的原因是什麼？」、「引起這個情況的行為是什麼？」等。
之後再問「建議怎麼做」的問題，他們就會比較容易回答。

你可以視情況選用其中一種方式。若是你有具體有效的建議而且
預期參與者可以接受，那麼使用「Z.9.1 引導者建議規範」會比
較節省時間，否則使用「Z.9.2 參與者共創規範」會比較合適。
如前所述，在你嘗試「Z.9.1 引導者建議規範」後，若是參與者
不接受，你可以接著再使用「Z.9.2 參與者共創規範」。

引導者在引導參與者建立行為規範的過程中，要聽取參與者的回
應。有可能他們的行為並不是你所以為的那種情況。例如你看到
「某個小組不認真進行討論而各做各的事」。當你向他們反饋完
你的觀察之後，參與者跟你解釋他們是在「各自準備討論的資
料，五分鐘後會開始討論」。一旦你發現這是場誤會，自然就不
必再繼續建立規範了。

由於參與者對遵守行為規範作出了承諾，因此若是之後出現了參與者沒遵
守行為規範的情況，你就有足夠的正當性作即時介入，提醒他們遵守規
範。你也可以請參與者彼此互相提醒。若是發生了參與者不想遵守規範的
情況，由於行為規範是參與者的自律行為，因此也不需要強迫他遵守或責
怪他不遵守，只需要引導參與者討論是否要調整或取消這個規範即可。在
有必要時，你可向參與者反饋你對於行為後果的經驗與觀察，引導他們反
思，以幫助他們考慮行為規範。幫助參與者作知情而自主的選擇，以成為
自己行為的主人，為自己的行為負責，是你作為幫助者所能做的事。

注意事項

以下我補充幾個「建立行為規範」的注意事項。

- **在引導個別參與者建立行為規範時，要確保他是對自己承諾自律**

  從對象上來看，你可以幫助全體參與者、部分參與者或個別參與者建立行為規範。在幫助全體參與者或部分參與者建立行為規範時，行為規範是參與者間共同的約定，所以規範的內容是集體的自律行為。在幫助個別參與者建立行為規範時，建立的雖然還是參與者自律的行為，但由於在這種情形下參與者只有一個人，所以規範的內容不是集體約定的自律行為，而是參與者對自己承諾的自律行為。在幫助個別參與者建立行為規範的過程中，引導者要特別小心，避免他承諾的對象是引導者。因為若他是對引導者而不是對自己作下承諾，規範的內容就不是自律的行為，而是引導者對他的行為要求。

- **行為規範的內容具體到「行為」，而非「態度」或「原則」**

  「態度」或「原則」，例如「要友善」或「要開放」，是比較模糊的標準。在同一個「態度」或「原則」下，每個人有每個人的行為尺度，所以展現出來的行為會不一樣。而參與者在交流的過程中，直接可見的是行為。所以，就「行為」約定規範，例如「只說自己感受，不批評別人」或「回答問題不迴避，不方便回答要說理由」，就會更有可見的標準、讓人更清楚怎麼遵守。所以，除非規範本身的性質導致它無法具體到行為層面或你有其它理由要刻意引導參與者在態度或原則的層次上形成規範，否則無論是採用第一種或第二種方式建立規範，行為規範的內容最好能具體到對於行為的描述。

・行為可包含「作為」或「不作為」

　　「行為」更深入一點看，除了可以是「作為」之外，也可以是「不作為」。「作為」即「要做什麼」，例如「對於別人的提問要有回應」；「不作為」即「不要做什麼」，例如「不搶話、不插話」。這兩者英文經常稱之為「DOs and DON'Ts」，都可以用來描述行為規範。你可以把它們用在邀請共創行為規範的問句裡，例如：「我們可以做什麼或不做什麼，以避免這種情況發生？」

第三部
幫助交流的即時介入

本部介紹「幫助交流的即時介入」。「幫助交流的即時介入」屬於對參與者所作的一種「直接介入」。在屬性上，它是視情況在有需要的時候所進行的即時性的介入，而與第七部所介紹的「引導流程的實施」所代表的計畫性介入相對。在作用上，它是介入參與者的行為以幫助參與者進行更好的交流，而與第四部所介紹的用於幫助參與者豐富交流的內容的「豐富內容的即時介入」相對。

本部開頭的第八章、第九章介紹「幫助交流的即時介入」的基本觀念以及判斷是否介入的六方面觀察指標。這六方面的觀察指標分別是「關注」、「表達」、「傾聽」、「探詢」、「回應」、「防衛」。後面第十章到第十四章介紹技巧。每一章的技巧即是對應到這六方面觀察指標的其中一個到兩個方面。

由於幫助交流的即時介入技巧在種類、數量與層次上比較多，你可以參考本書開頭〈引導知識與技能體系結構圖〉中的「即時介入技巧體系結構圖」以獲得更清晰的整體概念。

第八章　「談話」的基本觀念

人與人之間的交流主要是以「談話」的方式進行。人可以用別的方式交流，例如視覺交流、手勢交流、眼神交流、動作交流等，但主要以這些方式交流的場合不多。尤其在需要傳達與溝通比較複雜的意思時，人主要還是靠談話進行。非語言的交流則在談話中自然呈現或作為輔助。

因為人與人之間的交流大多以談話進行，所以引導者的介入以幫助談話為主。也因此，引導者在了解如何介入之前，要先了解「談話」。

本章介紹與引導相關的談話的基本觀念，包括「空間」與「場域」的概念、談話中的參與者動態、談話的型態、談話型態的形成與影響等。這些基本觀念有助於你學習與理解即時介入的技能。

「空間」與「場域」的概念

在「引導談話進行」這件事情上，從最抽象的概念而言，即是在試圖創造參與者「個別」與「共同」參與會議的「空間」。

心理的「空間」與「場域」

　　當參與者聚集在一起的時候，並不代表會議就已經開始進行。會議是否已經發生與會議進行的品質如何，並不是由大家是否待在同一個場地或接入同一個虛擬會議室而定，而是由在場的人是否有意識地參與到交流裡面而定。例如幫大家在會議中端茶倒水的服務生，或幫大家在線上操作線上虛擬會議軟體的技術人員，雖然他們出現在會議

現場，但概念上他並不在會議裡面。縱使參與會議的人在進入會議現場後三三兩兩寒暄閒聊，如果這個會議還有閒聊以外的目的的話，那麼對於這個會議目的而言，大家也還算不上實際進入到會議裡面。因此，會議除了在物理空間之外，還有心理的「空間」或「場域」的概念。這個概念是你在觀察團體動態以決定要如何引導時，所需要具備的基本概念。

「我」、「你」、「我們」的場域

當一個人在會議的現場與其他人一起關注會議目的與進行情況時，他對於會議的「參與」就開始了。每個人在參與會議的時候，是帶著自己的「場域」進來的。你可以將「個人的場域」理解為每個人都有個專屬於自己的心理空間。人可在這個心理空間裡獨自進行對會議主題的思考。所以當你在談話中進入沉思或做筆記時，即是回到你自己的場域裡面，在自己的心理空間中做自己的事情，暫時不與外界交流。對一個參與者來說，這是屬於「我」的場域，也就是參與者自己的個人場域。同樣的，別的參與者也有他自己的個人場域。對你來說，別人的場域就叫作「你」的場域，也就是其他參與者的個人場域。

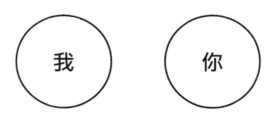

圖8-1：「我」與「你」的個人場域

要從基本的「參與」往上升到「互動」的層次，每個人必須要能跨出自己的「場域」，開始關注其他人，也就是開始關注「你」。當「我」開始關注「你」、與「你」開始說話，或開始進行其它互動時，我們兩人在「我」的場域與「你」的場域之上就又創造了一個

「我們」所共有的場域。在這個場域之中，「我」與「你」有彼此交流的心理空間。

這對應到英文中的「Conversation」這個字。這個字是「談話」的意思。從字首及字根來看，「con」的意思是「一起」，「verse」的意思是「轉向」。也就是說，當人轉向彼此而在一起時，互動、連繫與交流就開始了。如果他們用的是語言交流，他們就會開始「談話」。

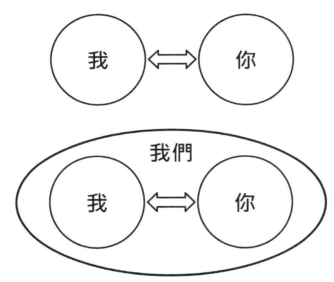

圖8-2：「我」與「你」在互動時形成「我們」的場域

對某一個特定的參與者來說，這個「我們」的場域可能是隨時在變動的。三三兩兩談話或進行小組討論時，「我們」的場域是由兩三個人形成的。回到全體參與者一起討論的形式時，「我們」的場域是由現場所有人形成的。每個時段的「我們」不太一樣。在不同的「我們」的場域，數量與對象不同的參與者創造了不同範圍的交流空間。

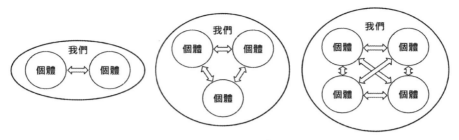

圖8-3：在會議中形成的各種「我們」的場域

此外，會議的全部參與者還會形成一個「全體的我們」的場域。在這個場域之中，大家有時關注自己的「我」的場域，有時加上「我」與「你」的連結形成三三兩兩交流的「我們」的場域，有時形成全體一起交流的「全體的我們」的場域。各種場域不斷交替出現與消失。但無論關注點與場域如何變化，一直都有一個「全體的我們」的場域存在。這個場域提供了空間，讓大家用不同的形式參與會議。

為求稱呼簡便，如果沒有特別聲明，我在本書裡提到的「全體的場域」即是指「全體的我們」的場域。此外，也由於小的「我們」的場域存在於小組中，也有人習慣以相對於「小組」的概念，將「全體的我們」的場域稱為「大組」。

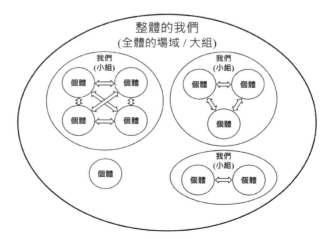

圖8-4：「全體的我們」的場域

線下實體會議裡比較可能自然形成各種場域。特別是在自由交流的環境下，三三兩兩交談起來是很自然的事情。但在線上虛擬會議中，大部分會議並無法自由形成小的「我們」的場域。由於物理條件與科技的限制，通常在線上只要有兩個人以上同時說話，大家就無法聽清楚發言內容。所以，除非線上虛擬會議軟體的設計本身有提供分組的功能，否則無法形成小的「我們」的場域。在這種限制之下，若是要同時有「全體的我們」的場域及小的「我們」的場域，就需要透過開關多個線上虛擬會議室的方式，讓每個會議室形成一個場域。場域的形成受到較大限制而需要事先做好軟硬體的安排，是線上虛擬會議的一個特點。

打造「我們」的「空間」

當參與者剛進入到會議現場時，彼此之間還沒有創造出「我們」的場域。每個人的關注點都還在「我」自己的場域裡面，所以就第二章的「圓丘模型」來看，可供「連繫」與「交流」的空間還不存在。這時，要讓參與者在會議的目的上關注別人，讓彼此的「互動」開始，這樣「我們」的場域才會形成起來。場域就像容器一樣，有了容器之後，大家才會感覺到有可以把想法、意見放進來的地方，然後彼此間的「連繫」與「交流」才會發生。但是這個容器可能大、可能小；品質可能好、可能壞。它的大小會決定我們有多少空間能夠談話；它的品質會決定我們能夠進行多激烈或多困難的談話。

要能夠把這個場域做大、品質做好，有賴於每位參與者不只關注自己的「我」的場域，而且還關注「你」及「我們」的場域。也有賴於每位參與者留意自己的行為對於場域及空間的影響，以及有意識地努力把容納參與的空間容器打造得更大、更堅固。例如，參與者留意「專注傾聽別人的想法而不太早下評判」有助於擴大其他人參與的空間，

並且致力於這樣做。又如，留意「猜測別人的動機並以此評論別人」會減少甚至破壞其他人參與的空間，並且避免這樣做。

所以說，參與者能否「關注『我』、『你』、『我們』各種場域及致力於營造『我們』的參與空間」，對於會議能否有效進行及達成目標極為關鍵。引導者在工作時，即是在持續不斷地幫助參與者做到這一點。有時是較顯性地引導參與者有意識地關注場域與空間的狀態，而做出行為的改變；有時是較隱性地引導互動或談話，以在無形中打開、擴大與維繫共同參與的空間。此外，引導者也要十分留意自身的各種言行舉止是在打開、擴大與維繫空間，而非關閉、縮小與破壞空間。把握這個大原則，能幫助你判斷你的行為是否在幫助交流的進行。

談話中的參與者動態

當參與者轉向彼此、建立起共同的場域並開始交談後，就會形成交互的動態。有些人很積極發言、有些人會補充與回應其他人的發言、有些人大部分時間不發一語但偶爾會評論兩句，有時還會有人持相反意見與另一些人爭論起來。以下我借用心理學家David Kantor 的溝通四角色模型 (Four Player Model of Communication) 的概念，來舉例說明談話中某些可能的動態。由於我是借用此模型中角色的概念來描述談話動態，所以描述的層次與原作可能會稍有不同。

發起者(Mover)

發起者會積極主動地對話題發表意見或主張，無論他是真的有意見或主張或只是習慣這麼做。發起者會說：「我認為……。」、「我主張……。」、「這件事在我看來是這樣的……。」

跟隨者(Follower)

跟隨者會補充或支持某個意見或主張，無論他是認同那個意見或主張，還是基於關係或立場而表達支持。跟隨者會說：「我認同……。」、「我支持……。」、「我也是這麼覺得……。」

反對者(Opposer)

反對者不認同或反對某個意見或主張，無論他反對的是那個意見或主張，還是基於關係或立場而表達反對。反對者會說：「我不認同你所說的……。」、「我覺得你說的這個有問題，……。」、「我無法接受你這樣的說法……。」

旁觀者(Bystander)

旁觀者嘗試用比較客觀平衡的方式觀察各方意見及主張，並將他的觀察反饋給談話的團體。他們會說：「我聽到你們都有道理，你說的是……，他說的是……。」、「你們現在的說法有點亂，我試著整理一下。……」、「我覺得你們的爭論點是在這個點上……。」

每一種角色對於談話都有貢獻：發起者貢獻想法、跟隨者與反對者讓想法的價值更清楚明確、旁觀者客觀平衡地比較各種想法。每一種角色都能幫助眾人澄清想法與作出選擇。此外，在一段時間裡，四種角色的分佈不一樣，動態就會不一樣。例如，若是談話中僅有一位發起者加上眾多跟隨者，談話會有興奮的氣氛而且進行順利。又如，若是談話中有兩個意見相左的發起者加上雙方勢力相當的反對者而且沒有旁觀者，談話會有緊張的氣氛而且難有進展。隨著對話題內容的探索，每個人在不同的時間點可能處在不同的角色上，談話的動態也因此就隨著不斷地變化。

這四種角色的互動構築出某種型態的談話。如果你試著在腦海中模擬用這

四種角色展開一場談話，大概會形成「大家在談話中支持或反對各種主張，以求得某個主張的勝出」這樣的印象。這種談話聽起來是不是很像辯論？辯論是談話中的一種型態，但談話不見得總是辯論，辯論也不是在所有場合都適合。類似辯論這種以「競爭」為基調的談話，是要從既定的選項中競爭出一個勝利者。這樣的談話型態容易傾向爭取輸贏的氛圍。若是這種競爭的氛圍太過，可能會讓談話少了深入理解彼此及共同思考與創造的空間與機會。

以上我借用這個模型舉例來描述某些參與者動態。它構成了某種談話的型態，但談話的型態並不是只有一種。以下我要再進一步介紹不同的談話型態。

談話的型態

在一場談話中，如果大家的意見都非常一致，或對於意見是否一致並不在意時，談話就會很容易進行。這種談話會讓你覺得很順利、沒有什麼壓力，甚至很有樂趣。若是把這種談話放到引導的情境下，引導者不會碰上什麼大的困難，用第零章介紹的那三板斧就能把對談話的引導做得很好。

但若是大家的意見不一致，而且還很在意這不一致的情形時，就會有不同的談話型態產生了。前面我們提到了辯論的型態，但還有其它的型態。回想一下你所經歷過的，在大家意見不一致時，除了大家爭得臉紅脖子粗的辯論之外，你是否還經歷過那種表面客氣但又對彼此不以為然的談話，或是充滿了互相欣賞、激發創意的談話？

這些談話可大分為兩種不同的基調。一個是以「競爭」為基調的談話，另一個是以「合作」為基調的談話。

以「競爭」為基調的談話

人類與其他所有生物一樣，對於自己的生命都有潛藏在基因裡的自我保護機制。所以在面對生命威脅的時候，我們會自然地奮起戰鬥以消滅威脅，或者盡快逃避以遠離威脅。這種自然反應在面對社會威脅的時候也會存在，所以人會吵架與冷戰。

如果在談話中，人把不同意見視為威脅，那麼他很自然就會覺得需要防衛自己，而想要「戰鬥」或「逃避」。

「戰鬥」是積極的防衛反應，在談話中具體表現出來的姿態是想要贏過對方。所以你會看到有戰鬥反應的人開始與人辯論了起來，想要證明自己是對的，甚至要證明對方是錯的，而陷入對錯之爭。在這種心態下，沒有雙贏或多贏這一回事，只有一個人能贏，而且那個人必須是我。若是你們不同意我所說的，那麼你們就是錯的。

「逃避」是消極的防衛反應，在談話中具體表現出來的姿態是迂迴閃躲，不讓對方知道自己真正的想法。所以你會看到有這種反應的人開始沉默不語，或言不及義，或顧左右而言他。表面上他不跟人爭辯，事實上他跟「戰鬥」的人的基本心態一樣，都認為只有自己是對的，也十分在意輸贏。「逃避」的人雖不像「戰鬥」的人會積極投入談話，但他的消極反應會影響談話的氛圍，讓談話的參與度降低，以及一直無法將該談的事情好好談透。如果這是個會議的話，「逃避」還會影響決議的效力。有「逃避」反應的人只認同自己的意見，迴避真正的溝通，所以在會後通常也不會衷心認同決議，而不會真心遵守或執行決議。

「戰鬥」或「逃避」經常只是一種防衛自己的反應。但當擁有這種

反應的人有意識或無意識地認同這個反應的時候，這個反應在他心中就固化了下來，成為了「防衛心態」。防衛心態就不是臨場被激起的反應了。對於談某件事情有防衛心態的人，在一開始談這件事情的時候，就已經處於「戰鬥」或「逃避」的狀態。而且，這個心態不會因為沒談這件事就消失，而會在這個人的心裡長時間存在。它就像是埋藏在地裡的地雷一樣，當別人提起這件事時，就像踩到了地雷，會引起這個人的防衛反應。防衛心態屬於組織發展學界的泰斗Chris Argyris及Donald Schön所稱的模式一(Model I)，也稱單方控制(Unilateral Control)的模式。

以「合作」為基調的談話

人面對生命威脅，除了依靠「戰鬥」或「逃避」的立即反應之外，還有另一種處理威脅的方式，那就是透過社會化的交流及與人合作，建立起人與人之間的關係、整合資源，以壯大自己的力量。如此一來，在威脅來臨的時候，人就可以利用已經準備好的資源消除威脅。這種方式不是依靠人的臨場反應來應對威脅，而是依靠平時的未雨綢繆。

人在平時要與人建立關係、尋求合作，態度上就不能像「戰鬥」或「逃避」那樣緊張，而是要友善、放鬆。對於不同的意見，也不能視為威脅而非要爭個輸贏。相反地，人要視不同意見為資源，才能更有創造性地尋求各種合作方案。

把這個概念放到談話中來看。在談話時，人若不是把不同意見視為威脅，而是視為資源，那麼他就不需要防衛自己。反而，他會覺得需要聽到更多不同意見以獲取更多資源，而展現出尋求「合作」或「共創」的姿態。

要把不同意見視為資源，人就必須要放開「我是唯一正確的」這個假設。有「戰鬥」與「逃避」的反應的人會持有這個假設，是因為要在持有這個假設的情況下，「戰鬥」與「逃避」才能行得通。因為當威脅就在眼前時，人要當機立斷以保護自己，不能猶豫，所以無論如何都得相信自己的決斷是「唯一正確」的，才能夠立即執行。但在「合作」的心態之下，不同的意見並不是威脅，不需要當機立斷，所以也不需要堅持自己是唯一正確的。反而大家可以一起合作，把不同的意見視為每個人思考的成果，檢視每個意見背後的道理，說不定更有啟發，帶來更多的收穫。

「合作」是建設性的反應，在談話中具體表現出來的姿態是積極地理解別人的想法及其背後的思路，以及積極地分享自己的想法及其背後的思路讓別人理解，並期待從相互的理解中激發出更多的想法或觀點。這樣的談話就有機會把團體帶入第二章的圜丘模型所描述的「效果層」。

引發這類反應的心態屬於Chris Argyris及Donald Schön所稱的模式二(Model II)，也稱相互學習(Mutual Learning)的模式。

為了容易辨識，以下我把以「競爭」為基調的談話稱之為「辯論」(Debate)，以「合作」為基調的談話稱之為「對話」(Dialogue)。在大部分的時間裡，談話並不會是純粹的競爭或合作，而是兩種基調的混合版本。這種混合版本我把它稱之為「討論」(Discussion)。討論的參與者可能時而合作，時而競爭。當討論裡競爭的傾向比較明顯的時候，還會有辯證(Dialectics)的次型態出現。由於參與者辯證的動機也可能是為求得真實或找出最優的解答，而不是完全是為了輸贏，所以它還是屬於混合型態的談話，而非屬於完全競爭性的談話。作這樣的區分可能與你看過的其它說

法不同，但我認為這樣區分對於我說明談話的型態有幫助。

以上這些談話型態以圖像來表示的話，會是如下的樣子。

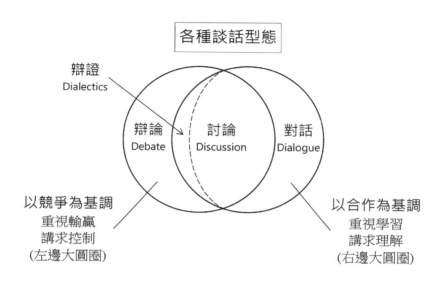

圖8-5：各種談話型態

其中，「對話」在學界裡還有特殊的名稱。從物理學家David Bohm開始研究這種對話的型態開始，學界為了避免將這裡說的「對話」與一般概念中的對話相混淆，所以特別將其首字母寫成大寫，稱之為「Dialogue」。中文普遍翻譯為「深度匯談」。

不同的談話型態是由參與者的不同心態所導致的。以下我再進一步說明談話型態如何因參與者的心態而形成，以及它在形成之後對決策的影響。

談話型態的形成與影響

參與者心態的第一個分水嶺是關於「答案在何處」的信念，這會關係到他

用什麼態度接收不同的意見。關於「答案在何處」的信念有兩種。

信念一：沒有人擁有唯一對的答案

抱持這個信念的參與者，由於相信「沒有人擁有唯一對的答案」，所以他認為要發現真實或找出最優的解答，就會需要我們共同努力，集合眾人的智慧，才能把答案給找出來。因此，當他在聽不同意見的時候，他會試圖去理解每個人的觀點以及形成這個觀點背後的理由。因為當他了解得愈多，就能掌握愈多的資訊與線索，也就愈有可能發現真實或最優的解答在哪裡。他的聽是為了理解而聽。

信念二：只有某人擁有唯一對的答案

抱持這個信念的參與者，由於相信「只有某人擁有唯一對的答案」，所以他認為要發現真實或找出最優的解答，就要從眾多的意見之中把那個對的答案找出來。因此，當他在聽不同意見的時候，他會試圖去檢驗每個人的觀點，甚至刻意去聽可以被反駁的論點，以幫助他判斷哪個意見是對的、哪個意見是錯的。因為當他檢驗得愈多，就能釐清更多的對錯，也就能愈有可能發現哪個是真實或找出最優的解答。他的聽是為了檢驗或反駁而聽。

參與者所抱持的信念不一樣，他們接收不同意見的態度就不一樣，參與談話的行為也就跟著不一樣。不同的談話行為會形成不同的談話型態；不同的談話型態又會對決策造成不同影響。以下我分別就各個談話的型態說明這一連串的影響。

合作型態的「對話」

當參與者抱著「沒有人擁有唯一對的答案」的信念時，他除了會為了理解而聽，在心態上也會想要與人合作以找出答案。在這種背景之

下，他的行為就會把談話引到「對話」的型態上。參與者會儘可能去了解別人的觀點與想法，也會分享自己的觀點與想法讓別人了解。所以在行為上，你會看到他努力分享與揭露更多的資訊，並且試圖透過提問去探詢每個人的想法。

這種談話的動態給人的感覺就像在共同即興演奏一場音樂一樣。要即興合奏出一場音樂，參與者們除了自己努力演奏之外，同時還需要去聆聽與理解別人的演奏。眾人彼此配合，共同創作，才能讓每個人的演奏融合成為一場音樂。聆聽別人是讓音樂成功的關鍵條件。因為參與者若是各自演奏而沒有聆聽，只會變成同時各自演奏的幾場音樂，而非一場合奏的音樂。

以第二章介紹的圜丘模型來看，人在互相聽而理解之後，會促成激發、激盪的過程，引發更多的創意與洞見。這些洞見所引領出的決策通常有很高的相互理解與共識在裡面。參與者參與了這場交流的過程，無論最終的決策是否與自己原來的意見一樣，每個人都會覺得決策裡有自己的貢獻存在。

因此，這種合作型態的對話有幾個好處：一是它提供了空間激發與激盪出原來沒有的選項，而不是在既有的幾個選項內選擇一個；二是決策可以獲得較多的支持；三是理解他人的行為本身就會讓人感受到尊重，而對人際關係有正面的影響。在參與者彼此間有衝突的情境裡，若談話能以對話的型態進行，那麼縱使參與者暫時無法找出適合的解決方案，彼此之間的關係仍然得以維持。這能幫助他們能夠在未來持續進行對話，避免衝突惡化成對立或仇恨。

但合作型態的對話也有它的缺點。這種對話要能有效進行，十分依賴

參與者主張與探詢的能力。所謂主張是清楚陳述自己的觀點與思路讓別人理解；所謂探詢是詢問清楚別人的觀點與思路以理解他人。如果參與者主張與探詢的能力比較弱，這種對話就會耗費比較長的時間。在議題或團體的動態複雜的情況下，對話可能會過於冗長，而讓參與者失去耐心。在需要決策的場合，這可能導致決策時間延宕，遲遲定不下來。

所以，在引導對話時，幫助參與者對彼此做好主張與探詢，是很重要的引導關鍵。

既競爭又合作的「辯證」

我把談話中既競爭又合作的混合型態稱為「討論」。討論中有一個比較傾向競爭的次型態，稱為「辯證」。當參與者抱著「只有某人擁有唯一對的答案」的信念，而這個「某人」可以是「任何人」而不是「非我不可」時，他的行為就會把談話引到「辯證」的型態上。

「辯證」的型態背後的信念是「我們要證明誰是對的」。處在辯證型態的參與者基本上還是為了發現真實或找出最優的解答，而不只是單純為了輸贏，所以他會為了檢驗而聽。他在心態上同時有競爭及合作的心態。有競爭的心態是因為「我也可能是擁有對的答案的那個人」，所以我要證明我可能是對的；有合作的心態是因為「擁有對的答案的那個人也可能是別人」，所以我還要檢驗別人的意見，看他們對不對。萬一他們之中有人是對的，那麼我也是發現了真實或找出了最優的解答，而滿足了心願。

所以在行為上，你會看到他努力辯證各方的意見，以試圖證明對錯。他在這個過程中也需要去理解他人，但這種理解是為了接下來的檢驗

作準備，所以他是帶著評判的心態去作的理解。因此他會充滿目的性、有方向地收集與挖掘資訊，試圖從中很快找到判斷對錯的依據。這會導致談話的動態給人感覺像是打乒乓球一樣，充滿了技術性，並期待在對手犯錯時確實得分以淘汰弱者。因為他相信這樣做的話，最後留下來的優勝意見就是最好的選項。

就決策的角度來看，辯證本身就是一個判斷優劣的思考過程，所以辯證型態的談話會提高決策品質。但由於它自然的動態是「汰劣擇優」，因此它會傾向從有限的選項中選擇。由於在這個型態中，人對不同意見的理解只需要到足以判斷優劣以作出選擇的程度，所以它與合作型態的「對話」相比，交流與激盪出新洞見或新選項的機率比較小。

此外，進行辯證型態的談話所要求的是辯證能力。如果說參與者的辯證能力相當，那麼各方一來一往以找出最優選項的機會是比較大的。但如果說參與者的辯證能力懸殊，那麼就有可能因為辯證能力弱的參與者無法突顯出選項的優勢，而導致最好的選項未能獲選，而降低了決策品質。

競爭型態的「辯論」

當參與者抱著「只有某人擁有唯一對的答案」的信念，而這個「某人」必須是「我」而不是別人時，他的行為就會把談話引到「辯論」的型態上。簡而言之，「辯論」的型態背後的信念是「只有我擁有唯一對的答案」。

處在辯論型態的參與者基本上認為自己已經了解真實或擁有最優的解答，也就是「我的意見是唯一對的」。那麼對他來說接下來的事情就

很單純了，他必須要證明「我是對的，別人是錯的」，以突顯這個真實或最優的解答。所以他會為了反駁而聽。

在行為上，你會看到他非常專注於攻擊別人的意見。一旦他聽到別人意見中有可以反駁的點，他就會快速發起攻擊，希望這個意見就從此被否定，永遠不會再被提起。而當他的意見受到攻擊時，他會很有技巧地閃躲或防禦，以免被擊敗，而不是攤開自己的思路來讓他人檢驗。

也因此，辯論的動態給人的感覺就像是拳擊比賽一樣，不斷地揮拳試圖擊倒對方，同時靈活地閃躲及守住自己的防線以免被擊倒。辯論的結果通常是強者勝出。強者的實力除了來自於意見本身的優越性之外，還來自於辯論的攻防能力，甚至還可能來自於較高的權力、地位、影響力。例如上司與下屬辯論，在雙方意見的品質相當的情況之下，上司勝出的機會比較大。因為下屬會擔心若是不讓上司贏得辯論的話，自己可能會付出其它代價。

就決策的角度而言，若是從辯論勝出的人本身在討論的事情上就是應該負責的人，那麼他可以貫徹他的意志在決策上，而不至於讓事情往他不想要的岔路上發展。但這同時也會伴隨著風險與副作用。一是決策以個人所擁有的資訊、經驗、知識為基礎，過程中並沒有好好運用群體智慧，所以決策帶有重大瑕疵的風險較高；二是在辯論中落敗的人若不是因為意見本身的優劣而落敗，或是在落敗後因為輸了而賭氣，那麼他有很大的可能不會支持決策，而影響了實現決策的執行力。

此外，辯論由於是強者勝出，而勝出的強者並不一定持有最優的意

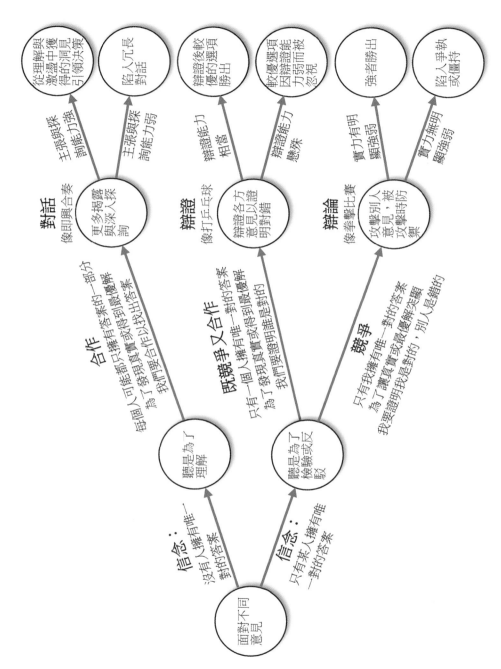

圖8-6：參與者心態對談話型態的影響

見，所以有可能最終獲選的並不是最優的選項，而導致較差的決策品質。若辯論的各方實力相當而沒有明顯的強弱，則辯論很容易陷入爭執或僵持，而讓決策遲遲無法作成。而且，辯論的型態很容易導致輸贏之爭，而對人際關係造成負面影響。這對需要保持長遠友好或合作關係的人而言不是一件好事。

我用圖8-6來表示前面所敘述的三種型態的演進。

「談話」的基本觀念在引導上的應用

引導透過幫助第二章的「圜丘模型」所展現的過程，來幫助人與人之間的交流以達成特定的目標。

「場域」與「空間」的概念可以幫助你判斷你的引導是否有效促進了圜丘模型中基礎層的「參與」、「互動」、「連繫」與「交流」。

「談話的型態」的概念則可以幫助你判斷當下談話的型態是否有助於發生「效果層」中的「理解」、「激發」、「激盪」與「融合」的動態。

合作型態的「對話」意謂著參與者抱持著最純粹的「理解」的目的參與在談話裡，這最能引發後面「激發」、「激盪」與「融合」的動態。其背後所隱含的「沒有人擁有唯一對的答案」的信念，也能提供最大的空間與可能性，支持「激發」、「激盪」與「融合」的發生。但純粹合作型態的「對話」並不常發生，因為它需要參與者有較高的自我覺察與對話技能，以及進入對話型態的意圖。當然，你也可以運用引導讓對話發生。要做到這點，你要有與其相關的即時介入的觀念與技巧，必要時還需設計好引導流程以更有效地促成對話。

較常發生的是既競爭又合作的「討論」。討論也能容許「效果層」中的各層的動態發生，但比起對話而言，空間與可能性小了一些。在討論中，若是你見到競爭性較明顯的「辯證」型態出現了，你就要開始密切注意參與者對於彼此的理解是不是足夠。「辯證」中的參與者會很有目的性、方向性地詢問資訊，一旦他問到他認為可以判斷對錯的資訊，他就會停止理解。所以參與者對彼此的理解是較為局部而不全面的。這會侷限了他們看到更多的真實及可能性，而進一步侷限了「激發」、「激盪」與「融合」的動態。

在競爭型態的「辯論」中，參與者基本上是處於「戰鬥」與「逃避」的狀態。他們只選擇性地聽那些可以用來反駁的資訊以便進行攻擊，以及自己不提供資訊或選擇性地提供資訊以迴避或防禦別人的攻擊，所以談不上真正地理解彼此。因為連作為「效果層」基礎的「理解」都談不上了，所以「辯論」是最難產生「效果層」的動態的談話型態。因此，在辯論型態發生時，你就必須要積極地介入，協助參與者們做到最基礎的傾聽及理解。有時你還必須設計流程，讓他們透過流程步驟去試圖聽見與理解彼此。

下一章我要介紹可用於觀察與介入談話的具體指標，作為使用技能的依據。

第九章 判斷談話是否有效進行

上一章我所介紹的是比較抽象的談話型態。實際上在引導時，我們需要更具體的觀察指標，來判斷談話是否正有效進行以及是否朝著對話的型態發展，以判斷是否應作即時介入。

各種談話型態的有效性指標

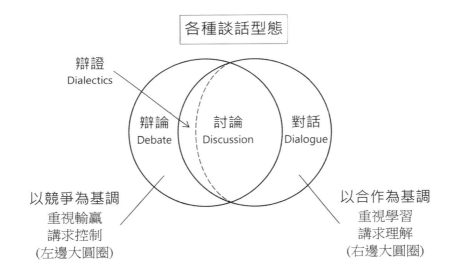

圖9-1：各種談話型態

有效的談話能幫助會議達成目的。但「談話的有效性」並不等同於「會議的有效性」。「會議的有效性」除了受到「談話的有效性」的影響外，還會受到諸如會議目標是否設定得當、邀請參加會議的人選是否適當等其它因素的影響。「談話的有效性」則是不去考慮會議目標、會議參與者人選等這些其它因素，而是考慮就談話的型態而言，此時此刻的談話是否能有

效達成參與者採用這個談話型態的目的。

由於參與者採用不同談話型態的目的不同，因此對於不同型態的談話，談話有效性的判斷標準並不一樣。例如採用「辯論」的目的是為了透過競爭讓強者勝出，那麼談話有效性的其中一個標準可能會是「參與者有效駁斥與己不同的論點」；採用「辯證」的目的是為了辨識出優秀的選項，那麼談話有效性的其中一個標準可能會是「參與者有理有據比較各論點優劣」；採用「對話」的目的是為了透過合作以尋求洞見，那麼談話有效性的其中一個標準可能會是「參與者主動確保自己理解他人的表達」。對於一般性的「討論」而言，談話有效性的標準可能是上述標準的混合，而不是那麼具體及清楚。使用談話型態的目的不同，談話有效性的判斷標準就會不同。

當我們用引導的方式幫助談話進行的時候，我們期望談話的型態是以「對話」的方式展開。理由是如同前一章所說的，這種合作型態的對話最有機會引發第二章的「圓丘模型」所描述的「理解」、「激發」、「激盪」與「融合」的動態，從而讓群體智慧有最大的發揮，讓會議的品質達到最好。無論是從會議成果或對參與者關係的影響來看，「對話」都能提供最大的幫助。所以，在談話的型態自然演變成「辯證」或「辯論」時，引導者會試圖透過各種介入，幫助談話型態轉變為「對話」。引導者期望在以幫助「對話」為目的而作的引導之下，參與者之間的「對話」能實際發生。縱使「對話」不能因此發生，至少參與者能夠在引導的影響之下進行「討論」或「辯證」，而不至於落入參與者只關注自己輸贏的「辯論」之中。

基於以上的概念，我把「談話有效性指標」分為以下兩個層次。

一、基本指標

基本指標是判斷所有型態的「談話」是否有效進行的一般性指標，例如參與者表達自己、傾聽他人的表達、理解他人的表達等。無論談話的型態是「對話」、「討論」、「辯證」或「辯論」，如果沒有達成這些指標的話，任何談話都無法有效進行。

以〈第六章、即時介入的層次與考慮〉中的「考慮是否介入的模型」來看，基本指標可以幫助你判斷現在的交流品質是否達到了「正常交流線」。

二、對話指標

對話指標是判斷「對話」是否有效進行的指標，例如參與者儘可能表達自己以讓他人充分理解、主動邀請其他人回應、主動察覺與試圖降低自己的防衛心態等。這是「對話」的特有指標。若是參與者達成了這些指標，即表示他們是在進行「對話」。

以〈第六章、即時介入的層次與考慮〉中的「考慮是否介入的模型」來看，對話指標可以作為幫助你判斷現在的交流品質是否達到「最低達標線」的參考。我說只作為參考，是因為對話指標所指向的交流品質，其實高於大多數會議達成會議目標所要求的交流品質。也就是說，大多數會議不需要以對話型態進行也可以達成會議目標。所以它可以作為參考，但不適合直接拿來設定所有會議的「最低達標線」的位置。

這些指標一方面就像儀表板上的指標一樣，可以幫助我們判斷目前的談話是否有效進行、是否已經進入對話型態；另一方面就像是燈塔一樣，只要專注引導談話往達成「對話」指標的方向前進，就是在引導談話往對話的

型態發展，促進對話發生。

若是引導者不認識這些指標，就可能發生無論談話進行得如何低效都不介入的情形，或發生無論談話進行得如何高效都不斷介入的情形。介入的時機不對，不但不能幫助參與者的談話，反而會形成負面的干擾。所以說，認識「談話有效性指標」是引導者作即時介入的前提。

各種基本指標與對話指標

當參與者跨出自己個人的場域，開始與他人交流、進行談話時，引導者就要隨時觀察談話是否有效進行，以及使用「即時介入」的技能作必要的協助。如果談話存在著沒達到「基本指標」的情況，引導者就應該適時適當地作即時介入，以幫助參與者能夠進行有效的談話。如果引導者意圖進一步提高交流品質，而談話存在沒達到「對話指標」的情況，引導者也可以適時適當地作即時介入，以幫助參與者能夠以「對話」的型態進行談話。

在幫助交流的即時介入上，判斷談話有效性的指標有十七個，分為六個方面。這六個方面分別是「A. 關注」、「B. 表達」、「C. 傾聽」、「D. 探詢」、「E. 回應」、「F. 防衛」。我以下圖表示，方便你記憶。

圖9-2：判斷談話是否有效進行的六方面指標

這個圖以「眼」代表「A. 關注」、以口代表「B. 表達」、以耳代表「C. 傾聽」、以頭上的問號代表「D. 探詢」、以雙向的箭頭代表與他人的「E. 回應」、以心代表因應「F. 防衛」心態。

下圖是這十七個指標的列表。你可以看到六方面的每一方面都包含了數個指標。每一個指標都有編號，例如「A1(b)」、「A2(d)」，以方便識別與引用。編號中的(b)符號是Basic的意思，表示它是「基本指標」；編號中的(d)符號是Dialogue的意思，表示它是「對話指標」。

我先在本節中介紹指標本身。在後面的章節裡，我會再介紹與每個指標相關的即時介入技巧。

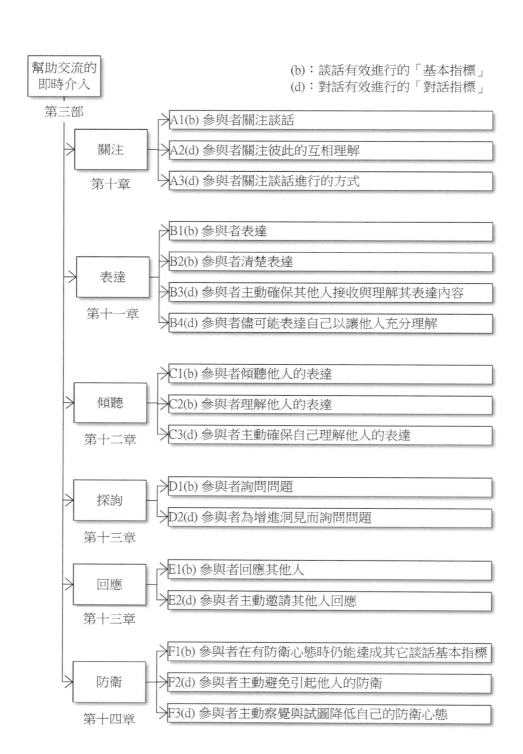

幫助交流的
即時介入

第三部

(b)：談話有效進行的「基本指標」
(d)：對話有效進行的「對話指標」

關注
第十章

> A1(b) 參與者關注談話
> A2(d) 參與者關注彼此的互相理解
> A3(d) 參與者關注談話進行的方式

表達
第十一章

> B1(b) 參與者表達
> B2(b) 參與者清楚表達
> B3(d) 參與者主動確保其他人接收與理解其表達內容
> B4(d) 參與者儘可能表達自己以讓他人充分理解

傾聽
第十二章

> C1(b) 參與者傾聽他人的表達
> C2(b) 參與者理解他人的表達
> C3(d) 參與者主動確保自己理解他人的表達

探詢
第十三章

> D1(b) 參與者詢問問題
> D2(d) 參與者為增進洞見而詢問問題

回應
第十三章

> E1(b) 參與者回應其他人
> E2(d) 參與者主動邀請其他人回應

防衛
第十四章

> F1(b) 參與者在有防衛心態時仍能達成其它談話基本指標
> F2(d) 參與者主動避免引起他人的防衛
> F3(d) 參與者主動察覺與試圖降低自己的防衛心態

A. 與「關注」有關的指標

A1(b) 基本指標：參與者關注談話

「A1(b) 參與者關注談話」是形成所有型態的談話的基本條件。所以它是談話的基本指標。

你可以從參與者的行為、表情、姿勢及動作來判斷他是否關注談話。若是他很踴躍就主題發言，那麼很明顯他關注談話。但不發言也不見得就表示不關注談話，例如不發言的人也可能專注傾聽別人的發言內容，或隨著談話進行思考，或與其他人有非語言的交流。所以不發言的人還是可能參與在談話裡面。不能單純以發不發言來判斷他是不是關注談話。

如果參與者不關注談話，你會看到他心不在焉、與鄰座的人聊天、頻繁地做與談話無關的事，甚至經常在房間內外進進出出。不關注談話的行為很容易干擾其他人的談話，讓更多人分心。所以，當你看到參與者有不關注談話的情況時，就必須儘快判斷是否應介入，找到不關注的原因並作適當的處理。

在「為達成特定目標的引導」所在的會議場合，參與者不關注談話的原因中有許多與召開會議的條件有關，例如會議參與者人選與會議主題的設定。由於會議條件在會議開始後就很難變更，所以最好能在會議前就作好適當安排。在會議中才處理會議條件，通常會很困難，而且效果不好。

A2(d) 對話指標：參與者關注彼此的互相理解

若這是一場對話，那麼你會看到參與者除了關注談話之外，還會關注交流的內容是否得到彼此的理解。因為如此，他會展現出好奇的態

度，想要去探索更多談話的內容。他也會平等看待不同的想法，從而建立起與其他人正向的互動關係。這些態度與行為都是對話發生的重要基礎。

A3(d) 對話指標：參與者關注談話進行的方式

若這是一場對話，那麼你會看到參與者除了關注談話的內容之外，還會關注談話進行的方式。隨著他的關注，若是他對談話進行的方式有感受或想法，他會把它提出來讓其他人知道，甚至把它作為談話的焦點進行討論。他會這樣做，是因為他關注彼此是否能互相理解，而談話的進行方式對於是否能互相理解的影響很大。有些談話的進行方式對於促進互相理解有幫助，例如提問問題以澄清表達內容；有些則會造成障礙，例如武斷地評判別人的發言內容但不說明理由。所以，當他感受到談話中存在對互相理解有幫助或造成障礙的作法時，他會把它提出來，希望能促成團體以更好的方式進行談話，以達成互相理解的目的。

他對談話進行方式的關注及因此而採取的舉動，相當於在營造適合對話的心理環境，以及創造更大與更堅固的參與空間。談話的進行方式就像一個容器，承載著討論的內容。這個容器如果小而脆弱，那麼團體就只能討論小而淺的話題；若它大而堅固，那麼團體就能討論大而沉重的話題。這個容器由引導者單獨打造不來，必須由參與者共同打造。所以，「A3(d) 參與者關注談話進行的方式」是對話的重要指標。

B. 與「表達」有關的指標

B1(b) 基本指標：參與者表達

若參與者不表達，訊息就無法傳遞，任何談話都無法進行。所以表達

是任何談話中的基本要素。

從明顯的行為來看，有說話就有表達。但表達也可能以非語言的方式進行。例如眼神交流、鼓掌、發出噓聲等，也是表達。

參與者不表達有各種可能的原因，例如當下沒有想法、還在思考、插不上嘴、跟其他人不熟、因為某個原因覺得表達有風險，或單純是因為個性不喜歡表達。不表達的情況中，有些可以單純從行為上介入就獲得改善，有些則必須探查及處理造成行為的原因。

個別參與者長時間不表達可能會影響其他人的參與。你會看到其他人因為不清楚為什麼這個人不表達而感到擔憂、不自在或焦慮，或假裝沒有這個人的存在而刻意保持正常的行為。這種動態上的不正常可能會影響到談話的成果。

整個團體不表達通常表示有原因導致團體對於談目前的主題有心理上的障礙。一般而言，對於這種情況，引導者必須先發現原因再決定如何介入。但這也有例外的情況，例如所有人都還在整理自己的思緒時也會都不表達。這時大家並不是沒話想說，只是還沒準備好要說出來。這種情況並不需要特別處理。

B2(b) 基本指標：參與者清楚表達

若參與者不表達或表達得不清楚，訊息就無法成功傳遞，任何談話都無法順利進行。所以，參與者不只要有表達，而且還要表達清楚，讓其他人能正確接收到訊息。

「表達得清楚不清楚」較不容易判斷，因為這跟接收的人的感受與認

知有關。所以，引導者必須依靠自己的經驗及觀察其他人的反應來判斷。如果引導者根據經驗感到這個說法不清楚，或看到其他參與者臉上出現了困惑的表情或沒有反應，即可初步判斷該參與者表達得不清楚。

不清楚的表達會讓人感到進行談話很費力。所以幫助參與者清楚表達是引導者在引導談話時很重要的工作。

B3(d) 對話指標：參與者主動確保其他人接收與理解其表達內容

若這是一場對話，你會看到參與者在意其他人是否清楚接收及理解他表達的內容。他會觀察其他人的表情及反應來判斷表達的效果如何。如果看到別人臉上出現了困惑的表情或沒有反應，他會主動與他們確認是否清楚接收到他表達的內容。若是其他人沒接收到或不理解，他會主動闡述與澄清。

參與者的這些行為展現了開放的態度。這對其他人加入對話是很有力量的邀請。若是參與者自己沒有這樣的風格、能力或行為習慣，引導者可以適時介入，引導表達者去闡述或澄清表達的內容。引導者介入的效果或許不如參與者自己主動積極去澄清來得好，但這可以作為一個起點，讓參與者體會到他可以主動去做這件事情。

B4(d) 對話指標：參與者儘可能表達自己以讓他人充分理解

若這是一場對話，你會看到參與者會儘可能揭露自己的想法，包括揭露觀點與揭露支持觀點的事實基礎、認知與思路，以讓他人能充分理解自己。若是有人向他澄清他的想法，他會很樂意為他澄清。甚至他會主動邀請其他人檢視自己的想法，以澄清還不明白的地方。

這個行為的背後有著對話所必需的相互學習模式。在這個模式下，對話成為共同探索想法的過程。但這並不表示參與者在對話中就必須毫無保留揭露自己所有的內容。當參與者有不想表達的內容時，說明不想表達的原因也是對於自己想法的揭露。

C. 與「傾聽」有關的指標

C1(b) 基本指標：參與者傾聽他人的表達

若參與者不聽別人表達，訊息就無法傳遞，任何談話都無法進行。由於表達還可能包含非語言的訊息，所以所謂的傾聽，還包括感知到其他參與者非語言的訊息。非語言的訊息不見得是有意表達的，也可能是說話時無意流露出來的表情、動作、姿勢。藉由感知非語言的訊息，參與者可以知道彼此的狀態。

參與者是否在傾聽，可以從他對於別人發言的反應來看。如果參與者跟隨著談話的脈絡發言，那麼就表示他在傾聽。但參與者沒發言也不一定表示他沒在傾聽，你可以從他的行為、表情、姿勢及動作，例如視線接觸、點頭、搖頭、微笑等，是否因別人發言而跟著變化來判斷。

發言者除了透過說話的內容傳遞訊息之外，他的語氣、聲調、表情等也會傳遞訊息。同樣一句話說的方式不一樣，例如「你為什麼會這樣想？」，一種聽起來是在質問，另一種聽起來是在關心，兩者的意義天差地遠。如果參與者作出與說話者的語氣、聲調、表情相呼應的反應，也是表示他在傾聽。

參與者是否在傾聽，也可以從他對於別人的非語言訊息的反應來看。有時表達的人完全沒說話，而是以非語言的形式表達。例如，有人沒

說話但故意用力的乾咳了兩聲，而參與者的表情對此有反應，也表示了他在傾聽非語言的訊息。

參與者對人傾聽代表他重視別人的參與。若是參與者傾聽，其他人就會感到受尊重而願意表達；若是參與者不傾聽，其他人表達的意願就會降低。

此外，傾聽是交流的基礎。如果所有人都忙著表達自己而沒有人在傾聽，那麼只會有形式上的談話發生。表面上看起來參與者之間有交流，但實際上是各說各話。這種談話結束之後，參與者的想法與談話開始之前相比不會有任何不同，談話也形成不了任何影響。所以，參與者傾聽他人的表達是談話的基本指標。

在線上虛擬會議裡，由於參與者相對上不容易觀察到其他人的表情與動作，所以較難感受到其他人的整體狀態。參與者傾聽非語言訊息的能力因此物理上的限制而降低，而明顯導致談話的有效性減低。所以在線上虛擬會議裡，引導者要加倍鼓勵參與者主動表達自己的狀態，來減少他們在互相傾聽上的困難。

C2(b) 基本指標：參與者理解他人的表達

此指標是指參與者除了傾聽之外，還要能理解他人表達的意思。傾聽後能夠正確地理解他人表達的意思，訊息才能真正傳遞，交流才能順利展開，才有機會互相激發與激盪出新的內容。如果傾聽後不能正確地理解他人，談話就會遭遇困難。

理解看起來容易，但實際上相當困難。例如實務上常見老闆陳述了一個目標，但團隊裡每個人理解的都不一樣。聽的人會在理解的過程加

入自己的假設與詮釋而不見得會去澄清，而導致理解的偏差。在牽涉利益或價值觀、帶有情緒或對人有成見的情況下，聽的人還會質疑他人發言的意圖或在心裡升起防衛心態，而很難真正理解他人的表達。

如果參與者試圖去理解他人的表達，你會看到他不只是態度隨便地聽。在聽的過程中，若是他不是那麼理解，他就會出現困惑的表情，甚至會提出問題去證實自己的理解對不對。如果參與者彼此都能互相理解，你會看到談話在每個人的表達之間互相銜接，談話一直有進展，不會經常需要停下來互相澄清表達的意思。

在非語言的訊息方面，理解非語言的訊息不是靠聽到的內容去判斷意思，而是要靠感知。例如上一小節所舉的「故意用力的乾咳了兩聲」的例子，意思可能是「提醒發言者不要再說了」或「我覺得太荒謬了，無法同意」。對於訊息的意思是什麼，每個參與者都會以自己的方式解讀。

由於「理不理解」是心理的認知活動，所以經常不容易從外顯的行為與反應中準確判斷。因此，引導者在判斷參與者是否理解時，經常需要主動向參與者確認。此外，「是否理解正確」不只是聽者的認知，還牽涉到發言者的認知。所以，引導者在判斷參與者是否理解正確時，經常需要向發言者及聽者雙方確認。

C3(d) 對話指標：**參與者主動確保自己理解他人的表達**

若這是一場對話，你會看到參與者在意自己是否清楚接收與理解別人表達的意思。當他傾聽但是感到不理解時，他會提出疑問向表達者要求澄清。

若引導者觀察到參與者有不理解他人表達的跡象，而又未見到他主動向表達者要求澄清時，即是可以介入的指標訊號。由於此指標的內涵是參與者要主動確保自己的理解，所以引導者介入的對象是接收訊息的人。也就是說，在表達者是以語言表達的情況下，引導者要向聽人說話的那個人介入，而非對發言者介入。

在澄清理解的過程中，當表達者感受到傾聽者是帶著「純粹為了理解」的動機傾聽時，他會感到被尊重而更加開放，因而更願意揭露自己的想法，也因此能夠促進對話發生。

而當傾聽者不是帶著「純粹為了理解」的動機去聽他人的表達時，就很難真正理解他人，而容易曲解他人。動機為「不純粹為了理解」去聽的情況，例如對於他人表達的目的有先入為主的假設、帶著挑毛病的心態去聽他人表達以便贏得談話、認為對方應該接受自己的立場而去聽對方的表達等等，都會讓參與者的理解傾向於滿足自己的需要，而非獲得對於表達者的真正理解。這種曲解會讓表達者感受到不尊重，因而傾向保留自己的想法不再分享，甚至會引發表達者的防衛反應，而阻礙對話發生。

若是有這種情況存在，你會觀察到傾聽者在向表達者澄清自己的理解時，加入了自己的假設。例如，傾聽者向表達者提問：「你剛剛說到你處理這件事情要採用這種不入流的方式的理由是什麼？」而迫使表達者在向傾聽者澄清自己的意思時，需要去回應傾聽者的假設。在比較明顯的情況，這些假設會成為澄清的焦點，甚至會出現指控與辯解。例如在本段的例子中，傾聽者自己所假設的「處理方式不入流」就成為表達者澄清與辯解的焦點，而傾聽者的回應可能是進一步地指控表達者不入流。在雙方開始攻防時，談話就已經往競爭的型態發

展，此時引導者需要儘快介入。

D. 與「探詢」有關的指標

D1(b) 基本指標：參與者詢問問題

此指標是指參與者在談話過程中會為了自己的需要而提問問題。例如，對於別人表達的內容，就自己感到不明白或好奇的地方向表達者提出問題來獲得澄清，或詢問話題中提到的人事物以收集資訊以增進自己對於話題的理解，或對別人的判斷或決定詢問原因等等。

在人際交流中，雖然人的探詢通常遠少於表達，但在正常的談話裡面，人還是會因為好奇或疑惑而詢問問題。參與者有疑問而不問，會影響談話有效進行。在有參與者表現出好奇或困惑而不詢問時，便是引導者即時介入的時機。

D2(d) 對話指標：參與者為增進洞見而詢問問題

若這是一場對話，你會看到參與者詢問問題不只是為了滿足自己的好奇或解決疑惑，而是希望能獲得洞見。所以他會向表達者詢問，希望能透過了解表達者的想法啟發自己。若是他想到可以幫助大家思考的問題，他也會提出來向大家詢問，希望能引發更多的洞見。

詢問問題比起單純的表達想法更能觸發或引動思考。因此，若是參與者很擅長問問題，第二章的「圓丘模型」中「效果層」的「理解」、「激發」、「激盪」、「融合」的效果就會很好。談話不但會有快速的進展，也能產生大量的內容。由於探詢比表達和傾聽還少見得多，所以引導者有很大空間作即時介入，邀請參與者彼此探詢，或由引導者自己作探詢。

參與者為了增進理解或洞見而提問問題，是基於第八章所介紹的相互學習的模式。這樣的模式能夠讓提問者自己更開放，問出一些自己也不知道答案的好問題。這樣的模式也能影響其他參與者作更多的揭露與探索，從而正向地打開更多的參與。但如果參與者是為了其它目的而提問，例如是為了評判人或故意給人難看而提問，通常就會帶有單方控制的模式，而引起其他參與者「戰鬥」或「逃避」的防衛反應。若是觀察到這種情況，引導者需要盡快介入，以避免談話往競爭的型態發展。

E. 與「回應」有關的指標
E1(b) 基本指標：參與者回應其他人

此指標是指參與者在談話中會回應他人。參與者的回應可能是對他人表達的內容的回應，例如補充、呼應、詢問、評價、挑戰其他參與者所表達的內容；參與者的回應也可能是對非語言的訊息的回應，例如對認可自己發言的人報以微笑，或與有同樣體會的人擊掌表示默契，或對搖頭表示不同意自己發言的人探詢原因。

回應的多寡在相當程度上取決於表達的內容，例如大家關注程度大或親身體會多的內容就會得到較多的回應。但另一方面，回應的多寡也取決於團體的特質。有些團體無論什麼人說什麼內容都有人回應，至少也會有刻意的視線接觸或點頭；但有些團體的回應就偏少，有人說話時大部分人不看發言者，也沒有動作，就保持沉默。此外，對話題的感受會影響談話的氛圍，而這也會影響回應的多寡。例如對於某些特別敏感或沉重的話題，參與者感受到回應若是不得體就會帶來較大的風險，這時回應可能變少。

參與者對彼此的回應愈多，表示參與者共同進行談話的程度愈高。我

們把談話的場域比喻為一個池子；每一次的表達或探詢比喻為在這個池子裡面投入一顆石子。在一個回應少的談話中，當有人投入一顆石子後，這個池子還是波平如鏡，看不出因為有人投入這個石子而有什麼改變。在一個回應多的談話中，當有人投入一顆石子，池子裡泛起的漣漪可能是一層又一層。同樣丟一顆石子所引起的效果的差別可以非常巨大。

如果再把談話比喻為煮一鍋湯，回應的作用就像點火為湯加溫。湯的溫度升高了，香氣飄散了出來，大家就會願意繼續往裡面丟材料。丟進鍋裡煮的材料愈多，湯煮出來就會愈鮮美豐富。放在談話的情境裡，即表現為團體裡的回應多了，氛圍熱烈了起來，大家就會投入更多的談話內容。投入的談話內容愈多，談話的結果就愈為豐富。所以，回應的多寡會返回來影響參與的氛圍，而最終影響到談話的結果。

如果不鼓勵大家對這一鍋湯加溫，氛圍起不來的話，那麼隨著時間過去，大家進行談話的意願也會降低。若是落到完全沒有回應的境地，談話可能就這樣結束了。所以，在引導談話時，要經常鼓勵參與者對彼此回應。

當然，回應過多也會造成一些問題。例如大家同時你一言我一語導致傾聽變得很困難，甚至迫不及待而三五成群開起小會來了，這時引導者也要有技巧地介入，讓交流在保持溫度的同時還能夠有效進行。

E2(d) 對話指標：參與者主動邀請其他人回應

若這是一場對話，你會看到參與者會主動邀請其他人回應他所表達的內容，因為他希望其他參與者除了理解他表達的內容之外，還能給他

反饋。此外，當其他參與者在他沒邀請的情況下給予回應時，他會展現出歡迎的態度，並不會排斥。

參與者之所以會這樣做，是因為他的觀念符合對話背後的假設：「沒有人擁有唯一對的答案。」為了發現真實或找出最優的解答，他會希望與其他人合作以找出答案。所以，他視自己表達的內容為待檢驗的假設，希望其他人能理解與幫助他作檢驗。

參與者的這些行為展現了開放的態度，這對其他人加入對話是很有力量的邀請。若是參與者自己沒有這樣的風格、能力或行為習慣，引導者可以適時介入，引導參與者向其他人邀請回應。引導者介入的效果或許不如參與者自己主動積極去邀請來得好，但這可以作為一個起點，讓參與者體會到他可以主動去做這件事情。

F. 與「防衛」有關的指標
F1(b) 基本指標：參與者在有防衛心態時仍能達成其它談話基本指標

防衛心態指的是將不同意見視為威脅，而覺得自己必須要積極地戰鬥或消極地逃避的心態。有防衛心態的參與者雖然關注談話，也會有表達、傾聽、探詢、回應，但他的語言及行為會顯得激進或保守，以攻擊他人或避免被攻擊。而這些行為又會引發他人的防衛反應，所以談話最後可能因此落入參與者互相攻擊與逃避、各方只爭輸贏、讓談話難以進行的境地。防衛心態我在〈第十四章、幫助參與者因應防衛的即時介入〉還會詳細說明。

在談話裡，防衛心態相當常見。當你覺得談話的氣氛不太對勁的時候，例如有人開始互相拌嘴、抬槓、挖苦、說話酸溜溜，甚至責怪、

爭執、吵架、強迫他人接受自己的意見時，通常就是有防衛心態在作祟。防衛心態所呈現的行為也可能不那麼明顯，例如沉默不說話、皮笑肉不笑、表情僵硬等。很輕微的防衛心態在表面上看不出來，只能從很細微的線索推斷，例如有參與者堅持某個觀點但不說原因，或當有人詢問原因時就轉談別的話題。

所以，關於防衛的指標與前面幾個方面的指標不同。前面幾個指標是我們期望要有的情況或行為，但防衛心態是我們不希望有的。由於基本指標是指無論是哪一種型態的談話都基本能有效進行的指標，所以關於防衛心態的基本指標即是防衛心態縱使存在，但至少還不會讓談話無法進行。也就是其它方面的基本指標在大體上都還能達標的情況。

F2(d) 對話指標：參與者主動避免引起他人的防衛

若這是一場對話，你會看到參與者不只關注談話的內容，還關注談話進行的方式。他會主動去察覺談話裡升起的防衛反應及存在的防衛心態，以及它們對談話的影響。落到行為上，他會留意自己的語言與行為，避免引起別人的防衛反應或刺激別人既有的防衛心態。

這並不代表參與者一定會為了避免引起他人的防衛，就不去談該談的內容。而是在需要談敏感的高風險話題時，他會以儘可能避免引起防衛的方式展開談話。你會看到他放慢語速以斟酌用詞、在說到可能會讓人聽了不舒服的內容時事先或事後道歉，或刻意以言語或行為向可能因為他的發言而有防衛反應的人表達尊重。

參與者的這些行為展現了尊重的態度，讓其他參與者感受到他在乎他們的感受。其他參與者就有可能因此降低了防衛反應及防衛心態，而

讓對話能夠發生與持續。

F3(d) 對話指標：參與者主動察覺與試圖降低自己的防衛心態

若這是一場對話，你會看到參與者不只主動避免引起他人的防衛，並且也試圖去降低自己的防衛心態。

你會看到參與者縱使處在很容易產生防衛的處境中，他也不會因此就輕易發生防衛反應或陷入防衛心態裡，而是願意跟其他人分享他進行談話的困難。並且即便處在這樣的困難之中，他仍努力讓談話維持正面與具有建設性。例如有人對他使用了非常具有攻擊性的語言，他不會因此被激怒，而是以表達他的感受及他想要的談話方式來回應這些攻擊。又如，縱使他迫切地希望其他人接受自己的意見，他也不會攻擊他人的意見或逼迫他人接受，而是表達他的期望並盡力溝通，以讓他人理解他如此主張的理由。

參與者的這些行為展現了開放的態度，讓其他參與者感受到他在溝通上的努力。他不僅阻斷了可能因為防衛行為互相刺激升溫而引發的敵意與對立的上升螺旋，甚至可能影響其他人一併降低了防衛反應及防衛心態，而讓對話能夠發生與持續。

運用指標持續關注與解讀狀態

在判斷參與者是否正有效地進行一場談話時，這六方面的指標要綜合起來判斷。也就是說，不見得「每一個人」都要達成「每一個基本指標」才算正在有效地進行談話，或都要達成「每一個指標」才算正在有效地進行對話，而是要依整體的情況來看。有時候團體中某些人沒有表現出當中的某些行為，談話還是依然進行得很有效。例如有些人天性就比較安靜沉默，

所以他的表達與回應比較少，但這不表示他沒參與在談話裡面，談話給他帶來的感受與啟發有可能並不比說話多的人少。又如有些人少說話是因為他覺得基於自己的身分或內容的敏感度，在這個話題上不適合多說，但他還是高度關注與傾聽所有人的發言，所以這個人不說話也不代表他就沒參與在談話裡面。

進一步而言，在引導時，你需要關注的不只是個別參與者，還需要關注整個團體。因為有時雖然每個參與者的參與都挺好，但整個團體的談話情況並不好。例如大家都暢所欲言，但因為太多人同時說話，所以很難聽清任何一個人說話的內容。有時，你還需要關注次團體，因為他們可能有其他人沒有的參與狀態，例如公司裡職級較低或較少參與會議的參與者較不敢表達。你能看到的愈多，就愈有機會能幫助團體進行更好的談話。

此外，除了你自己作為引導者關注談話狀態之外，你也可以喚起團體對於談話狀態的注意力，讓他們關注他們自己交流的情形。這是很重要的技巧。當參與者能夠主動關注與自行調整談話的進行狀態的時候，你的引導就會順利及輕鬆很多。若是他們因為這樣而開啟了「關注交流過程」的意識，你甚至能夠與他們一起商量在會議流程上的考慮與決定。

當你看到某些與指標有關的行為或現象，而認為他們的談話有機會變得更好的時候，即表示你感受到運用技能介入的時機了。至於你能不能夠準確判斷某個指標是否具足或欠缺，則有賴你自己的引導經驗與臨場時的覺察能力。若是你發現自己沒把握判斷，那麼表示對你而言光是以看書的方式學習是不夠的。你要考慮去參加課程，在有經驗的引導者的指導下做一些練習。

以談話有效性指標來看引導者角色

引導者在引導時，雖然不是參與在談話之中，但也同樣有關注、表達、傾聽、探詢、回應、防衛這六個方面的行為與狀態。但由於引導者的角色是在交流過程上提供幫助，而非在內容上參與交流，所以指標也不一樣。以下，我就借用這六方面的分類，來介紹引導者在引導時應具備的行為。

一、與「關注」有關的指標

引導者關注參與者的狀態

引導者關注參與者交流的狀態。引導者藉由觀察參與者在關注、表達、傾聽、探詢、回應、防衛這幾方面的表現以及判斷是否有達到指標，以決定是否應該介入以幫助談話的進行。

引導者也關注參與者本身的狀態。例如在有會議目標要達成的引導中，引導者會觀察參與者的體力或精神狀況。若是他觀察到參與者已經太累了，他會調整流程，以幫助參與者回到能進行會議的良好狀態。

引導者也會關注參與者對於流程及引導方式的反應。如果他觀察到參與者覺得流程或引導方式無法很好地幫助他們交流，那麼他就會思考怎麼調整以作更好的引導。

引導者關注談話的內容

引導者關注談話的內容。引導者關注談話內容的目的並非要加入談話，而是一方面作為理解參與者參與狀態的輔助以進行「幫助交流的即時介入」，另一方面觀察內容的交流在聚焦、廣度、深度、全覽

這些方面是否達到指標，以判斷是否應該進行「豐富內容的即時介入」。

引導者藉由關注談話內容，也可以感知參與者所交流的內容是否如他設計引導的流程時的預期，因而可以判斷實施流程的方式與節奏是否需要調整，以及是否需要更改流程的設計。

引導者關注自身的反應

引導者在對外關注參與者狀態與談話內容時，同時也關注他自己對這些外在動態的反應。內在的反應能夠為引導者提供很好的線索，以提醒引導者解讀現在的情況，以及判斷是否需要介入。

例如，引導者觀察到在某個人發言時，有幾個人露出了不以為然的表情。此時，引導者心裡對此感到奇怪，開始特別留意發言者所說的內容以及這幾個人的反應。發言者接著開始升高音量並直視著這幾個人，把剛剛說過的內容又再強調了一次。同時，那幾個人之中坐得近的三三兩兩私語了幾句。引導者看到這不尋常的現象後，意識到自己有點焦慮。於是他對自己的焦慮作出回應，開始考慮介入的可能性及介入的方式。發言者說完之後坐了下來。引導者這時感到緊張，他雖然對情況作了評估但還沒決定是否要介入。於是，他特意集中自己的注意力觀察接下來幾秒鐘發生的事情。發言者坐下來之後，視線仍然看著這幾個人沒有轉開，而這幾個人的表情十分不自在，現場一時沒有人發言。幾秒鐘過後，引導者內心由緊張變為篤定，他決定要介入。

上面這個例子所描述的情況，是在引導現場引導者身上不斷發生的故事。引導者內心的直覺以及情緒反應來自於引導者過往的經驗。當引

導者觀察到與過往的經驗類似的情況時，引導者的內在系統不待他思考，就立刻生成內在反應，提醒他這裡需要注意。如果引導者留意他內心的這類訊號，引導者就能思考及決定他的介入策略。但如果引導者不去關注自身的反應，那麼就會錯失很多應介入或可介入的機會。

二、與「表達」有關的指標

引導者表達以作即時介入

引導者的表達不是在貢獻內容，而是在為交流的過程提供協助。其中進行「即時介入」時所作的表達是為了完成介入工作，以幫助交流的進行或豐富交流的內容。

引導者表達以實施引導流程

引導者的表達除了作即時介入之外，還有為了實施引導流程而作介入，例如介紹流程、提問焦點問題、告知進行的步驟等。

引導者表達以溝通自身角色與會議流程

當參與者對引導者角色或會議流程有疑問而提出來討論時，討論的內容就已經不是會議主題範圍內的內容。雖然這個討論會佔用會議時間，但它並不屬於引導者預定要引導的會議。此時，因為引導者是這件事的當事人，所以在討論這件事時，引導者就不再是引導者，而成為了參與者。引導者作為提供參與者服務的人，必須要參與討論服務本身。雖然討論的內容已經超出原本會議的範圍，但這也屬於引導者在引導現場必須作的表達。

三、與「傾聽」有關的指標

引導者傾聽參與者的交流

引導者傾聽參與者交流的內容並達到足夠的理解，以幫助自己作即時介入及實施引導流程的決定。例如，引導者聽到全部發言都集中在一個較小的點上，因此決定即時介入以幫助參與者擴大討論的廣度。又如，引導者聽到參與者討論的內容比他原來所預計的要深入，可能需要在這個內容焦點上多用點時間，所以決定調整後面的流程，以提供給這個流程段落更多可以運用的時間。這種介入有比較多是屬於後面章節介紹的「豐富內容的即時介入」及「引導流程的實施」。

引導者也傾聽參與者交流的狀態。這方面的傾聽可以擴大解釋為包含了對於參與者的視覺觀察。參與者的表情、動作、聲音、語調都能提供關於參與者狀態的大量訊息。例如一個人怒目圓睜、大聲說話後，另一個人目光閃躲、顫抖著說話，可能隱含了他們之間的權力關係與潛在衝突。

引導者傾聽自己內心的聲音

引導者面臨困惑或抉擇、猶疑不決的時候，需要傾聽自己內心的聲音。在引導現場應對變化的時間通常很短。引導者在考慮如何回應與處理事件時，除非剛好是在分組進行流程的時間或休息時間，否則現場正在進行的會議流程就會停下來，所有人都在等候引導者的決定。若可能需要介入的事件是發生在全體參與者共同進行討論的流程裡，則介入的時機稍縱即逝，完全不會有等候引導者慢慢作決定的時間。在時間壓力之下，引導者若又處在無法清楚判斷適當作法的情況下，心理壓力就會特別巨大。

要能在心理壓力巨大的情況下仍能適當應變，引導者需要能傾聽與處理內心的聲音，以迅速調整自己的狀態。將內心裡造成壓力的慌亂聲音當作提醒並緩和它，讓心境能夠放鬆下來，然後自己的注意力才能放在理性的內在對話上，專注作好分析與判斷。能傾聽自己內在的聲音，是能運用自己內在資源的前提。

四、與「探詢」有關的指標

引導者對內容作探詢

探詢是引導者引導參與者表達的介入方式。探詢通常是顯性的提問，但也有許多時候是隱性的邀請，例如以眼神邀約、以手勢邀約，或在團體沉默時刻意不作介入以讓思考持續醞釀與發酵。

探詢正好介於內容與流程之間。引導者在探詢時，屬於流程上的介入；引導者在探詢的表達上，尤其是顯性的提問，則是在提問的問題上觸及了內容，但又未向參與者提供內容；在介入的結果上，則是引出了參與者對於內容的表達。所以，探詢是引導者主要的介入方式。

探詢可以事先設計在流程裡，成為流程的重要元素。例如設計一系列引導者用來向參與者提問的焦點問題，用以創造討論焦點。引導者依序提問焦點問題，就可以引導參與者有層次、有順序地思考與交流，以達成會議目標。這在〈第二十五章、流程的重要元素：提問〉中有詳細的介紹。

引導者對參與者狀態作探詢

引導雖是在幫助交流，但最根本的目的是服務人。把人服務好，才會有高品質的內容上的交流與產出。所以，特別是在有特定目標要達成

的引導中，引導者經常會向參與者探詢狀態，以確認參與者的體力、精神及參與情況是否良好，以作為調整流程或引導方式的依據。

五、與「回應」有關的指標

引導者在流程上作回應

引導者不貢獻內容，所以僅在流程上作回應，例如回應參與者對流程步驟的詢問、回應參與者對於澄清焦點問題的請求，回應參與者對於延長分組進行流程的時間的提議等。

若是有參與者向引導者詢問關於內容的問題，引導者必須邀請參與者自行思考，不能給答案，否則就無法保持在內容上的中立。若是給了答案，參與者可能因此不再視引導者為引導者，而將他視為顧問、老師等別的角色，而導致引導者難以扮演好角色。此外，不同意引導者的答案的參與者可能因此不再願意接受引導者的引導，而更進一步加重引導者扮演好角色的困難。

六、與「防衛」有關的指標

引導者覺察與降低自身的防衛

引導者體認到自己是一個幫助者，所以沒有必要防衛自己。如果他自己的意見與參與者不同，他會把它視為資源，用來引發他的好奇。他會運用這份好奇來判斷自己需要引導參與者探索的方向。他體認到自己不需要在內容上與參與者競爭，所以他可以保持在幫助者的角色上，持續進行引導工作。

若是引導者在他的角色上受到參與者的挑戰，引導者也不防衛自己。

作為一個幫助者，引導者誠實而透明地表達自己提供幫助的意圖，幫助參與者在擁有充分資訊的情況下作出是否接受幫助的決定。若是參與者決定不接受幫助，引導者也不會勉強他接受幫助。

本章介紹了判斷談話是否有效進行的指標，以作為判斷是否作即時介入的參考。從下一章開始即是對於實際操作技巧的介紹。

第十章　幫助參與者「關注」的即時介入

「關注」是「談話有效性指標」的其中一個方面的指標。本章介紹幫助參與者關注談話的即時介入技巧與相關的觀念。下圖是這些指標與技巧的概觀。前面有數字編號的是技巧名稱。我為技巧編號以方便識別與引用技巧。

(b)：談話有效進行的「基本指標」
(d)：對話有效進行的「對話指標」

幫助交流的
即時介入

第三部

A. 關注

第十章

A1(b) 參與者關注談話

—A1.1 邀請參與者表達、傾聽、探詢與回應彼此
—A1.2 主動關心參與者情況
—A1.3 對「參與者持續不關注談話」的多層次介入
—A1.4 保持清楚的談話主題
—A1.5 改變參與者的交流方式
—A1.6 引導參與者互動與連繫以開啟交流
—A1.7 調整環境或排除環境中的干擾
—A1.8 與參與者協商參與會議的時間
—A1.9 提高談話的安全度
—A1.10 邀請參與者協助進行會議

A2(d) 參與者關注彼此的互相理解

—運用 C 的技巧

A3(d) 參與者關注談話進行的方式

—A3.1 運用幫助交流的提問以喚起注意
—A3.2 嘉許關注談話進行方式的行為
—A3.3 邀請反思
—A3.4 建立行為規範

「參與者關注談話」指標的獨特性

「關注」本質上是人內在的狀態，所以與「表達」、「傾聽」、「探詢」、「回應」等其它幾個偏向行為的觀察指標比較起來，它具備了以下三個方面的獨特性。

判斷的獨特性

「關注」不見得有外顯而容易觀察的行為可以判斷。當參與者表現出顯性的行為的時候，是比較好判斷的。例如，當參與者在談話內容上有表達、傾聽、探詢、回應等行為時，就表示他關注談話；當參與者做自己的事、找旁邊的人聊天、持續待在聽不見談話的位置時，就表示他不關注談話。

但沒有這些外顯的行為，並不代表參與者就不關注談話。一個不說話而且沒任何表情、動作的參與者，仍可能非常關注談話。所以引導者在對於「關注」的判斷上，有比較大的模糊性，經常沒有明顯的訊號可供引導者作明確的判斷。在沒有明顯訊號時，引導者就需要主動關心參與者情況，才能探知參與者在「關注」這個指標上的情況。

介入的獨特性

在「介入」方面，由於「關注」是內在的狀態，而內在狀態較難作為介入的標的，所以對於「關注」的介入其實大部分是對於行為的介入。例如，因為參與者有表達、傾聽、探詢、回應等行為就代表了他關注談話，所以引導者要提高參與者的「關注」，從鼓勵與幫助參與者的表達、傾聽、探詢、回應等行為著手，會比較容易；又如，當參與者有做自己的事、找旁邊的人聊天、持續待在聽不見談話的位置等這些行為時，引導者是對這些行為作介入，而非對「不關注」的狀態

作介入。

在對於「不關注」作介入時，還有一個獨特性。「不關注談話的行為」若是持續存在，通常就不是偶發的不關注，而是由某個特定原因造成的不關注。若是那個原因還在，「不關注」的狀態與其衍生的行為就會存在。縱使對行為介入，同樣的行為之後還是會重複發生，或轉變成其它不關注的行為。所以在對「不關注」作介入時，經常不是對行為本身作介入，而是更進一步對引起行為的原因作介入。

預防的獨特性

參與者是否「關注」談話受談話或會議背景條件的影響特別大。這些背景條件，例如會議目標、參與者的人選、談話的主題、環境的物理條件等，在談話或會議開始前就應該要有適當的安排。若是有適當的安排，參與者「關注」談話是自然會發生的事情，引導者正常引導參與者表達、傾聽、探詢與回應就可以。若沒有適當的安排，參與者就會處於「不關注」的狀態，而有各種不關注談話的行為出現。這些未適當安排的背景條件即是前述所提到的「持續存在的原因」。因此，對「關注」這個指標的介入重點，會偏重於探查與處理「不關注」的行為背後的原因。而且由於屬於背景條件的原因有很多並不是引導者角色的權限所能決定或改變的，所以引導者經常無法獨力依靠自身的直接介入去消除或減緩這些原因，而必須採取間接介入的方式，請能夠決定背景條件的人處理。

由於「關注」指標的這方面特性，所以「不關注」的問題幾乎只會發生在「為達成特定目標的引導」上，而不會發生在「單純幫助交流的引導」上。對於沒有特定目標要達成的「單純幫助交流的引導」而言，談話主題及環境都是在談話時隨興給定。當大家都不關注談話

時，談話就自然終止，不會有什麼「不關注」的問題需要處理。但對於「為達成特定目標的引導」而言，會議的背景條件就要有預先的安排，會議才能達成特定目標。若沒安排好，引導者就會需要在會議中即時介入以處理「不關注」的問題。

關於會議的背景條件的安排，你可參考〈第五部：會議的籌備與安排〉中的內容。

從下一節開始的內容，即是有助於達成「關注」各指標的技巧的介紹。

即時介入以幫助「參與者關注談話」

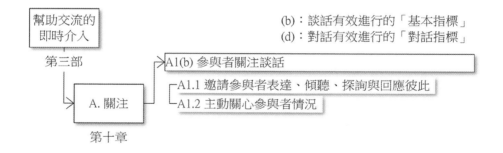

A1.1 邀請參與者表達、傾聽、探詢與回應彼此

由於在引導過程中，每一次的介入都有提醒參與者關注談話的作用，所以參與者關注談話是常態。縱使參與者偶爾因為走神或把注意力放在其它事情上而不關注談話，只要使用後面章節介紹的「B1.2 鼓勵發言」或「C1.1 請求傾聽」這一類介入技巧，就能幫助他回到關注談話的狀態。

A1.2 主動關心參與者情況

在參與者沒有明顯不關注談話的跡象時，你也可以使用「A1.2 主動關心

參與者情況」的技巧，以探知可能影響參與者關注談話的情況是否存在，並對談話的進行方式作必要的調整，以預防參與者不關注談話。此外，主動的關心會讓參與者對你有好感，讓他們比較願意告訴你不關注談話的原因，以及較願意與你一起合作以處理這個情況。所以這個技巧對於潛在的情況有早期發現、早期處理、防止惡化的效果。

你可以每隔一段時間，例如在談話或流程告一段落時，詢問參與者參與情況。例如，你可以問：「大家覺得現在討論進行得如何？」、「大家精神狀態怎麼樣？」、「討論的節奏會不會太快或太慢？」、「討論的方式還可以嗎？」以上這是舉例。每次介入都挑一兩個問題問就好，不需要一次問太多，否則會讓參與者覺得你不是在關心他們，而是在擔心他們出了什麼狀況。這樣反而會傳達給參與者負面的感受。

參與者可能有各種反應，例如：「還不錯，可以繼續下去。」、「我累了，精神不能集中。」、「我覺得討論的步調太快了，很難跟上。」、「我覺得這樣討論太亂了，我都記不住有哪些意見。」根據參與者的反應，你就有機會察覺是否需要作更多的介入或流程的調整，以幫助參與者能保持關注談話。

若是需要調整談話進行的方式，你可以自行決定如何調整，或與參與者協商如何調整。例如，你可以說：「不如我們休息十分鐘吧，大家覺得呢？」、「要不我們步調放慢一點。小龐，剛剛步調太快讓你有什麼地方不清楚嗎？我們可以跟你說明一下。」、「還有人記不住有哪些意見嗎？不如我們先把幾個主要意見列下來，如何？」

萬一你想不到怎麼調整，你也可以邀請參與者提議調整方法。例如小韋說：「我覺得這樣討論太亂了，我都記不住有哪些意見。」那麼你可以問

小韋：「我們可以調整進行的方式。你有怎麼調整的建議嗎？」也可以問其他人：「大家對於我們如何調整進行討論的方式有什麼建議？」

這個技巧是用在沒有明顯「不關注談話」的情況時對參與者探知情況。如果參與者已經有明顯的「不關注談話」的情況時，你就要使用「A1.1 邀請參與者表達、傾聽、探詢與回應彼此」或A1.3到A1.10的「參與者持續不關注談話」的情況的介入技巧了。

即時介入以處理「參與者持續不關注談話」的情況

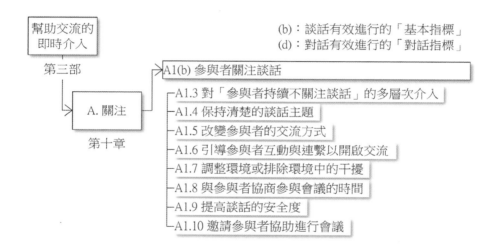

雖然處理「參與者持續不關注談話」的情況也屬於幫助「參與者關注談話」這個概念，但它位在另一個層次上。幫助「參與者關注談話」的情況，是參與者基本上願意關注談話，只是因為某些原因而暫時不關注談話。但另外有些情況會讓你覺得參與者並不只是暫時不關注談話那麼簡單。他不關注談話的行為一再發生或十分異常，讓你覺得他真的就是對參與談話沒興趣。這種異常的情況即是「參與者持續不關注談話」。

由於對於許多「參與者持續不關注談話」的情況，引導者就情況本身作介入是無效的，而必須要找出原因，再針對原因處理，所以它的介入有多個層次。以下我先介紹多層次介入的方式，再介紹對於原因作即時介入的幾個常見技巧。

A1.3 對「參與者持續不關注談話」的多層次介入

在你使用了A1.1與A1.2的「幫助參與者關注談話」的即時介入技巧後，若是參與者不關注談話的行為仍然持續、過不久就再度出現，或轉變為另一種不尋常的行為時，就表示你必須要針對持續不關注的行為作介入了。這一方面的介入不只對情況作介入，還可以進一步對原因作介入，所以是多層次的介入。

步驟一、了解情況

在不同的情況裡，參與者可能展現出類似的行為。例如參與者盯著牆上的資料看，可能是在發呆，也可能是在專注思考。所以，首先需弄清楚這個行為是否屬於「不關注」的情況。你可以用「Z.4 了解情況」的技巧來弄清楚情況。

例如，你可以說：「我看到你剛剛搖了搖頭。怎麼了嗎？」、「我看到大家似乎都開始做起了自己的事，所以想了解一下現在的情況。發生什麼了嗎？」或「我看到你開始使用電腦。發生了什麼情況嗎？」

然後，從參與者的回答判斷他的行為是否是由不關注談話而導致。屬於「不關注」的情況才適用本章的介入技巧。

·例如若答案是這樣的：「沒什麼，我只是不太認同剛剛那個人

的說法。」、「剛剛客戶那兒發生一個情況，我們需要上線回應一下，一分鐘後就好。」或「我覺得現在正在討論的內容很重要，我想要記錄下來。」那麼他們還是關注談話，所以你不用特別在「關注」上作介入。

· 但若答案是這樣的：「我說話一直被他們打斷，所以我沒辦法跟他們討論。」、「我們不認為談這些有用。」或「我有個重要文件要做，因此雖然我想參加會議但參加不了。」即表示他們已經不關注談話了。

對於已經不關注談話的參與者，如果你認為就情況本身作介入有效，就對情況本身進行介入；如果你認為就情況本身進行介入不會有效，就探查造成情況的原因，之後對原因進行介入。

步驟二、對情況進行介入

如果你認為就情況本身作介入有效，就對情況本身進行介入。以「我說話一直被他們打斷，我沒辦法跟他們討論。」這個情況為例，要改變的是「打斷別人發言」的行為。短介入與長介入的方式如下。

短介入

你可以邀請這位參與者發言。如果再度出現他被別人打斷發言的情形時，馬上打斷「打斷者的發言」，然後進行短介入，以讓原來發言的人把話說完。例如對打斷者說：「請等等。讓他說完。他說完就該你。」然後請原來的發言者繼續說話。

長介入

以同一個例子為例，你在打斷「打斷者的發言」之後，先說明介入理由：「我注意到他話還沒說完你就打斷了他說話。如果我們互相打斷，就沒有人能完整表達。」然後提出建議：「我請他儘快說完，然後輪到你，好嗎？」

如果已經有好幾個人都打斷過別人說話，你也可以這樣建議：「我建議接下來我們都聽人完整把話說完，讓我們都有完整表達的權利。大家覺得這個建議如何？」這樣的建議可以幫助參與者建立共同遵守的行為規範。〈第七章、即時介入的基本技巧〉中的〈Z.9 建立行為規範〉那一節有關於建立行為規範的詳細步驟說明。

若是你對情況作介入後發現情況仍沒有改善，或是從一開始你就判斷對此情況作介入並無法改善此情況，那麼你就進行以下的「探查造成情況的原因」。

步驟三、探查造成情況的原因

「不關注」的情況持續存在，通常是因為有特定原因導致了此情況。若這個原因沒有消除或減緩，參與者的行為就會重覆發生，或轉變成另一個不關注的行為，所以必須要探查原因。

探查原因有兩種方式，分別是〈第七章、即時介入的基本技巧〉中介紹的「Z.6 對情況確認原因」與「Z.7 對情況探查原因」。

例如，參與者都開始做自己的事。在你向他們了解情況時，他們告訴你：「我們不認為談這些有用。」以這個情況為例，兩種探

查方式如下。

對情況確認原因

若你認為自己已經知道原因，那麼你可以用「Z.6 對情況確認原因」的介入技巧，向參與者確認你所認為的原因是否真實。例如，你可以說：「是因為你們以前開這類會議的結果沒被重視嗎？覺得是的人請點點頭。」

對情況探查原因

若你不那麼確定原因是什麼，那麼你可以用「Z.7 對情況探查原因」的介入技巧，請參與者告訴你原因。例如，你可以提問：「你們不認為談這些有用的原因是什麼？」

或者，你可以進行原因的調研。例如你可以設計以下的選擇題進行調研：「我不認為談這些有用是因為：1. 以前開這類會議的結果沒被重視 2. 大的策略方向沒定，談這個太早 3. 預期會議要產出的成果不實際，沒有執行可能 4. 我有其它原因。」

這兩種介入方式還有一些不同作法。你可參考〈第七章、即時介入的基本技巧〉中的說明。

請留意，若是你沒經過「步驟一、了解情況」與「步驟二、對情況進行介入」就直接進行「步驟三、探查造成情況的原因」，那麼你要從可觀察到的情況去找原因，而不是從你所猜測的原因去找原因。以前面「參與者都開始做自己的事」這個例子為例，你要找的是「參與者都開始做自己的事」的原因，而不是「以前開

這類會議的結果沒被重視」的原因。這是因為你可能猜錯原因，所以如果你從你猜測的原因去找原因，就容易因為持有先入為主的假設而找錯方向。

步驟四、對原因進行介入

在確定了參與者不關注談話的原因之後，你就可以針對原因作處理了。若是能消除或減緩原因，不關注談話的行為就會緩和或改變。

我用以下表格列出幾種常見的原因。請注意這些是「參與者不關注談話」的原因。因此，若是你後來發現這個情況與「不關注談話」無關，那麼你就不會在這個表格裡找到它的原因。此外，表格中的原因也不是完整的清單，在實務上你可能還會碰到其它原因。

	原因	可預防	現場對策
1.	參與者不清楚現在正在談的主題		即時介入
2.	現場的交流方式讓他無法關注談話		即時介入；運用、調整或改變流程
3.	環境的設置或干擾讓參與者無法關注談話	V	即時介入；運用、調整或改變流程
4.	參與者當下有其它更重要的事情要做	V	即時介入；運用、調整或改變流程
5.	參與者談這個話題對他有風險	V	即時介入；運用、調整或改變流程；幫助客戶扮演好角色

	原因	可預防	現場對策
6.	參與者感到這個主題太困難而無法持續關注	V	運用、調整或改變流程；請求客戶協助
7.	參與者認為在這個場合不需要談這個主題	V	運用、調整或改變流程；請求客戶協助；幫助客戶扮演好角色
8.	參與者並非自願來參加這個談話，所以根本沒興趣	V	請求客戶協助；幫助客戶扮演好角色
9.	參與者認為就算談出結果也不會有用	V	請求客戶協助；幫助客戶扮演好角色

表10-1：「參與者持續不關注談話」的原因與對策

你或許已經留意到，在前面調研的例子中所使用的選擇題「以前開這類會議的結果沒被重視」、「大的策略方向沒定，談這個太早」、「預期會議要產出的成果不實際，沒有執行可能」，都屬於表格中的「9. 參與者認為就算談出結果也不會有用」。

由於在「不關注」的情況中，很多情況都是因為背景條件沒適當安排所引起，所以你可以看到表內這些原因中，有很多可以透過會議前較完善的籌備與安排來預防它發生。有些原因難以透過即時介入處理，而必須要透過其它方式處理，例如調整流程的實施方式、改變流程、請求客戶的協助、幫助客戶扮演好角色等方式。這些作法的介紹，請見〈第六部、引導流程的設計〉及〈第三十五章、處理流程無法順利實施的情況〉。

雖然造成參與者持續不關注談話的原因中，有許多必須透過調整流程或間接介入才能處理，但仍有一些原因可以採用即時介入處理。以下從A1.4到

A1.10即是幾個這方面常見的即時介入技巧。

A1.4 保持清楚的談話主題

若參與者不清楚現在正在談的主題，自然無法關注談話。這時候，你可以作以下介入，用清楚的主題把參與者的注意力拉回來。

步驟一、說明介入理由

你可以先說明介入理由，例如：「我觀察到大家現在發言不多，而且發言內容不是很聚焦，我猜測可能是因為主題不夠清楚。」

步驟二、聚焦回主題

然後再聚焦回主題及邀請發言，例如：「我重述一下主題讓它更清楚一點。我們現在討論的主題是『新產品的定價』。大家對於新產品的定價有哪些看法？」

或者，如果你已經為這段討論設計了焦點問題，那麼重複提問焦點問題也是很好的作法。

A1.5 改變參與者的交流方式

參與者的交流方式也會造成參與者無法關注談話，例如大家互相打斷以致於無法聽懂每個人的發言、談話的節奏太快讓人跟不上、用了太多專業術語讓人無法理解、參與者三三兩兩開小會導致大家不知該聽誰發言等。這些各種各樣的交流動態都可能讓參與者感到無所適從或失去耐心，最後放棄關注談話。

若是你發現參與者不關注談話是因為交流方式造成的影響。你可以採用以下的介入方式。

· 運用接下來幾章中幫助參與者「表達」、「傾聽」、「探詢」、「回應」的各種介入技巧，在參與者交流的過程中即時介入，以幫助交流。

· 如果交流動態是由明顯的幾個行為所導致的，可以幫助參與者建立行為規範，讓參與者自律改變行為。具體步驟請參考〈第七章、即時介入的基本技巧〉中的〈Z.9 建立行為規範〉那一節。

· 除了即時介入的技巧之外，你也可以調整流程的實施方式或改變流程，以改變參與者交流的方式。例如以板書的方式記錄討論內容以控制節奏及方便參與者提問，又如分組討論不同話題再回來分享成果等。

A1.6 引導參與者互動與連繫以開啟交流

若是參與者對彼此或對談話主題不熟悉，因而一直交流不起來的話，很快就會失去對談話的關注。你可以在談話一開始時就引導參與者進行一些互動，以建立起參與者間足夠的關係或引發他們對主題的初次發言，來開啟交流。

例如，一開始讓大家都能開口簡單地寒暄，讓不認識的人有機會介紹自己、認識的人有機會聊一下近況、熟悉的人分享一下參加談話的心情與期待等等。或者，你可以帶一些破冰的小活動，或邀請每個人分享對於談話主題感興趣的部分，在一開始就活絡一下氣氛。關於這些作法，你可以參考〈第二十二章、引導流程的常態安排〉中〈破冰或暖身活動〉那一節的內容。

藉由這些作法，儘早讓參與者形成一個「我們」的場域，自然能把參與者

吸引住，幫助他們保持對於談話的關注。

A1.7 調整環境或排除環境中的干擾

談話環境的最基本條件，是要能讓參與者聽得見彼此說話，而且要能聽得清楚、不費力。若是不能做到這一點，就要調整環境或排除干擾。

在線下實體會議中，參與者聽不見彼此通常是因為物理距離太遠或座位面對的方向不對。這可藉由調整桌椅的位置及方向或運用麥克風來放大音量，讓情況獲得改善。若桌子不是那麼需要，可以撤到旁邊，只留下椅子。需要許多人一起討論的時間如果不長，甚至可以讓參與者站著討論，而不用椅子。在線上虛擬會議中，因環境而聽不見彼此通常是設備或連線的問題，必須就個別問題排除障礙。

環境中有第三者干擾的情況，例如持續有附近施工的噪音、經常有與會議不相干的人進出會議室、參與者的同事經常把參與者叫出去商量事情等，都必須與相關人員積極協商以避免干擾重複發生。

若物理環境的缺失沒有辦法在會議現場彌補，就只能由聽得到的人不斷「轉播」給聽不到的人，或中斷會議另行安排場合繼續。由於這些臨場處理的作法都很費時費力，而且影響會議效果，所以最好能夠事先作好預防。例如，事先設計好每一段會議的桌椅擺放方式、設置足夠的麥克風、事先測試設備的連線、為參與者提供會議所使用的軟體的培訓、向場地單位詢問可能的干擾源以事先協商如何預防干擾等。關於會議前的準備，你可參考〈第二十一章、引導前的籌備工作〉的內容以及〈第二十二章、引導流程的常態安排〉中〈安排適當的物理空間〉那一節的說明。

A1.8 與參與者協商參與會議的時間

干擾參與者關注談話的一個常見情況,是參與者認為他當下有比參與談話更重要的事情需要做。他會轉而關注那件更重要的事情,例如不斷地回訊息、打電話、用電腦。對於這種情況的介入方式如下。

步驟一、區分情況

首先必須要探知參與者是否有意願關注談話。區分參與者是否有意願,可以幫助你決定適當的介入技巧。

若參與者有意願關注談話,只是不得已必須要關注別的事情,那麼你可以採用以下的「與參與者協商」的介入技巧。以本章前面的「參與者開始使用電腦」的情況為例,若他的回答是「我有個重要文件要做,因此雖然我想參加會議但參加不了。」這即是有意願關注談話的情況。

但若同樣一個例子,參與者的回答是:「我有個重要文件要做。我覺得開這個會是在浪費我的時間。」即表示他從根本上就沒有意願關注談話了。那麼,即使你使用下一步的「與參與者協商」的技巧也極可能不會有用,頂多只能得到他勉強的配合。因此,最好再繼續探查讓他覺得「開這個會是浪費時間」的原因,並根據原因作介入。

步驟二、與參與者協商

既然參與者有意願關注談話,那麼你可以與他協商,將關注會議的時間與處理別的事情的時間錯開。若是能協商出理想的安排,那麼他就不但能參與到會議中他需要參與的部分,也能把另一件他需要關注的事情完成。這步驟的作法如下。

1. 說明你的意圖

首先，你要向參與者說明你想與他協商時間的意圖。例如：「我明白你有重要的文件要做，所以無法完全將心思放在會議上。但這個會議必定對你也很重要，所以你才會來參加。我想跟你討論一下如何安排你的時間，讓你能盡量兼顧參加會議及製作文件兩件事。」

2. 了解雙方既有時間規劃

接下來，你把既有的會議時段的安排告訴他，以及請他把他必須要關注其它事情的時間告訴你。如此一來，你們雙方就擁有了必需的資訊，可以用來找出能運用的時間。

例如你可以說：「我們會議的安排是再討論二十分鐘，之後就會休息十分鐘。然後，我們再討論一個半小時後，中午休息一小時用餐。你的文件必須在什麼時候做完？」他可能會回答：「我最晚必須要在中午把文件發出去。但我需要至少半小時才能完成製作。」

3. 尋求可兼顧的方案

接著，你就可以與他一起相互提議，尋求一個比較好的方案。例如你可以說：「我提一個建議，你聽聽看覺得如何。接下來二十分鐘的時間，我先讓大家分組討論出一些初步的想法。這部分你若是不參與，加上之後的十分鐘休息時間，你就有半小時可以專注在製作文件上。若是你能及時完成工作，那麼在休息時間過後，你就能回來專心參與會議。萬一你在休息時間結束時還不能完成製作文件，那麼你就先暫停工作，先回來參加會議，等到中午用餐時間再把它完成。這

應該不至於讓你錯過中午的期限。你覺得這個建議如何？」

若你們能找出雙方同意的方案來，那麼你們對他如何參與會議的預期就會一致。你不需要再把他的行為視為對會議的干擾而不斷對他作介入；他也可以不必在會議中一心兩用，而能夠專注地把兩件事情分別做好。但這種情況並不是每一次都存在能兼顧所有事情的完美方案。當沒有完美方案存在時，你與參與者就必須有所取捨，採用當下所能想到的最好方案。

A1.9 提高談話的安全度

參與者若是覺得發言對自己可能會有不好的後果，那麼他就會選擇不發言。這即是談話對他來說有風險的情況，而且可能演變為參與者不再關注談話。要改變這種情況，你必須要提高談話的安全度。

要用「即時介入」提高談話安全度，你可以參考〈第十一章、幫助參與者表達的即時介入〉中的「幫助參與者儘可能表達自己以讓他人充分理解」的介入技巧。若是讓參與者感到不安全的原因與在場參與者的行為有關，你也可以使用〈第七章、即時介入的基本技巧〉中的「Z.9 建立行為規範」來幫助參與者調整行為。

除了「即時介入」以外，「運用或調整流程」也有助於提高談話的安全度，例如〈第二十六章、流程的重要元素：參與形式〉中所介紹的「分組進行流程」。

「幫助客戶扮演好角色」在某些情況下也有助於提高談話的安全度。例如當參與者感到不安全是因為擔心他的主管的評判時，你可以請他的主管設法緩和這種不安全感。關於這一方面的內容，你可參考〈第三十五章、處理流程無法順利實施的情況〉。

A1.10 邀請參與者協助進行會議

在情況適當時，引導者邀請參與者協助進行會議，可以巧妙而有效地讓參與者關注談話。例如，你可以邀請參與者擔任板書員，協助記錄討論內容。又如，你可以邀請參與者擔任小組組長，在小組討論時邀請大家發言。又如，你可以邀請參與者擔任計時員，為討論計時。負有任務的參與者為了確實達成任務，就必須要關注談話的進行。對引導者來說，這就達成了幫助他關注談話的目的。

採用這種作法時，你必須注意不讓協助工作妨礙了協助者的參與。例如，若是某位參與者在擔任板書員後，不但開始關注談話了，而且開始有很多想法想要表達。如果你讓他繼續忙於記錄工作，他就沒有時間表達他的想法。這時，你就要趕緊改變作法，謝謝他的協助，並請他回去專注參與談話。

此外，這種作法有它的侷限。對於對會議主題完全不感興趣的參與者而言，縱使他願意協助做這些協助工作，他的動機也真的就只是在「協助會議進行」，而不會把自己當成參與者去關心與貢獻交流的內容。反而，這種作法剛好讓他扮演了一個可以不參與交流的旁觀角色，讓他有正當理由長時間不參與。對於這種參與者，這種作法雖然可以讓他關注談話，但無法讓他更進一步參與談話。若你想幫助他更積極參與談話，還是必須探查並消除他持續不關注談話的具體原因。

即時介入以幫助「參與者關注彼此的互相理解」

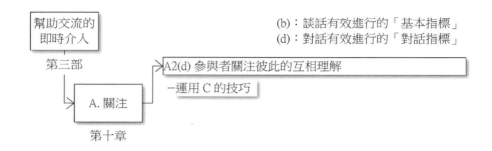

「A2(d) 參與者關注彼此的互相理解」已經不是談話有效性的基本指標了，它是對話指標。要幫助參與者關注彼此之間的互相理解，可在實際的「傾聽」行為上介入。引導參與者傾聽以獲得理解的過程，自然就會提升參與者對彼此理解的關注。所以，這個指標的介入技巧與幫助傾聽的介入技巧高度重合，請參考〈第十二章、幫助參與者傾聽的即時介入〉的內容。雖然技巧上高度重合，但這兩個不同方面的指標可分別為是否介入提供不同的線索。

即時介入以幫助「參與者關注談話進行的方式」

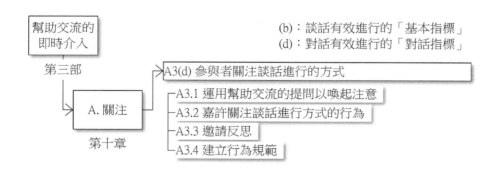

「A3(d) 參與者關注談話進行的方式」是另一個對話指標。在談話中，參與者一般只關注談話內容，很少關注談話進行的方式。縱使有也比較消極，對談話的進行方式有感受或想法不見得會說出來。所以引導者通常要刻意引導，才能引起參與者對於談話進行方式的關注與表達。你可以採用以下幾種介入方式。

A.3.1 運用幫助交流的提問以喚起注意

你可以運用幫助交流的提問喚起參與者對於談話進行方式的注意與思考。例如，你可以問：「大家覺得我們的談話現在進行得如何？」、「有誰想要說一下對於我們現在談話進行方式的想法？」

A.3.2 嘉許關注談話進行方式的行為

在你看到參與者做了關注談話進行方式的明顯行為時，你可以嘉許他的行為，以提高參與者在這方面的意識。

舉例而言，當你觀察到「參與者分享對於談話進行方式的觀察及提出建議」時，你可以說：「談話進行方式影響我們的交流氛圍，也影響我們產出的內容的品質，所以非常重要。我覺得你分享對於談話進行方式的觀察及提出建議，是幫助大家進行好談話很好的作法。」

如此一來，作出這個行為的人及其他參與者都可能因此而更關注談話進行的方式。嘉許行為雖然也包含了評判，但因為它並非對談話內容的評判，而且是出於幫助參與者提升談話品質的善意，所以不影響引導者在內容上的中立。

A.3.3 邀請反思

你可以先使用〈第七章、即時介入的基本技巧〉中的「Z.3 引導參與者覺察

情況」的技巧，幫助參與者覺察到談話進行的情況，然後再提問問題邀請他們反思。

例如，在作完「Z.3 引導參與者覺察情況」的介入後，你可以問參與者以下這些幫助反思的問題：「這次談話跟以往有什麼不同？」、「造成這個情況的原因是什麼？」、「大家覺得我們剛剛做了什麼，影響了這次談話？／促成了情況發生？」、「在談話的進行方式上，我們可以有什麼不同的作法，以促使／避免發生剛剛那樣的情況？」等。

以上這些幫助參與者反思的問題可以依情況設計。你甚至可以運用〈第六部、引導流程的設計〉裡介紹的方法，把它們設計成一系列前後呼應的問題，以形成一個結構化的引導流程。

如果情況適當，你可以更進一步，邀請參與者把反思的心得變成他們承諾遵守的行為規範。

A.3.4 建立行為規範

你也可以用「Z.9 建立行為規範」的方式，來幫助參與者在談話過程中藉由注意自己的行為而持續關注談話進行的方式。行為規範可以來自於參與者自己的想法或你的建議。〈第七章、即時介入的基本技巧〉中的〈Z.9 建立行為規範〉那一節裡有關於建立行為規範的詳細步驟說明。在使用的時機上，它可以在有明顯的行為出現時建立、在作完本小節介紹的「邀請反思」後建立，或在談話開始前就建立。

在參與者習慣於關注談話進行方式後，他們會更能自主反饋與調整參與談話的行為。無形中，你的引導會變得更省力。不只即時介入的必要性與頻率會減少，引導流程的結構化程度也可降低，因此大大地減低了引導的工作負擔。

第十一章 幫助參與者「表達」的即時介入

「表達」是「談話有效性指標」的其中一個方面的指標。本章介紹幫助參與者表達的即時介入技巧與相關的觀念。下圖是這些指標與技巧的概觀。前面有數字編號的是技巧名稱。我為技巧編號以方便識別與引用技巧。

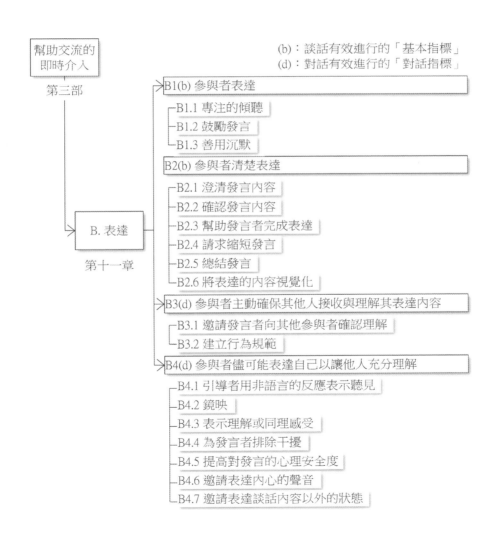

幫助交流的即時介入
第三部

(b)：談話有效進行的「基本指標」
(d)：對話有效進行的「對話指標」

B1(b) 參與者表達
- B1.1 專注的傾聽
- B1.2 鼓勵發言
- B1.3 善用沉默

B2(b) 參與者清楚表達
- B2.1 澄清發言內容
- B2.2 確認發言內容
- B2.3 幫助發言者完成表達
- B2.4 請求縮短發言
- B2.5 總結發言
- B2.6 將表達的內容視覺化

B. 表達
第十一章

B3(d) 參與者主動確保其他人接收與理解其表達內容
- B3.1 邀請發言者向其他參與者確認理解
- B3.2 建立行為規範

B4(d) 參與者儘可能表達自己以讓他人充分理解
- B4.1 引導者用非語言的反應表示聽見
- B4.2 鏡映
- B4.3 表示理解或同理感受
- B4.4 為發言者排除干擾
- B4.5 提高對發言的心理安全度
- B4.6 邀請表達內心的聲音
- B4.7 邀請表達談話內容以外的狀態

即時介入以幫助「參與者表達」

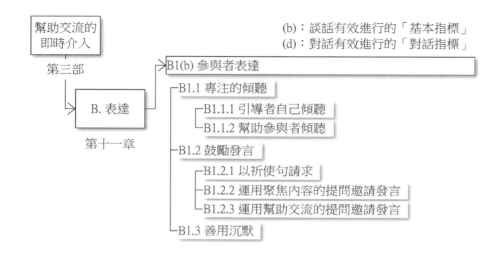

表達是交流的基礎。參與者如果不表達的話，就不會有交流發生。雖然在一般狀態下，參與者都會表達，但偶爾仍會出現不表達的情況。此時可透過以下的即時介入技巧幫助參與者表達。

B1.1 專注的傾聽

專注傾聽他人說話是鼓勵表達的最好方式。有人想聽時，參與者就更願意表達。一方面，你作為引導者可以自己用「傾聽」的姿態鼓勵參與者表達；另一方面，你也可以幫助參與者彼此傾聽，以達到鼓勵表達的效果。

B1.1.1 引導者自己傾聽

想像當你非常想聽人說話的時候，你會呈現什麼樣的狀態？那就是你在幫助大家表達時可以呈現的樣子，讓參與者感受到你非常歡迎他們表達。

有那樣狀態的人，通常會呈現出開放的肢體語言以及充滿好奇與期待的表情，用邀請的眼神看著對方。在想要邀請參與者表達時，無論是對一群人或一個人，你都可以這樣做。內心已經有想法的人經常在與你這種期待的表情與邀請的眼神一接觸時，就會把話說出來。所以你可以在談話過程中，時時與不同的參與者作眼神接觸，對他們報以期待的表情，甚至加一些微小的肢體動作，來讓每個人感受到你在邀請他們表達。

當參與者開始發言時，你可以看著發言者並專注的傾聽，以及有一些表情或肢體動作上的反應，例如點頭、微笑、發出一些像是「嗯嗯…」的聲音以表示你已經聽見或理解，都能讓發言者感到他的表達被尊重與認真地對待，而能夠讓他更加願意表達。但這也不適宜做得太過，否則每個人在發言時都被你的反應所吸引而不去看別人，反而減少了參與者彼此之間互動的機會。

B1.1.2 幫助參與者傾聽

只有引導者專注傾聽是不夠的，參與者互相傾聽才是對表達最好的邀請。在最理想的情況，你作為引導者所展現的專注傾聽發揮了示範作用，而影響了其他參與者也開始傾聽，創造出了傾聽的氛圍。但有時候，還是會出現參與者不傾聽的情況。這時你可以作即時介入，以幫助他們開始專注傾聽。由於此指標同時與表達與傾聽有關，所以除了出現在此處之外，也出現在第十二章。與此指標有關的即時介入技巧請見〈第十二章、幫助參與者傾聽的即時介入〉中的〈即時介入以幫助參與者傾聽他人的表達〉那一節裡的C1.1到C1.4的技巧，於此不贅述。

B1.2 鼓勵發言

引導者的專注傾聽相對上比較被動。它對表達的鼓勵是用眼神、表情、姿態來進行。你可以採取更主動的方式來鼓勵參與者表達。這些技巧即是「鼓勵發言」。分述如下。

B1.2.1 以祈使句請求發言

以祈使句請求參與者發言，例如：「請大家發表意見。」、「請大家多多貢獻你的想法。」、「請還沒發言的人說說你的看法。」

B1.2.2 運用聚焦內容的提問邀請發言

就句式而言，由於「疑問句」比「陳述句」或「祈使句」更能展現邀請的語氣，而且提問問題可以啟動人的思考，一旦思考就有內容可以表達，所以在鼓勵發言時可以儘量以提問為主，陳述為輔。

你可以用「聚焦內容的提問」作短介入來鼓勵發言，也就是提問你想要引發大家一起思考或作為討論焦點的「焦點問題」。例如：「大家認為我們當前面對的問題是什麼？」、「這些問題是怎麼造成的？」、「有哪些解決辦法？」當你問這一類問題時，每問一次，就能把大家的注意力與思考帶到到一個焦點上。當大家回答這個問題時，就達成你鼓勵發言的目的了。

你還可以藉由重複提問同一個「焦點問題」來鼓勵發言。人聚焦於思考某個問題是有時效性的。人的頭腦很容易聯想，聯想形成思緒，隨著思緒的發展，人的意識很容易就飄到遠方去了，忘了現在正在討論的問題是什麼。所以隨著時間經過，思考與討論的焦點會愈來愈模糊，甚至會有思緒中斷而停止思考的情況。此時，如果你再重複問一次「焦點問題」，就像是在快熄滅的爐火裡再添一把柴火一樣，讓大

家聚焦回來，再激發出一波談話。

所以，當你發現參與者們已經有這種討論失焦、停滯或離散的情況時，藉由重複作「聚焦內容的提問」，把他們的思考焦點拉回到「焦點問題」上，是很好的刺激發言的方法。

關於「聚焦內容的提問」，你可參考〈第五章、直接介入的基本觀念〉中〈在直接介入時使用提問〉那一節的說明。

B1.2.3 運用幫助交流的提問邀請發言

還有一些其它問法也可以邀請發言。但它們並不是像「聚焦內容的提問」一樣用於聚焦內容，而是在已經存在的談話焦點上鼓勵大家多多發言以貢獻內容，所以是屬於「幫助交流的提問」的一種。我們可以稱它們為「邀請發言的提問」。使用這種提問時，引導者並不是真的要參與者回答問題，而是藉由提問的形式作發言的「邀請」。關於「幫助交流的提問」的基本介紹，你可參考第五章的說明。

「邀請發言的提問」通常都是短介入，例如以下幾種問法。

B1.2.3.1 邀請發言的提問：舉例

若大家的心態過於謹慎，怕回答焦點問題時回答得不好，以致於沒有人說話時，你可以邀請大家試著舉幾個例子看看，讓大家暫時拋開必須說出一個完美答案的壓力，而用比較輕鬆的方式開始回答問題。例如：「現在我們要來想想『我們面對的問題是什麼？』請大家回想一下你自身的體會或是聽過的說法，舉幾個可能的例子，幫助我們啟動這個討論。例如可能的例子是什麼？」然後邀請有想法的人率先發言。

B1.2.3.2 邀請發言的提問：更多發言

在上一個發言結束之後，問大家：「還有嗎？」、「誰還有想法？」、「還有別的想法嗎？」

這個技巧的好處是快速而好用。但如果你每次都用同一種問法，可能會讓參與者覺得一再重複而顯得無趣。所以，你可以在問法上面加入一些變化，讓提問更多樣化。例如：「除了剛剛小林說的之外，大家還想到哪些想法？」、「除了剛剛所提到的開發材料的新用途之外，大家還有想到什麼方法？」

B1.2.3.3 邀請發言的提問：補充

在一輪發言結束後，你可以先為大家口頭簡要重述一下剛剛的發言內容，再作邀請補充發言的提問。例如：「剛剛我們提到了幾個點，一是……、二是……、三是……。還有其他人要補充嗎？」

這個技巧的好處是能藉由提醒參與者剛剛發言過的內容，引發他們產生更多的想法。使用這個技巧時，要注意簡要重述要儘量簡短，每個點一兩句話就說完，否則就會成為長介入，而把談話的節奏打斷。

關於「簡要重述」的介入技巧，你可參考〈第七章、即時介入的基本技巧〉中〈Z.8 簡要重述〉那一節的說明。

B1.2.3.4 邀請發言的提問：聯想

聯想是人腦很自然的運作方式，所以你可以用提問來鼓勵大家多聯想，來引發更多的思考。例如：「剛剛小丁的觀點啟發你想到

什麼？」、「這件事讓你聯想到以前的哪些經驗？」、「大家對於這些行為的原因有什麼其他的聯想？」都可能帶出：「啊哈，我還想到一個……。」這樣的反應。

B1.2.3.5 邀請發言的提問：定向邀請

「定向邀請」的意思是「邀請特定人發言」。所謂特定人可以是「某一群人」或「某一個人」。例如，你可以問：「還沒有表達過意見的人，有什麼想說的嗎？」、「坐在後排的夥伴們，你們有什麼想法？」

有時可以更進一步，邀請某個次群體發言，例如：「一線的同事們，你們的想法是怎麼樣的？」、「財務及供應鏈對這件事情有什麼看法？」

須注意的是，除非你很確定參與者所屬的團體文化能接受「點名發言」而不擔心有負面作用，或者你觀察到某個人已經明顯想要發言了，否則要避免直接點名叫人發言。原因有二。

第一，鼓勵發言並不是強迫發言，所以要避免給人強迫發言的感受。而「點名發言」很可能讓參與者覺得你在他還沒有準備好要發言的情況下強迫他發言，而減少了他接受你的引導的意願。

第二，若被點名的人還沒準備好要說什麼，點名發言可能對他帶來不好的後果。在某些組織或團體的文化中，「沒有意見」的反應會被視為不專業或沒有智慧的表現。在這種文化下，參與者有不得不發言的壓力。所以當你叫了某個人的名字請他發言，就相當於你把他放在鎂光燈之下，讓他直接面對這樣的壓力。如果他

當時還沒準備好要發言，那麼他有可能說不出話來，或勉強說了些沒有實質內涵的內容。他的形象會因此受損。

所以說，除非你很確定「點名發言」不會造成這些負面作用，否則鼓勵發言時「不叫名字」是比較好的作法。

但有時候你真的很想邀請某個人發言，那怎麼辦呢？你可以用眼神或肢體語言來作「定向邀請」。例如，你可以在「語言上」「非定向」地提問：「是不是還有誰有想法？」且同時用「非語言」的方式定向邀請，用邀請的眼神看著你想邀請的參與者或對他點點頭。這樣做的話，他能意識到你是在邀請他，但同時他又不會有被眾人注意到而有非發言不可的壓力。

在相反的情況，如果你很確定某個人已經要發言了，甚至一直想發言但找不到機會，那麼你就可以安全地叫他的名字而不必擔心有負面作用。例如你看到老蕭幾次嘗試想插嘴都失敗了，一臉焦急的樣子。你可以問老蕭：「老蕭你好像有話要說，是嗎？」老蕭回答你的時候就能順著把話說出來：「是的。這件事我的看法跟大家不一樣……。」這時老蕭反而會感謝你點他的名字。

B1.3 善用沉默

在談話中，偶爾會有每個人都沉默了下來、一片安靜、沒人說話的情況。有不少比例的人對談話中的沉默感到不安，因為沉默給人的感覺是互動中止了，不曉得該說些什麼，而讓人感到尷尬。持有這種看法的人會盡可能不讓沉默發生。一有發生沉默的徵兆，就非得說些什麼，把談話的空間填滿。但在引導上，當沉默發生時，引導者要依當時情況判斷沉默的性質，並依據判斷採取不同的作法。有時候「不介入」，什麼也不做，讓沉默延

續，反而是最好的鼓勵參與者表達的方式。

要做好引導，你要學會與沉默共處，學會解讀、欣賞與善用沉默，因為沉默發生的原因不是只有「想不到要說什麼」這一種。原因也可能是「大家都需要時間自己思考一下」，也可能是「大家都在愉悅的氣氛下享受片刻的寧靜」，也可能是「試圖交流但還沒想到如何將想法化為語言」。你可能還可以想到許多種其它的原因。所以沉默有許多不同的性質。熟悉且了解不同的沉默，你就能把引導做得更好。

當沉默發生的時候，因為沒有人說話了，每個人的注意力會從原來的「聆聽說話」開始轉移到其它地方。在沉默時，如果參與者還在持續關注談話的內容，那麼他們因為談話所引起的感受與思考還是在延續中。因此，談話在沉默中並沒有結束。談話的「流」只是從團體的交流中暫時回到每個人身上。每個人因為沉默的發生，而有機會更關注自己的「場域」。

這可以用火山的活動來比喻。火山噴發是地表上看得見的，但火山噴發完了並不代表它的能量就沒有了，它的本體還在地底活動。雖然火山在表面上看不出來有什麼活動，但只要它在地底的本體還持續存在能量，就有可能會再噴發。同樣的，談話雖然在表面上停止了，但在每個人的心裡及腦中仍在持續，有些是在攪動、有些是在感悟、有些是在分析、有些是在歸納、有些是在糾結、有些是在沉澱、有些是感覺再等一點時間就會頓悟出一些什麼來。參與者的注意力從聆聽外界說話轉移到內在活動中，因此這些內在活動有機會得到更多能量持續進行，而醞釀出下一波的談話。

所以說，當沉默發生時，或許是給了參與者一個很好的機會來醞釀更多的創意與洞見。你可讓沉默延續一些時間。只要參與者還在關注這場談話，那麼當有人準備好了就會發言。在沉默之後的發言，通常更有機會為談話

帶來不同的驚喜或轉變。因此,在引導上,不只要創造能讓參與者發言的空間,也要創造能讓參與者沉默的空間。兩者同樣重要。

當然,如果你察覺大家已經不是處在醞釀想法的狀態,甚至已經開始降低對於談話的關注了,那麼你就要趕快運用其它的技巧引導大家參與,別再繼續沉默了。

即時介入以幫助「參與者清楚表達」

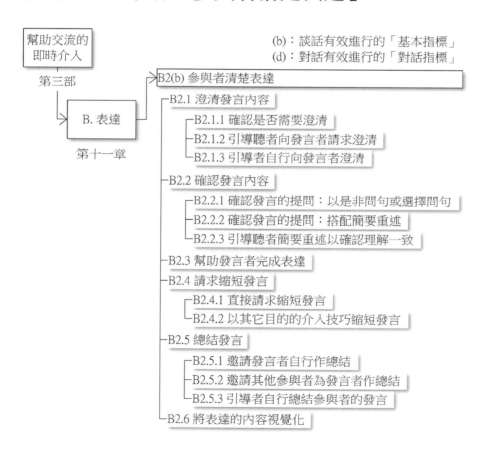

幫助交流的
即時介入
第三部

(b):談話有效進行的「基本指標」
(d):對話有效進行的「對話指標」

B. 表達
第十一章

B2(b) 參與者清楚表達

B2.1 澄清發言內容
　B2.1.1 確認是否需要澄清
　B2.1.2 引導聽者向發言者請求澄清
　B2.1.3 引導者自行向發言者澄清

B2.2 確認發言內容
　B2.2.1 確認發言的提問:以是非問句或選擇問句
　B2.2.2 確認發言的提問:搭配簡要重述
　B2.2.3 引導聽者簡要重述以確認理解一致

B2.3 幫助發言者完成表達

B2.4 請求縮短發言
　B2.4.1 直接請求縮短發言
　B2.4.2 以其它目的的介入技巧縮短發言

B2.5 總結發言
　B2.5.1 邀請發言者自行作總結
　B2.5.2 邀請其他參與者為發言者作總結
　B2.5.3 引導者自行總結參與者的發言

B2.6 將表達的內容視覺化

參與者除了表達以外，「清楚表達」也是談話有效性的基本指標。不清楚的表達不但讓人接收時感到吃力，而且容易誤解，導致談話的效率降低。你可使用以下的即時介入技巧幫助參與者清楚表達。

B2.1 澄清發言內容

有時候，你會看到參與者在發言時，其他人聽見了但臉上出現了困惑的表情，這表示他的發言讓其他人聽不清楚或聽不懂。若發言者沒留意到其他人的困惑反應，或留意到了但沒去回應，那麼你就可以作即時介入，以澄清他的發言內容。

所謂的澄清，是指澄清已經在發言者發言範圍內的內容，而非探究不在發言範圍裡面的內容。前者是因困惑而需要澄清，屬於本章「幫助參與者清楚表達」的範圍；後者是因好奇想探究，屬於後面〈第四部：豐富內容的即時介入〉中〈第十八章、即時介入以幫助談話內容深入〉的範圍。此外，有時會發生發言者沒把在發言範圍裡應該說的內容說完整的情況。這種情況介於兩者之間，可視情況用澄清或探究的技巧幫助發言者說完整。

澄清發言內容有幾個方面的介入技巧。

B2.1.1 確認是否需要澄清

引導是在參與者交流的過程上服務參與者，所以澄清發言內容是為了參與者的需要作澄清，而不是為了引導者自己的需要作澄清。因此，引導者要就參與者對發言的反應及自己的經驗作判斷，在合理懷疑參與者有疑惑的時候，才介入澄清發言內容。如果參與者看起來對於發言者所說的並沒有什麼困惑，那麼引導者就不用去請求發言者澄清。

在引導者自己聽不明白發言內容時，請求發言者澄清是可以的，但澄

清只做到足以幫助自己作引導上的決定就夠了。最忌諱的是，引導者為了自己的需要而請求發言者作很多澄清，結果自己跟發言者交流了起來。如此一來，引導者就不是在服務參與者，而是為了自己的需要，把時間用掉了，把焦點帶走了。這樣的行為會讓你的引導者角色變得模糊，而影響到參與者對你的引導的信任度與接受度。

雖然引導者要為參與者的需要而請求澄清，但有時的確很難判斷參與者是不是有澄清的需要。碰到這種情況，你可以先作「B2.1.1 確認是否需要澄清」的介入。

你可以先說明介入理由，例如：「我看大家的表情有點困惑，所以想跟大家確認一下是否聽懂剛剛小廖說的內容。」之後再向參與者提問以確認是否需要澄清：「有沒有內容需要他澄清？」如果情況適當的話，你也可以不說明介入理由，直接作確認是否需要澄清的提問。

在你詢問之後，如果沒有人回應就代表沒有人需要澄清。如果有人回應說：「有」，那麼你就可以明確地進行以下的「B2.1.2 引導聽者向發言者請求澄清」的介入。

B2.1.2 引導聽者向發言者請求澄清

澄清發言內容是為了聽的人澄清，所以引導聽的人自行向發言者澄清疑惑，是最能消除聽的人的疑惑的作法。

你可以向有疑惑的參與者詢問，以確定他想澄清什麼。例如：「你想請發言者澄清哪個部分的內容？」、「你想澄清什麼疑惑？」、「有什麼地方你不明白，需要他多作一些說明？」在有疑惑的參與者描述完他的疑惑後，你接著再請原來的發言者回答。

如果這位有疑惑的參與者不只是描述自己的疑惑，而且開始向原本的發言者問問題，那麼你就要留意他問的問題是「澄清」的問題還是「探究」的問題。「澄清」的問題是請求發言者在原來的發言範圍內澄清內容；「探究」的問題是請求發言者增加超出原來的發言範圍的內容。若他詢問的是「探究」的問題，那麼你就需要決定是否要立刻請求他只能澄清，還是什麼都不做，就讓他繼續探究。允許探究有好處也有風險。好處是能夠豐富談話內容；風險是之後若每個人都認為可以向發言者問探究的問題，就會導致談話不會停留在某個焦點上，而會延展到其它焦點，而且會耗用時間。你必須要考慮談話如此發展對於會議目標及流程的影響，來作這個決定。

若是你決定讓提出請求的參與者只能澄清，那麼你可以先用「Z.1 打斷發言」的技巧打斷他的發言，然後說明介入理由：「我聽到你問的這個問題已經超出他剛剛所說的範圍。我擔心這樣我們會花太多時間。」然後提出你的請求：「請你在他原來所說的內容範圍裡澄清就好。」然後再跟他確認情況：「請問你需要他澄清什麼？」

B2.1.3 引導者自行向發言者澄清

若是你在聽了發言者的發言內容後，認為自己知道參與者需要澄清的是什麼，那麼你可以自己向發言者提出澄清的請求。

你可以先說明介入理由，以免太過突兀。例如：「小盧，我看大家的表情好像不是很能聽懂你說的內容。」然後再接著採用以下的幾種介入方式請求發言者澄清。但如果你覺得短介入不顯得突兀，也可以省略說明介入理由的過程，直接用以下的幾種介入方式請求發言者澄清。

B2.1.3.1 以祈使句請求澄清發言

以祈使句請求發言者澄清他的發言，例如：「我想請你再說清楚一點。」、「請就市場分析的那個部分再作多一點說明。」、「請你舉個例子，或許大家會比較清楚你的意思。」

B2.1.3.2 運用幫助交流的提問澄清發言

用提問的方式提出請求，不但聽起來比較禮貌，而且聚焦思考的效果會比用祈使句好。以下這些是常用於澄清發言的「澄清發言的提問」。這種提問是屬於「幫助交流的提問」的一種。關於「幫助交流的提問」，你可參考第五章的說明。

B2.1.3.2.1 澄清發言的提問：不設範圍

例如：「你可以再多說一些嗎？」或「你可以再解釋清楚一點嗎？」

除非發言者的發言全部都很不清楚，而讓人不知從何澄清起，否則很少用這種不設範圍的澄清。因為，作這種請求有「擴張內容」的風險。也就是，發言者一說明或解釋起來，所說的內容很可能超出了剛剛說過的內容，而又把範圍擴大，讓其他參與者更聽不明白。所以，引導者通常會設範圍請求澄清。

B2.1.3.2.2 澄清發言的提問：設範圍

例如：「剛剛你說到經濟方面的預測的時候，我看大家的表情出現了困惑，可能大家聽得不是很明白。你能不能就那個部分再多說一些？」、「關於計畫的各個部分如何銜接的邏輯，可能大家聽得不是很明白。這部分可以請你再補充說明

一下麼？」

設了範圍之後，發言者的澄清就能集中在範圍之內，澄清的
效果會更好。但儘管設了範圍，也會有說明太過抽象而難以
讓人聽懂的情況，所以你也可以改用下兩個介入方式請求舉
例或比喻。

B2.1.3.2.3 澄清發言的提問：舉例

例如：「剛剛你說到計畫執行時遭遇到了一些困難，是不是
可以請你舉個例子？」

具體的例子總是比抽象的概念容易理解，所以對於澄清的作
用幫助很大。

B2.1.3.2.4 澄清發言的提問：比喻

例如：「關於你說的這兩個勢力之間的關係，能不能請你用
人與人之間的關係打個比方？」

千萬般的描述，有時不如借鑑生活中容易明瞭的事物作說明
來得容易理解。這是比喻所能發揮的作用。

B2.1.3.2.5 澄清發言的提問：度量程度

還有一種用來澄清「程度」的提問，例如：「關於成長很快
這件事，可否請你提供一個數據來說明成長有多快？」、
「若困難度從1到10分，1分是困難度最低，10分是困難度
最高，你感受到的困難是在幾分？」

當發言者用了形容詞及程度副詞來形容事情，例如「成長很快」、「覺得很困難」、「感到很滿意」時，經常因為每個人對於程度的感受不一樣，而可能導致其他參與者對於這些形容詞所表達的「程度」理解不清楚或不一致。例如「很快」是有多快？「很困難」是有多困難？「很滿意」是有多滿意？

要讓這個「程度」表達得更清楚，你可以用「度量程度」的技巧，請發言者給「程度」一個數據。這可以是關於事實的客觀數據，也可以是關於感受的主觀數據。

這個技巧對於了解性格特別內斂或特別外放的發言者的發言很有用。你可能會遇到這樣的情況：性格內斂的發言者平舖直敘、波瀾不驚的一段描述，待他給出數據後，大家才知道那是一個超乎尋常的客觀現象，或對他來說是驚濤駭浪的體驗。性格外放的發言者怒髮衝冠、興奮至極的一段描述，待他給出數據後，大家才知道那是一個十分尋常的客觀現象，或對他來說是非常普通的體驗。「度量程度」這個技巧，可以幫助大家對於發言者所說的程度有較清晰與一致的理解。

B2.2 確認發言內容

若是發言者所表達的內容大致清楚，不需要澄清，只需要就關鍵處作個確認，那麼你可以用「確認發言內容」的技巧。這比使用「B2.1 澄清發言內容」要來得快速。

你可以先說明介入理由，以免太過突兀。例如：「小岳，我看大家的表情好像不是很能聽懂你說的內容，所以我想跟你確認一下。」然後再採用以

下的介入方式請求發言者確認發言內容。但如果你覺得短介入不顯得突兀，也可以省略說明介入理由的過程，直接請求發言者確認發言內容。

B2.2.1 確認發言的提問：以是非問句或選擇問句確認

如果需要確認的內容十分明確，你可以用是非問句或選擇問句提問。例如：「剛剛你提到的預算數字是追加的嗎？」、「你剛剛說的情況，指的是財務上的調整還是工作流程上的調整？」

B2.2.2 確認發言的提問：搭配簡要重述

在需要確認的內容比較長或不那麼明確時，你可以把發言者說過的話用〈第七章、即時介入的基本技巧〉中的「Z.8 簡要重述」的技巧先說一遍，再請發言者確認。

例如：「你剛剛說的意思是……。我說的對不對？」、「我總結一下你說的幾個重點，請你聽聽看對不對。第一點、……；第二點、……；第三點、……。我有沒有完整說到你的意思？」

在你簡要重述時，其他參與者也能同時確認發言者所說的內容是否與自己聽到的一致。

B2.2.3 引導聽者簡要重述以確認理解一致

引導者由自己來作〈第七章、即時介入的基本技巧〉中的「Z.8 簡要重述」不只耗費心力，而且佔用了參與者交流的機會。所以，你也可以請作為聽眾的參與者作簡要重述，而不是由自己作。這種作法更能增進理解與交流。

此指標能幫助你判斷是否要介入。在介入的技巧上，由於它與傾聽及

理解的關係更大，所以我把這個技巧放在〈第十二章、幫助參與者傾聽的即時介入〉中作為編號C2.3的技巧介紹，不在此贅述。

在你作完上述介入之後，若是發言者認為你說的內容「不正確」或「不完整」，他就有機會作澄清或補充。例如他可能會說：「不對，我的意思是……。」或「你漏了掉了一個重點，那就是……。」這就能把他想表達的內容表達得更清楚。

B2.3 幫助發言者完成表達

有時發言者想表達一個意思，但一時之間不曉得如何表達。你可以透過「B2.3 幫助發言者完成表達」的技巧幫助他完成表達。

若他是想不到適當的詞彙，你可以拋出你認為可能適合的詞給他，讓他聽聽看這些詞裡面是不是有他想要的詞。例如，發言者說：「我當時的感覺是……。哎呀，一時之間不曉得怎麼說這個感覺。」你可以回應：「是害怕嗎？還是擔憂？還是不知所措？」他可能就因此選到適合的詞，而回應道：「對對對，我當時就是有種不知所措的感覺！」

若發言者想不到一個意思怎麼說完整，而你大概可以猜得到他要說什麼，你可以試著說說看，讓他確認。例如，發言者說：「這個概念就大概是這樣，我一時也不曉得怎麼說清楚。」你可以回應：「你的意思是不是說這整個設計就像漏斗一樣，在漏斗中可以實現多個層次的不同篩選？」

在使用這個技巧時，雖然你只是在試著幫助發言者完成表達，而非真的在貢獻談話內容，但由於你的發言涉及到內容，所以有較高的在內容上「不中立」的風險。因此，當你揣摩發言者的意思時，要儘量符合一般性的經驗與邏輯，以便讓你所提出來的內容不會離發言者發言的脈絡太遠。若是

你所提出來的內容與發言者的脈絡差距很大，比較容易被參與者質疑你有刻意帶偏內容的意圖，而影響你的引導者角色的中立性，讓參與者不願接受你的引導。

B2.4 請求縮短發言

有時發言者的發言實在太長了，似乎綿綿無絕期，導致大家都已經沒耐心聽下去了。大家沒耐心聽，自然就不會清楚發言者表達了什麼。在有這種情況發生時，你可以對發言者作「B2.4 請求縮短發言」的即時介入，請他縮短發言的長度。

在請求縮短發言之前，通常必須先打斷發言。關於如何打斷發言，你可參考〈第七章、即時介入的基本技巧〉中〈Z.1 打斷發言〉那一節的介紹。

打斷發言後，有以下不同的技巧可以請求縮短發言。

B2.4.1 直接請求縮短發言

由於直接請求縮短發言可能會讓發言者覺得被冒犯，所以你務必要先說明介入理由。例如：「請容許我打斷你一下。我發現你的發言比較長。我擔心若是有其他人想發言的話時間會不夠。」然後提出請求：「是否可以請你長話短說？」

「是否可以請你長話短說？」雖然是疑問句的形式，但實際上是一個請求。

你也可以換另一種請求方式，請求發言者在限定的時間內說完。例如，你在說明介入理由後請求發言者：「是否可以請你在三分鐘內說完？」

如果發言者回應說：「三分鐘時間太短了，我還有很多要說的。」那麼你可以與他協商發言時間。例如你接著問發言者：「你需要多少時間？」但你心裡要設定底線，例如最長只能給他五分鐘，不能無限讓步。在發言者承諾發言時間後，在時間快到時你提醒他趕快結束，就不顯得失禮。

B2.4.2 以其它目的的介入技巧縮短發言

另外還有一種介入的方式，是你帶著縮短發言的目的使用其它的技巧介入，但不明白顯露縮短發言的意圖。

例如，你可以使用「B2.2.2 確認發言的提問：搭配簡要重述」的介入技巧：「小伍，因為你說得比較長，所以我想跟你確認一下。你剛剛說的意思是……。我說的對不對？」

或者，你可以使用後面介紹的「B2.5 總結發言」介入：「小伍，因為你說得比較長，所以我是否可以請你簡短總結一下你剛剛的意思？」

適合使用這種方式的時機，是在你原本就需要使用其它技巧介入，同時又希望發言者縮短發言時間的時候。例如，你原本就覺得有需要向發言者作「B2.2 確認發言內容」的介入，同時又希望發言者「縮短發言」，就是適合的使用時機。若是你完全帶著「縮短發言」的目的使用其它技巧介入，參與者或多或少都能感覺出你有隱藏的意圖。這可能會嚴重影響他對你的引導的信任。

「B2.4.2 以其它目的的介入技巧縮短發言」的優點是比較委婉，所以比較不會冒犯到發言者。缺點是若發言者沒意識到你希望他縮短發言

的意圖，那麼他下次的發言可能還是會很冗長。因此，對於發言習慣冗長的參與者，你最好採用「B2.4.1 直接請求縮短發言」的技巧，讓他明確知道你的介入意圖。或者，若你採用的還是「B2.4.2 以其它目的的介入技巧縮短發言」，那麼在作完介入之後，你可以明確地向發言者提出「下次發言請縮短時間」的請求，並獲得他的承諾以建立起行為規範。

B2.5 總結發言

在發言內容太冗長、特別豐富或不易理解的時候，你可以使用「B2.5 總結發言」的技巧，將發言內容作摘要性的整理，讓內容能夠被重新清楚的表達，也讓聽的人能獲得比較清晰的理解。「總結」除了摘要內容之外，也自然帶有澄清發言內容的屬性。所以，在總結結束後，引導者如果還是不確定發言者說的內容跟聽眾聽到的內容是否一致，就會接著作一下確認。

B2.5.1 邀請發言者自行作總結

你可以在說明介入理由後，邀請發言者自行作總結。例如：「小洪，你剛剛說的內容比較豐富。我看大家的表情，好像需要你摘要整理一下你剛剛說的內容。可以請你為剛剛說的內容作個總結嗎？」

等發言者自行總結完後，你可以視需要向其他參與者作「B2.1.1 確認是否需要澄清」的介入。例如：「大家有什麼不清楚的地方需要小洪澄清的嗎？」

B2.5.2 邀請其他參與者為發言者作總結

你可以在說明介入理由後，邀請其他參與者作總結。例如：「我看大家的反應，好像需要摘要整理一下剛剛小洪說的內容。我想請聽的人來試試看作總結，這樣的話我們同時可以聽聽看大家的理解是不是一

致。有誰願意試試作總結？」

等其他參與者總結完之後，你可以視需要向發言者作〈第十二章、幫助參與者傾聽的即時介入〉中〈即時介入以幫助參與者理解他人的表達〉那一節的C2.1到C2.3的介入，例如：「小洪，你覺得小蘇總結的是你的意思嗎？」、「有什麼你想要補充或更正的？」

B2.5.3 引導者自行總結參與者的發言

最後一個作法是由引導者自行總結。例如，你可以說：「小洪，你剛才說的內容很豐富。我總結一下你剛才所說的重點，請你及大家聽聽看理解是不是一致。你說的第一點是…；第二點是…；第三點是…。以上三點是你想表達的意思。」

等總結完之後，你可以視需要向發言者確認你總結的內容是否完整正確，例如：「你覺得我說得對嗎？」、「有什麼想要補充或更正的？」

除了引導參與者對個人的發言作總結之外，你也可以引導團體一起為過去一段時間的發言作總結。團體一起作總結的目的是「全覽與整理交流的內容」。「對內容的澄清」會在總結的過程中自然發生，但不是主要目的。這方面技巧的具體介紹，請見〈第十九章、即時介入以幫助全覽各方觀點〉的內容。

此外，引導者要避免過於頻繁地引導總結。好的引導是只做參與者需要的事。做他們所不需要的事反而會對他們造成不必要的干擾。作「總結」的目的是為了幫助參與者清楚表達與理解發言內容。當發言內容很清楚被表達與理解的時候，就不需要作總結。有些引導者習慣頻繁地為參與者的發

言作總結，而經常中斷了參與者彼此之間的交流，阻礙了談話的流動。這個習慣對於參與者帶來的負面干擾可能大過它所帶來的好處。

在有選擇時，你可以儘量邀請參與者自行總結，而非由你以引導者身分作總結。這樣做有以下幾個好處。

- 你不必把心力放在記憶大量的討論內容上，而可以把更多的心力放在觀察參與者的動態與幫助交流上。

- 參與者自行作總結可以增加他們對於談話內容的理解，甚至可以發現盲點或開啟新的探索歷程。

- 引導者說的話裡面屬於「內容」而非「過程」的量愈大，「被視為不中立」的機會就愈大。由於總結就全是屬於「內容」的發言，所以引導者不自己作總結可以降低「被視為不中立」的風險。

所以，若總結是你在扮演別的角色時習慣做的事，在做引導的時候最好能刻意覺察與改變這個習慣。

B2.6 將表達的內容視覺化

雖然在大部分的會議中，談話可以單純以口頭的方式進行，不需要特別把表達的內容寫下來讓大家看到，但在需要對資料作分析、推論與思考的場合裡，就會需要呈現清楚的論理過程與論點，以及需要回顧與處理大家在討論中所想到的內容。此時，單純靠口語的表達與頭腦的記憶來確認與整理討論過的內容是很辛苦的事情。原因如下。

· **口語的表達比較不容易以精確的方式呈現**

與「寫下來」相較，「說出來」比較跟得上思考的速度，所以會
有邊說邊想的情況。這也導致口語表達容易伴隨草稿式的思考。
草稿式思考或許有豐富的內容，但不見得有精確呈現的結論，所
以對於聽者而言比較不容易精確知道發言者的意思。有可能在發
言者說完之後，你問其他人聽到什麼，每個人的回答都不一樣。
然而，如果表達者把想表達的內容寫下來，為了用有限的文字寫
出想表達的意思，他會整理自己的想法，而無形中提高了表達的
精確度。

· **口語的表達不容易讓其他人隨時對照表達的內容與自己的理解**

口語表達的內容在表達完之後，就已經結束了在團體中的呈現，
所以除非其他參與者請發言者再表達一次，否則他們很難確認表
達的內容。然而，如果表達的內容被寫下來，以視覺可以看得到
的方式呈現，那麼其他參與者除了可以在第一時間對照表達的內
容與自己的理解之外，因為隨時都看得到，所以他們在之後還可
以隨時對照與確認表達的內容。

· **口語表達因為不容易被記得而較難運用來進行後續的思考**

當參與者沉浸在討論的內容裡面的時候，他們所專注的是當下，
經常很難記得剛剛的過程中誰說過什麼。所以在需要回顧剛剛大
家說過的內容以進行分析討論時，如果沒有視覺化的紀錄可看，
而需要單靠回憶去回顧之前討論過的內容，是一件十分費力的
事。然而，一旦把表達的內容寫下來，回顧這些內容就成為了再
簡單不過的事情。

所以說，對於需要呈現與分析談話中產生的內容的會議，將表達的內容視

覺化，是非常有利於清楚表達、理解與回顧談話內容，以順利進行會議的重要方法。

要將內容視覺化，要有載體。而且這個載體必須要能讓大家在談話的過程中隨時都可以看得到它上面所呈現的內容。最簡單的方式是用紙筆。你可以事先準備好紙筆與牆面。牆面可以是房間的固定牆面，或可作為牆面的可移動設備，例如白板、簡報架或夾紙板。在討論過程中大家有想法或結論時，就寫下來在紙上並貼到牆上。如此一來，每個人就可以隨時回溯討論過程中所曾經提到過的要點。

或者，你也可以運用資訊科技，讓大家登入某種能讓大家在網路上共享資訊的軟體。此外，讓每個人手上都有電腦或手機可以存取資料，以及搭配可以投放資料的大螢幕。如此一來，每個人都可以輸入及看見資料。這種方式特別適合線上虛擬會議，或運用線上空間的線下實體會議。

「視覺化記錄」是將表達的內容視覺化的關鍵技巧。你可參考〈第二十六章、流程的重要元素：參與形式〉以獲得「視覺化記錄」的說明。

即時介入以幫助「參與者主動確保其他人接收與理解其表達內容」

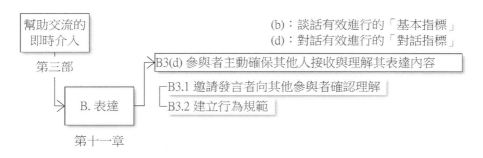

「B3(d) 參與者確保其他人接收與理解其表達內容」是一個對話指標，而非基本指標。它要求參與者更為主動。參與者不只要有意願表達，而且要主動去確保其他人接收與理解其表達的內容，所以這個指標的介入對象是發言者。這個技巧有以下兩種介入方式。

B3.1 邀請發言者向其他參與者確認理解

當發言者發言，而你看到其他人臉上充滿了困惑的表情時，你可以向發言者說明介入理由：「我看到大家的表情似乎不是很理解你的發言，我擔心這樣會交流不充分。」然後提出你的邀請：「我邀請你向他們確認一下他們是否有哪個部分需要你澄清。」

如果這時發言者對你為什麼要讓他做這個事情感到困惑，你可以進一步說明介入理由：「當然，由我作為引導者幫你向他們確認也可以。但我認為你直接向他們確認是最理想的情況，因為這可以形成你們自己的對話。所以我提出這個邀請。你在確認的過程中我也會協助你。」

如果發言者拒絕你的邀請，那麼你就自己作「B2.1 澄清發言內容」的介入。下次另一位參與者發言後有同樣的情況時，你可以再試著對那位發言者提出邀請。你的每一次邀請都在無形當中影響參與者的行為，幫助對話成形。

B3.2 建立行為規範

如果情況適當的話，你也可以採用〈第七章、即時介入的基本技巧〉中「Z.9 建立行為規範」的作法，以幫助參與者確保其他人接收與理解其表達內容。例如，你可以說：「我觀察到當你們發言完之後，你們不會主動去確認聽的人是否理解。如果大家在發言完能主動對聽的人確認是否理解的話，對於形成我們的對話會很有幫助。請問大家願意試試看嗎？」

形成行為規範之後，你就不需要在每一次有同樣情況時都作邀請，而只需要提醒遵守規範就可以了。所以，「Z.9 建立行為規範」特別適用於「不理解他人發言」的情況特別多的場合。

即時介入以幫助「參與者儘可能表達自己以讓他人充分理解」

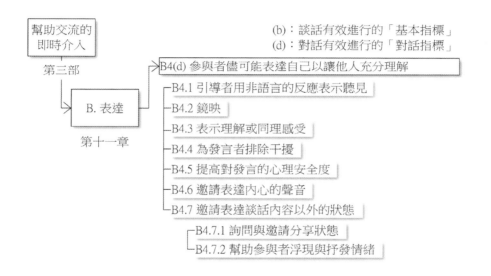

「B4(d) 參與者儘可能表達自己以讓他人充分理解」是一個對話指標。它對參與者有較高的要求。它要求參與者在對於「揭露自己真實想法」感到困難的情況下，還能夠儘可能揭露自己真實的想法讓其他參與者理解。揭露自己真實想法的困難來自於參與者自己心理的障礙，例如參與者覺得自己不擅長表達，或是覺得表達有風險。既然引導的意圖是要儘量促使對話發生，那麼引導者就要假定參與者願意表達，而引導參與者儘可能表達自己。

以下的即時介入技巧能夠幫助參與者儘可能表達自己以讓他人充分理解。

但由於其他參與者傾聽的態度是幫助發言者表達自己的最大助力，所以除了以下的即時介入技巧之外，你也可以善用〈第十二章、幫助參與者傾聽的即時介入〉的技巧，在這個指標上發揮作用。

B4.1 引導者用非語言的反應表示聽見

不擅長表達的人經常需要鼓起勇氣才能當眾發言。此時，他特別需要他人的支持。縱使是擅長說話的人，在敏感的場合或話題上發言時，也會需要支持。有了其他人的支持，發言者的緊張會緩和下來，而更有意願表達自己的想法。

緊張的發言者通常不會看著所有的人，因為與一大群人的視線接觸會讓他更緊張。通常，他要不是看著一個定點，就是看著引導者。他們會選擇看著引導者，是因為引導者的角色較特殊。若引導者沒有身兼其它角色，那麼引導者就不是當事人，與談話主題的利益關係最小。所以，緊張的發言者若是需要看著一個人說話，有極大機率會選擇看著引導者。

在緊張的發言者看著你時，你可以專注地傾聽，並適時地用非語言的反應，例如點頭、微笑、表情的變化、或發出一些聲音如「嗯……嗯……」表示你聽見及理解。這些及時且持續的反應是他當下所需要得到的聽眾的反應，讓他感覺他說的話不只有人在聽，而且還聽得很認真，希望他繼續說下去。這無形中就給了他有力的支持，讓他願意儘量地表達。

B4.2 鏡映

「鏡映」是借用英文的Mirroring所創造出來的詞。Mirror是鏡子的意思，所以它的意思是像鏡子一樣反映。用在引導上，意思是引導者的行為就像是鏡子一樣，即時反映發言者說話的內容讓他聽到。

「B4.2 鏡映」的作用與「Z.8 簡要重述」類似，都是反饋給發言者你從他的話裡聽到了什麼。但簡要重述是在發言者說完話之後做的，鏡映則是在發言者發言時跟著他的發言同步進行的。所以，鏡映除了反饋之外，還有支持發言的作用。被鏡映的發言者一邊說話，一邊就能不斷確認別人聽到他說了什麼，所以也能給發言者支持的效果。

鏡子所反映出來的影像跟原來的物體一模一樣。但當一個人說話時，技術上你不可能說得跟他一模一樣，每一個字都跟著重複說一次。縱使能跟得上，逐字逐句重述反而會造成發言者的困擾。所以，在實際作法上，你只需要跟著他說「關鍵詞」即可。例如：「……成本上揚……沒有空間……別的途徑……」。而且，就像鏡子會「即時」反映影像一樣，要緊跟著他說，而不是等他說完才說。你重複關鍵詞的時間與他說完那個關鍵詞的時間不要有明顯間隔。這也意味著你說話的聲音不能太大，以免不但沒給他幫助，還形成了干擾。

在鏡映時，須注意要用平和正常的語氣鏡映「發言內容」，而不需要鏡映發言者表達時的「情緒」或「狀態」。也就是說，不要模仿發言者的語氣、神態來說話。在別的領域裡面，例如心理輔導、培訓或教練領域，心理師、培訓師或教練有時會為了讓他幫助的對象能夠覺察到自己的情緒或狀態，而採用鏡映情緒或狀態的作法。但因為鏡映情緒或狀態是較為敏感的個人揭露，而且不屬於正常的談話行為，所以若要這樣做，就需要先與被揭露的對象有適當的溝通，確認他同意且心理準備好才做。否則，被揭露的人可能會覺得被冒犯或戲弄。想像一下，在沒有事先溝通的情況下，當你在氣憤地說一段話時，有人突然模仿你的口氣、表情、動作，跟著你氣憤地重複那一段話的情形，肯定會讓你覺得很不舒服。引導所應用的情境絕大多數是在團體裡面。在團體情境裡作這種揭露更敏感，對被揭露的人而言承受的風險更高。因此，在引導上不會做「情緒」或「狀態」的鏡

映，除非這樣做是達成會議目的的必要作法，而且所有參與者都明白且同意這樣做。

雖然你不適合揭露參與者的情緒或狀態，但有時幫助參與者覺察到他自己的情緒或狀態，對於談話的進行會有幫助。你可以用本章後面介紹的「B4.7.2 幫助參與者浮現與抒發情緒」的技巧，幫助參與者覺察他自己在談話中的情緒或狀態。

B4.3 表示理解或同理感受

還有一個幫助參與者儘可能表達自己的方式，是在發言者說完後表達你的理解：「嗯…我了解你所說的。」或是同理他的感受：「嗯，的確，如果我是你的話，在那種情形下我也會有同樣的感受。」這會給予發言者心理上的支持。

這裡要留意的是，「支持發言」的重點是你在「支持」他「發言」這件事本身，而不是在「認同」他發言的「內容」。所以這裡我所說的「理解」不是「贊同」，你不需要同意發言者的觀點也可以理解他。同樣的，「同理」並不是「同情」，你不需要憐憫發言者也可以設身處地感受他的處境與心境。也就是說，無論你同不同意一個人的觀點，都可以做到支持他發言。引導者能把握這個分際，就可以保持在內容上的中立，而讓各方都願意接受你的引導。

這一個原則不單是對引導者有用，對於參與者也很有用。因此，你可以鼓勵參與者使用這個原則，甚至建立相應的行為規範，以幫助他們在保有自己的意見或立場的同時，還能支持其他參與者的發言，而更容易進行對話。

B4.4 為發言者排除干擾

因其他人或現場動態所造成的外在干擾,也會影響發言者說話的意願,造成發言的心理障礙。有這種情況存在時,你可幫助發言者排除干擾,以支持他的發言。

例如,老鄭不斷地打斷老宋說話,讓老宋因此無法好好把話說完。這時,你要介入的對象是造成發言干擾的老鄭。你可以先對他說明介入理由:「老鄭,我注意到你打斷了老宋幾次,這會讓他沒辦法好好說話,導致我們不能完整聽到他的意思。」然後再對他提出請求:「你是不是可以讓老宋把話說完之後,你再回應?」

這個介入技巧在有弱勢參與者或弱勢觀點的場合裡特別重要。弱勢參與者與弱勢觀點本就比較不容易受重視,而很容易被他人忽視或打斷。所以,在引導時最好能特別留意弱勢參與者的發言或弱勢觀點。一旦他們的發言受到干擾,就要馬上排除,以免他們的聲音完全被淹沒。

B4.5 提高對發言的心理安全度

當參與者不清楚自己說話會冒多少風險,或者確定自己會冒很大風險的時候,他的表達會趨於保守,甚至不敢表達。這即是發言的安全度不夠而負面影響參與度的情況。

安全度會受各方面因素的影響,例如會議關鍵人物的參與風格、參與者對彼此的熟悉度、議題的敏感程度等。若是你在會議前就預見了會議中有發言安全度的問題,最好能在會議前就採取一些作為,設法提高會議中的發言安全度,而非完全依賴在會議引導現場的即時介入。例如,會議前與受邀參加會議的關鍵人物談一談,幫助他了解會議中可能會發生的發言安全度問題,以及幫助他決定他可以做些什麼以提高會議中發言的安全度,例

如澄清會議目的與期望、調整自己參與會議的行為等。又如,在會議前就設計好較為仔細的破冰與建立信任的活動流程,而非到了會議現場才臨時補上這些流程。這些會議前的作為的效果是即時介入所不能取代的,能讓發言安全度更有效地提升。

在引導現場,有一些跡象會透露出參與者有發言安全度的顧慮,例如參與者刻意不發言、發言語帶保留、談到某個要點就迴避開來、話說到一半就尷尬地笑了笑不再說下去等。當你觀察到了這類跡象,首先要確認這是否屬於發言安全度的情況,以免作了不適當的介入。在你確定那是發言安全度的情況之後,介入的策略是邀請參與者面對與處理造成發言不安全的風險,因為參與者願意承擔風險的態度本身就是提升發言安全度的關鍵。當參與者多冒一些風險發言,而其他人也傾聽與理解他時,交流的態度本身所打造出來的談話容器就會擴大及變堅固,而能承載更有風險的談話。因此,願意去談這些有風險的談話內容的態度本身經常是讓事情有所突破的關鍵。然而,雖然引導者介入的策略是邀請發言者多冒一些風險,但仍然要尊重發言者的選擇。因為風險說到底還是風險,發生的後果是由發言者承擔。

以下是提高發言心理安全度的即時介入技巧。

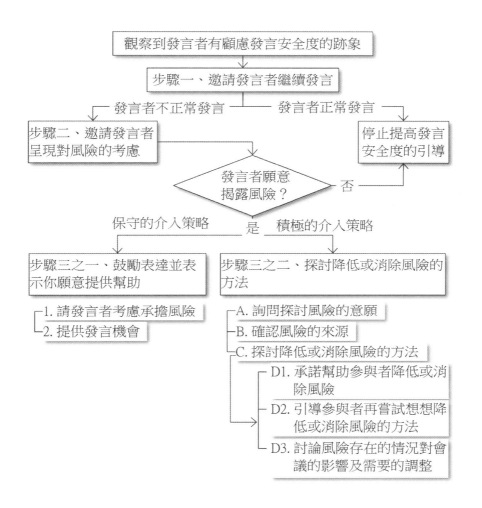

步驟一、邀請發言者繼續發言

　　例如，你可以說：「你剛剛說到一半，然後呢？後面是怎麼進行的？」或「你們提出了要反映這個問題，然後呢？過程與結果是什麼？」

　　由於你對於「安全度不夠而影響發言」的觀察不見得正確，所以你在觀察到發言者有發言安全度的問題之後，首先要確認你的觀

察是否正確。若是你在還沒有確認情況前就作後面與發言安全度相關的介入，而發言者實際上並沒有這個問題，那麼他會覺得你莫名其妙，甚至懷疑你這樣做的動機，而讓你陷入尷尬的境地。

用「邀請發言者繼續發言」的作法來確認情況，是因為這是一個很平常的引導動作。它可以在不引起波折的情況下，為你多創造一個機會去判斷發言者是不是真的存在「安全度不夠而影響發言」的情況。

做完這個步驟後，如果發言者實際上並沒感到繼續發言有風險，那麼他會順著你的邀請「繼續發言」或「作其他正常的反應」。例如，以前面的例子為例，他可能會說：「這件事接下去是這樣進行的……。」、「因為我從那之後就沒參與了，所以這件事後來怎麼進行我並不清楚。」或「這件事後來進行的情況我們不久前才一起回顧過，我覺得不需要在這裡再重複說一次了。」

但如果發言者實際上真的感到繼續發言有風險，那麼他的反應很可能會是欲言又止，或臉上出現複雜不可言喻的表情，或釋出其它讓你感覺發言真的存在風險的線索。這時，你就可以認為應該是有安全度的問題，接著進行以下的步驟二。

步驟二、邀請發言者呈現對風險的考慮

你可以先說明介入理由，例如：「我注意到你說到一半就不說了。」或「我注意到你對於談這個話題有點遲疑。」然後再邀請發言者陳述他對風險的考慮：「我想跟你確認一下，是不是有什麼原因讓你不想說？」、「可以告訴我你的考慮嗎？」

請注意，做這個步驟的用意是在提出邀請。通常對於一個感到發言有風險的人而言，縱使只是要說出考慮，也是要冒風險的。所以，不要讓發言者覺得你在強迫他揭露風險。你要做的是提供機會，邀請他利用這個機會呈現對風險的考慮，但要不要說還是取決於他的選擇。

發言者收到你的邀請之後，會有兩種可能的反應。

· **不願意揭露風險**

　　發言者可能採取迴避的態度，例如他可能說：「沒有什麼考慮啦，就是覺得現在說這個不太適合，時機適當時我會說。」或轉移焦點，例如他可能說：「與這個比起來，我覺得另外一件事情也需要注意…。」或拒絕，例如他可能說：「我不想說有什麼考慮，總之不適合說這個。」或是單純搖搖頭。

　　這些反應顯示他沒有意願揭露他所冒的風險。接下來如果你再繼續追問，可能會引發他強烈的負面反應。因此，除非你在權衡過後，認為即使引起他強烈負面反應也有必要深入揭露風險，否則你只要簡單地回應：「好的。」然後把焦點轉向其他人繼續引導就好。但你可以在休息時間找機會與他聊聊，了解他的考慮是什麼，以尋找方法消除或減輕他對風險的顧慮。

· **願意揭露風險**

　　發言者另一個可能的反應是說出他對繼續發言的考慮。例如：「我覺得這個事情我不能在這裡說，否則會被秋後算

帳。」或是「上次跟執行長反應了類似的問題之後，執行長把大家訓了一頓，所以這種問題還是別談比較好。」發言者願意告訴你他發言的風險，表示他已經願意冒險往前前進一步了。接下來，你就可以繼續再往下作介入。

在進行下一步的介入時，引導者有兩個方向相反的考慮。一方面你想達成會議目標；另一方面你想尊重參與者的意願。因為你想達成會議目標，所以你會希望參與者揭露所有對達成會議目標有用的資訊；因為你想尊重參與者的意願，所以你不會強迫參與者揭露他所不想揭露的資訊。而且，尊重參與者並非僅是個無力影響現實的空虛概念。若是參與者感到不受尊重而不願接受你的引導，那麼你就無法進行引導，結果也一樣達不成會議目標。所以，你能做的是在心裡相信參與者同樣想達成會議目標與保護他自己，而在行動上提供他面對風險進一步發言的機會，同時尊重他不發言的選擇。畢竟，承擔風險的是參與者，應該由他自己決定怎麼做。

在這個前提下，你有兩種介入的策略。

· 保守的策略

　　保守的策略是使用以下步驟三之一的技巧：「鼓勵表達並表示你願意提供幫助」。引導者使用這個技巧，只會稍微向發言者試探他說出有風險的內容的意願，是比較保守與安全的策略，也是比較常用的策略。

· 積極的策略

　　積極的策略是使用以下步驟三之二的技巧：「探討降低或消

除風險的方法」。這個技巧是向發言者探詢引起風險的來源，然後探討降低或消除風險的方法與行動。這會讓談話的焦點轉移到揭露與處理風險上面，是比較積極的策略。但由於這個作法會導致談話偏離原來的內容而額外耗費時間，而且可能因為碰觸到敏感話題而讓談話的困難度升高，所以除非處理風險對達成會議目標有很大影響而且得到參與者支持，否則不要輕易使用。

步驟三之一、鼓勵表達並表示你願意提供幫助

「鼓勵表達並表示你願意提供幫助」的作法，是你在不改變任何條件的情況下，鼓勵參與者表達他覺得有風險的內容，並承諾提供幫助。介入的步驟如下。

1. 請發言者考慮承擔風險

例如，你可以說：「我可以理解你發言的風險，但同時我也相信如果你能分享你的想法、經驗或資訊，對於達成我們的會議目標會有很大的幫助，甚至是必要的幫助。我能體會這不容易。如果你權衡後覺得想說，請隨時告訴我。我會幫助你表達你的想法。」

2. 提供發言機會

說完後再一次邀請他發言，以提供給他發言機會。例如：「接下來你有想說什麼嗎？還是我就邀請別人發言了呢？」

介入的結果，可能是這位參與者決定多冒一些風險把他的想法說出來，此時你可以用本節中B4.1到B4.4及B4.6到B4.7的介入技巧幫助他發言。另一種介入的結果，是他告訴你他沒有什麼想說

的，此時你就禮貌地結束對他的介入，邀請別的參與者發言。之後若有適當的時機出現，你再邀請他發言。

步驟三之二：探討降低或消除風險的方法

步驟三之二的技巧是引導參與者探討降低或消除風險的可能性，並找出可行的作法。在風險降低或消除之後，發言的安全度提高，參與者就比較能談原來不願意談的內容。

要談「降低或消除風險的方法」，就必須要先談「風險的來源」，因為唯有處理風險的來源才能真正降低或消除風險。但談「風險的來源」相當於在討論：「是什麼讓你不願意或不敢說真話？」這是非常敏感的問題，因為它的答案可能是老闆的領導風格、組織的文化、人與人之間的矛盾等這種答案。可以說「談風險的來源」的風險不低於「談原來要談的內容」的風險。所以，這經常是緊張、沉重而且耗時的主題。但在時機對的時候，開啟這個主題就會是當下最適合的作法。因為若不把它提出來談，有可能在這件事情上永遠都不會有突破。

但談這種主題本身就會有比較大的張力，容易讓參與者感到不舒服，而且談這種主題通常不在參與者參加會議時所預期的範圍內，所以參與者有正當理由拒絕。所以，談這個主題必須對於參與者有足夠的正當性。若這是一個會議，它的正當性就來自於「如果這個影響發言的風險不降低或消除的話，它會影響參與度或討論的內容，而讓會議目標無法達成」。所以，最好是在參與者普遍認知到「討論降低或消除風險的必要性」以及「對於達成會議目的有強烈渴望」時，再探討風險的來源。否則，如果有人想談、有人不想談，對於不想談的人而言，談這個主題就形同是

對會議的長時間干擾，而導致他們離開會議。

步驟三之二的具體作法如下。

A. 詢問探討風險的意願

首先向參與者表達你想引導他們探討「降低或消除風險的方法」，並詢問他們的意願。唯有參與者願意，你才有辦法引導他們進行這個主題的討論。

以前面「怕秋後算帳」的例子為例，你可以先說明介入理由，例如：「謝謝剛剛幾位夥伴告訴我發言的顧慮。如果大家普遍有這個顧慮，我認為它會在很大程度上限制我們的討論，甚至讓我們無法達成會議目標。而我們今天花時間聚在這裡，目的就是為了達成這個會議目標。若是因為這個顧慮而讓我們的會議目標無法達成，那是一件很可惜的事。」

然後徵詢參與者們對於「探討降低或消除風險的方法」的意願，例如：「所以，我想問大家是否認為有需要先暫緩我們原來要討論的話題，而花一些時間一起來討論我們可以如何降低或消除發言的顧慮，以讓我們之後能夠更放心地進行討論？」

B. 確認風險的來源

如果參與者說他們願意，你就可以接著提問，向參與者確認風險的來源。承上例，你可以問：「剛剛你們提到的秋後算帳具體是怎麼樣的情況？」

假設參與者這樣回答：「我們老闆雖然嘴上說大家可以開放討論，但實際上他在事後會責罵那些發表不同意見的人，認為他們不應該說那些話。」在這個例子裡，風險的來源是他們的老闆。

風險的來源也可能並不是一個人，而是一個制度、一個文化、一種情境等等，例如懲罰不當發言的制度、壓迫異己的文化、潛在的嚴重衝突等。

C. 探討降低或消除風險的方法

然後，你再引導參與者一起探討降低或消除風險的方法。承上例，你可以問：「在什麼情況下，例如你們的老闆做什麼或不做什麼，你們就可以放心說話？」這是在探詢參與者願意發言的條件。你接下來可以引導參與者用這些條件來思考降低或消除風險的方法。

假設他們的回答是：「老闆如果不責罵而是真正平等看待那些跟他有不同的意見的人，那麼我就可以放心說話。」

有了這個條件之後，你就可以引導參與者發想方法。例如，你可以問：「怎麼樣可以讓他有這樣的改變呢？」他們或許會說：「我們可以去跟他談談，或許他會願意作這方面的承諾。」但更有可能的是說：「我不知道有什麼方法。我們作為下屬很難去改變他。」

你或許會比較喜歡這個例子中前者的回答，而對後者的回答感到失望。但在現實世界裡，後者是比較可能出現的答案。

因為如果參與者們有信心及能力去改變這個情況，通常他們在這時就不會感到有發言風險。但至少你已經清楚風險的來源及了解參與者的心態。何況，有些風險的確不是在他們的控制與影響範圍之內，例如假若他們是在公司裡層級不高的一群人，那麼對於要改變公司的制度或文化，他們的確很難使得上力。

當然，實際上也有參與者討論到最後發現他們可以在現場降低或消除這種風險的情況。例如，假設上例中的老闆就在會議現場，而且馬上與參與者們進行了一場深入的對話，之後老闆當場給了承諾，大家就因此暢所欲言了。這是皆大歡喜的情況。但更多時候，風險不是這群參與者在這次會議現場就可以處理的，需要在會議之外做一些工作才能降低或消除這些風險。此時，你有以下D1、D2、D3三種選擇。

D1. 承諾幫助參與者降低或消除風險

作為引導者，你的目的是為了達成會議目標。因此，如果造成風險的人跟你同樣想要達成會議目標，那麼你就有施力點去影響他做降低或消除風險的事情。例如上例中參與者的老闆是造成風險的來源，如果他也同樣希望這個會議能成功達成目標，那麼你可以去找他，跟他談一談。

承上例，你可以向參與者們說：「我跟你們一樣想要這場會議成功，我想你們的老闆也是。因此，我可以在會後跟你們的老闆談談關於秋後算帳這一點，看能不能改變他的觀念與行為。雖然我只能在會後去做這件事，也不能保證一定有效果，但我會去做。」

然後，你可以鼓勵他們發言並繼續進行會議，例如：「我也邀請你們在接下來的會議中，若是有不同的意見，儘可能提出來。」或者，你也可以用後面D3的技巧，引導參與者想想怎麼作會議的調整。

當會後你去找他們的老闆談時，你可以問他：「這次會議的發言情況一開始時普遍不理想。原因是他們根據以前開會的經驗，認為你會在會後責罵跟你有不同意見的人，所以他們雖然有不同意見但不願意說出來。他們用了較強烈的詞『秋後算帳』來稱呼這個經驗。後來我發現這個原因後，答應他們來找你談這件事，他們才比較願意放開來談。我觀察到你的這個行為對他們參與會議的行為有很大的負面影響，這對於達成你召開會議的目的十分不利。對於這一點你怎麼看？」、「你願意做什麼來改變這個情況？」

D2. 引導參與者再嘗試想想降低或消除風險的方法

如果你的角色不適合幫助參與者們降低或消除風險，或你因為某個原因而沒有幫助他們的意願，你也可以引導他們再嘗試想想降低或消除風險的方法。這樣做的前提是你認為他們至少還有一些可能性去影響風險的來源，而且他們達成會議目標的渴望很強烈。

例如，你可以說：「我理解要改變一個人很困難，特別是自己的老闆。但若是你們真的想要達成會議目標，有些事大家不願討論也不行。我想邀請大家花幾分鐘時間，想想看還有什麼方法可以降低發言的風險或達成會議目標。可能的方法是什麼？」以上是適合這個例子的說法。對不同的情況你要

調整說法。

參與者想出來的方法若是在會議中可以做，就在會議中做。
若全是會後才能做的，也沒關係。你還可以用後面D3的技巧
引導參與者想想怎麼對會議作調整。

D3. 討論風險存在的情況對會議的影響及需要的調整

無論是否有經過前面D1或D2的嘗試，如果你判斷參與者們
對於降低或消除這個風險無能為力，或者他們能想到的方法
都是會後才能去做的，那麼你都可以運用這個D3的技巧，引
導參與者討論風險存在的情況對會議的影響及需要的調整。

在參與者對於降低或消除這個風險無能為力的情況，你可以
說：「我聽到你們無法降低或消除發言的風險，但存在這個
發言的風險又可能導致我們無法完全達成會議目標，這是個
兩難的情況。」或者，在他們能想到的辦法都是會後才能去
做的的情況，你可以說：「我們剛剛想到的都是會後才能實
施的方法，但現在在會議中發言的風險仍然存在。」

然後問：「你覺得在這種情況下，我們在這場會議的進行上
需要做什麼調整，才能創造比較好的結果？」並引導大家討
論及獲得結論。

結論可能是重新設定會議的預期成果、做個人心態上的調
整，或是其他措施。但無論調不調整，或做的調整是什麼，
你都可以對參與者肯定他們對達成會議目標所展現的努力。
你還可以鼓勵他們適當地讓會議召集人或利益相關人知道他

們對於風險的考慮，或許會因此促成一些改變。

B4.6 邀請表達內心的聲音

當談話進行時，在表面上可以看見與聽見的是參與者明確表達出來的內容。但除了這些明確表達的內容之外，還有許多參與者內心的聲音沒被表達出來，甚至連當事人自己也沒察覺。僅管如此，這些沒有被表達出來的內心的聲音仍然會在暗地裡影響交流。這些內容如果能夠被適當地察覺與分享，而讓參與者們能認知到它們的存在，那麼參與者就能有意識地應對它們，而不是受它們的影響而不自知。這對於談話的內容與過程都會有幫助。「B4.6 邀請表達內心的聲音」的技巧，即是在邀請參與者分享這些內心的聲音。

舉個例子，以下右手邊的欄位是小魏與小高實際表達的談話內容，左手邊的欄位是小魏內心的聲音。

小魏內心的聲音	小魏與小高表達的談話內容
天啊！為什麼你剛想到一個想法就當作是決策了。這想法明顯有問題啊。	小高：我覺得我這個想法很好，我們就這麼定了吧。往這個方向去做。
這執行下去絕對會出大問題，我得提醒你別太莽撞。	小魏：可是，這個想法還沒仔細評估過。我們至少該考慮一下可行性吧？
作這個決定的過程實在太魯莽了，而且看起來也你也不想聽不同的意見。	小高：這有什麼好考慮的。這個想法明明就很好。
算了，我不說了。你愛怎麼做就怎麼做。出問題別想讓我幫你善後。	小魏：好吧，那我沒意見了。

表11-1：小魏的左手欄與右手欄

這種在左手欄寫下內心的聲音的作法叫作Left-Hand Column，直譯過來就是左手欄的意思，是Chris Argyris所使用及提倡的工具。人的內心出現的聲音是當事人最真實的反應，但經常不會表達出來，或者會表達成別的內容而出現不一致的情況。會有這種情況的原因，是因為內心的聲音若是如實地表達出來，可能對自己產生風險或會冒犯他人。所以，人會覺得有些話不能講或不能明講。但這些內心的聲音代表了人對於人事物的評價與態度，並不會因為沒有表達出來而消失，而會在暗地裡影響人的行為與決定。在參與者內心的聲音對談話的過程或結果可能造成關鍵性的影響時，即是引導者介入以幫助參與者表達這些聲音的時機。

那麼，具體該如何判斷介入時機呢？

人在談話時，內心的聲音會經常出現。其中許多會被真實表達出來成為交流的內容。沒有被表達出來的聲音也不見得都對談話的過程或結果有關鍵影響，所以不需要引導參與者把它們全部表達出來。引導者需要邀請參與者表達的，只有那些會暗地裡干擾參與者的參與行為與表達內容的聲音。當參與者內心有這種聲音時，他所表達的內容通常與他的語氣、表情、肢體動作等非語言訊息會顯得不相符。例如，當參與者說：「好吧，那我沒意見了。」的時候並非心平氣和，而是用無奈或氣憤的語氣說的。又如，當參與者稱讚：「這方案寫得真好。」的時候表情看起來言不由衷。這類表達的內容與姿態不相符的反應，通常是內心的聲音並未真實表達的線索。

參與者不表達內心的聲音有兩種原因，一是「說真話會對自己產生風險」，二是「說真話會冒犯他人」。兩種原因的處理方式不同。

如果你判斷參與者是因為他覺得「說真話會對自己產生風險」而不表達內心的聲音，那麼你可以使用上一小節「B4.5 提高對發言的心理安全度」的

技巧介入。例如，前面的例子中參與者用無奈的語氣說：「好吧，那我沒意見了。」時，你可以先說明介入理由。例如：「我注意到你表達沒意見的時候有點遲疑。」然後再邀請發言者陳述原因：「我想跟你確認一下，是什麼原因讓你持比較保留的態度？」以邀請他呈現對風險的考慮。然後再接著做「B4.5 提高對發言的心理安全度」技巧後面步驟的介入。

如果你判斷參與者是因他覺得「說真話會冒犯他人」而不表達內心的聲音，那麼你介入的關鍵是在幫助參與者「用讓對方感到尊重的方式誠實表達內心的聲音」。例如，上例中的小魏內心真正在乎的是「作決定要審慎以免執行時出問題」以及「能公平表達意見」，但他內心的聲音是抱怨的聲音，如果直接說出來會讓場面很不好看，所以他就選擇不說了。你可以使用以下這個「B4.6 邀請表達內心的聲音」的技巧，幫助他在誠實表達內心聲音的同時，還能讓小高感受到尊重。

步驟一、作出邀請

承上例，當你聽到小魏用氣憤的語氣說「好吧，那我沒意見了。」之後，先說明介入理由。例如：「我聽你的語氣，似乎你有話想說但沒說出來。如果是這樣的話，我猜可能是因為這個話不太容易說。但如果這件事對於我們很重要，我邀請你試著說說看，我會幫助你作好表達。」然後邀請小魏表達內心的聲音：「你想說說看嗎？」

這樣的介入可以提供機會給小魏，把他認為值得說出來的聲音表達出來。接下來，小魏可能有兩種反應。

第一種反應是小魏說：「你弄錯了。我真的沒意見。」如果他有這種反應，代表你猜錯了或他拒絕了這個機會。你可以回應他：

「好的。抱歉我可能誤會了。我詢問的用意是希望所有的重要意見都能被表達出來，所以當我看到有這個可能性時就會作邀請。希望你不要介意。」由於在引導者的角色上你只能邀請，不能強迫，所以縱使你覺得他一定有話沒說，也到此為止即可。你讓他知道你的用意後，下次他再有同樣的情況就可能主動尋求你的幫助，或者下次你也會更方便主動介入。

第二種反應是小魏說：「我的確是有話要說。」那麼你就可以接著做下一步的「幫助表達」。

步驟二、幫助表達

你可以向小魏說：「不容易說的話一般都有不容易說的理由。我提議你可以試著用中性客觀的語言說說看你原本想說的話。或者，你也可以說說這話不容易說的理由是什麼。你想怎麼做？」這裡面你提供兩種表達的建議，第一種是「以中性語言表達想說的內容」，第二種是「陳述不容易表達的理由」。

若是小魏採取了第一種的「以中性語言表達想說的內容」，那麼在他表達時，你可以用第十四章的「F2.1.2 以中性語言表達」的技巧適時幫助他。例如你聽到他說道：「我覺得小高太魯莽而且不想聽意見，所以我就算了。」由於「魯莽」這個詞是對小高的評判，可能引起小高的防衛反應，所以這時你就可以作即時介入。例如，你可以對小魏說：「你用『魯莽』這個詞比較強烈，可能會讓人覺得不舒服而模糊了談話的焦點。所以我想請你用比較客觀的方式表達。」然後邀請發言者以中性語言說明：「基於什麼樣的經驗你會這樣說？」關於「F2.1.2 以中性語言表達」的技巧，你可以參考〈第十四章、幫助參與者因應防衛的即時介

入〉中的〈F2.1 引導參與者不使用攻擊性的語言〉那一節的介紹。

若是小魏採取了第二種的「陳述不容易表達的理由」，那麼他可能會說：「小高都已經說這個決定不需要再考慮了，我覺得我再說什麼就好像故意在跟他抬槓。所以我覺得在這種情況下我要說出我的意見很難。」此時，你可以向小魏確認：「但你覺得這個意見很重要。對吧？」然後向小高說：「我引導者的角色是確保有人認為重要的意見都能被表達出來，所以我要邀請小魏說說看。希望你不要介意。」然後邀請小魏說出內心的聲音：「你剛剛想說的是什麼？請試著以中性客觀的方式說說看。」然後以「F2.1.2 以中性語言表達」的技巧適時幫助他表達。

在第二種作法裡面，參與者「不容易說的理由」可能不是這一種，而是別種。當理由不一樣時，你在介入時所說的話就不一樣，要視情況調整。但你的介入策略還是一樣的，就是運用你所擔任的引導者角色提供給參與者機會與空間，幫助他把他覺得重要的內容表達出來。

由於參與者要作對他而言並不容易的表達，所以你可能會需要用到其它技巧來幫助他，例如用本節中的「B4.1 引導者用非語言的反應表示聽見」、「B4.2 鏡映」、「B4.3 表示理解或同理感受」、「B4.4 為發言者排除干擾」、「B4.5 提高對發言的心理安全度」等技巧等以支持他的發言，用「B4.7 邀請表達談話內容以外的狀態」技巧以幫助他表達狀態或情緒，用〈第十八章、即時介入以幫助談話內容深入〉的技巧以幫助他作完整的表達等。請參閱各章節的內容以取得這些技巧的詳細介紹。

B4.7 邀請表達談話內容以外的狀態

當談話進行時，參與者主要是交流談話的內容。除了這些明確表達的內容之外，還有非語言的訊息也是交流的一部分，例如表情、肢體語言、行為等。這些非語言的訊息傳達出參與者的狀態。

狀態可以是「能不能對談話保持關注」、「覺不覺得累」這一類的簡單狀態，也可以是對一個發言感到開心、有趣、驚訝、憤怒、困惑、有共鳴等比較複雜的情緒。參與者的狀態會影響參與者參與交流的方式以及表達的內容。

如果參與者能察覺自己的狀態，就能有意識地調整自己；如果參與者能跟其他人分享自己的狀態，其他人也有機會跟著作出調整。但經常發生參與者未察覺自己的狀態，或者不明確與其他人表達自己的狀態，而狀態仍在影響他的行為的情況。這個狀態若是負面的狀態，就可能引起其他參與者的不適或防衛反應，而負面地影響交流。若是有這種情況，就是引導上要介入的時機。若是正面的狀態，引導者也可視情況介入，讓參與者的狀態能明顯呈現及正面影響別人。

邀請參與者表達狀態有幾種介入方式。

B4.7.1 詢問與邀請分享狀態

你可以在有詢問「參與者狀態」的必要時，用短介入的方式快速向參與者詢問他的狀態。詢問後，若是覺得參與者分享他的狀態給其他參與者有助於交流，你可以再邀請他分享狀態。

例如，有一位參與者皺著眉頭盯著牆上大家寫下來的資料，看了很長的一段時間，似乎已經不關注正在進行的談話了。你介入問他：「我

看你一直盯著資料看。你還好嗎？」他回覆道：「我還好。我覺得這些資料有一些矛盾的地方，好像與我們現在的問題有關。我有那麼一絲感覺，但又一時悟不出來，所以就盯著它想。」你可以邀請他將他的狀態分享給其他參與者：「我覺得你這個發現可能對大家很有價值。你要不要把你的發現告訴其他人，說不定他們也會幫你想想？」

又如，某一小群參與者突然歡樂了起來，哈哈大笑。你過去問問他們：「我聽到你們一起笑得很大聲，發生了什麼事？」他們的回覆是：「我們覺得參加這個會議還滿開心的。平常都分開工作，很高興能每半年有這種機會見見面。」你可以邀請他們將他的狀態分享給其他參與者：「待會小組討論時間結束後，你們要不要跟其他人分享這份喜悅，說不定他們也會很有共鳴？」

又如，談話進行到一半，所有參與者突然都沉默不語，而你不確定他們現在的狀態是什麼。你詢問他們：「我們沉默已經一段時間了，大家現在的狀態怎麼樣？還在思考嗎？」有幾個人分別回覆：「我還在思考中。這個問題有點困難。」、「我覺得有點累了，所以剛剛精神有點不集中。」、「我心裡記掛著一件事，想著待會休息時間要去打個電話。」在參與者回答你的過程中，大家就已經聽到了彼此的狀態。

詢問狀態後不見得一定要接著作其它介入。若是參與者的狀態正常或可以立刻恢復正常，繼續參與談話，那麼你就不需要繼續介入。詢問狀態後接著做的介入，也不見得都是邀請分享狀態。若是參與者需要的是其它幫助，那麼你就使用適合的即時介入技巧介入或調整流程幫助他們。例如在上一段的例子中，若是你判斷參與者需要休息，你可以說：「我覺得依現在大家的狀態來看，休息一下可能會比較好。我

們提早休息，十五分鐘後回來。」

若是你在介入前所觀察到的，並不是參與者有某種狀態而已，而是已經看得出來他有情緒了，那麼你要採用的是以下的「B4.7.2 幫助參與者浮現與抒發情緒」的技巧。

B4.7.2 幫助參與者浮現與抒發情緒

談話是很密集的心理工作，而情緒是一個人的心理狀態的總體指標。情緒不但會呈現出這個人現在的狀態是什麼，而且這個人自己的思考與決定也會受到情緒的影響。參與者在「情緒對」的時候，各種「談話有效性指標」都會比較順利達成。例如，參與者在平和、正向的情緒下，表達與傾聽就變得容易。在參與者「情緒不對」的時候，例如憂心或煩躁的時候，表達與傾聽就變得困難。因此在引導中，參與者的情緒對引導者是很重要的觀察與引導的標的。

不只引導者要去觀察參與者的情緒，參與者也需要覺察自己在交流與談話中的情緒。參與者自己「個人」的情緒會影響自己的參與方式。同樣地，參與者「集體」的情緒也會影響團體的氛圍，然後團體的氛圍再回頭影響每位參與者的參與方式。所以對參與者而言，能夠覺察到自己的情緒與其他人的情緒是「認知目前參與狀態」及「決定要不要改變目前的狀態」很重要的資訊。

而且，「未被覺察」或「被忽略或壓抑而未抒發」的情緒，會在暗地裡影響著參與者的心理活動及行為，而影響參與的專注度，或造成誤解及成為彼此交流與談話的障礙。每個人都有懷著心事而無心關注身旁的事情的經驗，以及因為心情大好或大壞而影響自己對人的態度的經驗，這些都是情緒積壓在心裡所帶來的影響。

「未被覺察」的情緒不見得只有旁人未覺察，也可能有情緒的人自己並未覺察。在團體的交流中有一個現象：參與者在投入在「內容」的探討的時候，不見得能夠覺察到自己的情緒、其他人的情緒或團體的氛圍。這時候引導者引導參與者關注與表達情緒，對於他們覺察自己與團體的狀態會很有幫助。

例如，會議中某個人說了一個出人意料的好消息：「我們很意外的發現客戶很喜歡我們，所以完全沒用到備案。跟客戶見面才十分鐘，我們就拿下這個案子了！」然後你看到每個人的嘴角都上揚，但沒有人說什麼。這時你可以說：「我看到好多人的嘴角都上揚了，你們的感受怎麼樣？」這時可能有一個人說：「當然很開心囉！」另一個人突然開始鼓掌，然後大家都跟著鼓掌起來。接著又有一個人說：「我們應該來慶祝一下！」大家就跟著附和，一起說好提早半小時下班去喝一杯。在抒發完這個情緒之後，大家的士氣變得更高昂，更積極地投入討論與這個客戶合作的下一步。如果這個高興的情緒沒有被抒發出來，可能就不會有這麼高昂的士氣。

但也可能這個人說的是：「我們很意外地發現客戶對我們百般刁難，所以我們決定放棄這個客戶，把時間花在其他客戶身上。」然後你看到好幾個人都搖了搖頭，但沒有人說什麼。這時你可以說：「我看到好幾個人搖了搖頭，你們的感受怎麼樣？」這時可能有一個人說：「聽到這個消息，我覺得很震驚。」這個「震驚」的情緒是他的第一反應，他自己可能也還沒時間消化這樣的反應，也許背後有更多對這件事情的洞察可以探索。這時你可以邀請他分享：「你覺得震驚的原因是什麼？可不可以跟我們說一下？」幫助他去探索他「震驚」背後的原因。情緒在這個情況下是作為線索或指標，指出可以探索的方向。藉由引導參與者探索情緒的來源，你能幫助他們更深入地去思考

這件事情。

在實際操作上，當你察覺到參與者有情緒，而且你判斷讓這位參與者或其他參與者感知到這個情緒對於交流與談話有幫助的時候，就是運用浮現與抒發情緒的技巧的時機。具體步驟如下。

步驟一、反饋讓你感受到情緒的客觀事實

例如，你看到某位參與者得意之情溢於言表、滿面春風、說話時眉飛色舞。這時你可以把你的觀察反饋給他。例如：「小葉，我看到你笑了起來。」

又如，你看到某位參與者充滿了不滿的情緒、臉色嚴肅、說話愈來愈大聲。這時你可以把你的觀察反饋給他。例如：「老薛，我聽到你說話的音量提高了。」

當你觀察到參與者的情緒時，要反饋給他的是你透過他的外在所觀察到的、讓你感受到他的情緒的客觀事實，而不是告訴他他的情緒是什麼。所以，你要避免說：「小葉，你看起來很得意。」或「老薛，你看起很不滿。」情緒是什麼留著讓參與者自己說。

這樣做是因為不是每個人在每個時刻都歡迎你揭露他的情緒。對很多人來說，情緒反映個人的內心狀態，是屬於個人的私密資訊。所以，當你說他是在什麼情緒之中時，先不論你很可能對他的情緒判斷錯誤，就算是判斷對了，很可能他的反應是想要掩飾或否認，而不是坦然接受。例如小葉可能會說：「我哪有得意？沒有啊！」老薛可能會說：「你別亂說，我哪有什麼不滿！」

如此一來，你本來是要引導小葉或老薛抒發他的情緒，結果反而做不到了。所以，在幫助參與者浮現與抒發情緒時，你要儘量描述你看到或聽到的客觀事實，以留下空間，讓他在下一個步驟自己決定要不要揭露情緒。

步驟二、邀請抒發情緒

第二個步驟是邀請參與者抒發情緒。這個步驟用提問的方式邀請，在語氣上會比較委婉。問法有很多種，例如：「你可以說說是怎麼回事嗎？」、「你可以跟我們分享你的心情嗎？」、「你可以告訴我們是什麼原因嗎？」只要是能邀請他說說他的情緒的說法，都可以。

若這位參與者是一位感性的人，他可能就開始訴說他的情緒以及分享引發他的情緒的事情，例如小葉可能會說：「我現在心情很高興，因為我本來預期我們今天要討論的事情是比較棘手的，沒想到在來這裡的路上聽到消息說最大的挑戰已經消失了。我現在真的非常地開心！」小葉說出了他的情緒之後，他的情緒就得到抒發了。而且這個例子裡小葉所抒發的是正面的情緒。正面的情緒只要不是太過激烈而造成交流的障礙，留著是很好的事情。甚至，你可以詢問別人是否也有同樣的感受，例如問：「其他人也有同樣的感受嗎？」以讓其他人有機會回應與交流這個情緒，讓正面的情緒能夠因此擴散與獲得共鳴。

但若情況是另一個極端，事情的發展可能就不一樣了。假設老薛是比較理性的人，當時他擁有的又是負面的情緒，那麼他在回答你時，可能不會直接告訴你他的情緒，而是描述事實或分析邏輯。例如老薛可能會說：「我說話音量大是因為我想要強調

OPEN QUEST 引導力 上冊
引導的基本觀念與即時介入

我們真的是找錯了合作的公司，但是大家好像都看不見這個事實…。」這對他來說或許有可能產生抒發情緒的作用，讓他的情緒隨著發言慢慢平復下來。但也有一定的機率這沒什麼效用，他的情緒依舊很激動。如果有這種情況，你可以做第三步驟。

步驟三、幫助說出情緒

「發洩情緒」與「說出情緒」是兩回事。當一個情緒沒有被說出來的時候，它很可能轉而在行為或語氣中表現出來。你可能看得出來這個人說話是帶有情緒的，有時情緒還可能非常激烈。以老薛的例子為例，他說話變得愈來愈大聲，表情與動作也變得愈來愈激動。因為他雖然藉著說話來發洩情緒，但他的「情緒」並沒有直接被說出來以得到抒發與交流，所以他會繼續處在情緒裡，很難平復。這時，你可以幫助他說出他的情緒。情緒在得到正視與同理後，就有機會平復下來。

例如，你可以對他提問：「老薛，當你說剛剛這一段話的時候，你內心的感受是什麼？」、「你是帶著什麼心情說這一段話的？」或「你正經歷著什麼樣的情緒？」

老薛藉著回答你的問題，就可以把他的情緒給表達出來。例如，他可能會說：「我覺得很不滿，還覺得很生氣。」

步驟四、表達理解與邀請回應

有正面情緒的參與者需要他人共鳴；有負面情緒的參與者需要他人同理。所以對於負面的參與者，你接下來還可以表達對他的理解，以及邀請其他人回應。

例如，你可以說：「老薛，我可以理解你的心情。」這句話說到理解或同理的程度就夠了，不必表達認可或支持，以保持你作為引導者在內容上的中立。關於這個技巧，你可以參考本章前面的〈B4.3 表示理解或同理感受〉那一小節的說明。

其後，如果你覺得有必要，可以邀請其他人回應老薛。例如：「大家聽到老薛的心情，有什麼想要回應的嗎？」讓這個情緒有機會在團體中得到正視與消化。

如此一來，發言者的情緒就有機會得到抒發，有助於他回到比較平和的狀態進行談話。

有些引導者會刻意避免引導參與者在團體交流的過程中表達負面情緒，因為他害怕情緒被表達出來後自己無法回應與處理。但參與者的情緒並不會因為沒有被表達出來就消失。某些情緒會在背景裡影響參與者的交流行為，讓參與者很難有效進行談話。因此，忽視參與者的情緒或避免參與者表達情緒不見得是好的作法。就短期來看，若引起情緒的原因與會議所討論的主題有關，忽視或避免表達情緒會阻礙會議目標的達成；就長期來看，忽視或避免表達情緒對於參與者這個群體所形成的組織的文化會有負面的影響。反之，幫助參與者適當地抒發與表達情緒，不僅能夠讓該談的議題能夠真正有機會提出來溝通，而且情緒有機會能得到關注與轉化。這能加強團體信任感與談話安全度，對組織的溝通文化也能夠帶來正面的影響。我們並不需要隨時隨地都引導參與者抒發情緒，但當情緒成為影響談話的關鍵的時候，也不要刻意避免引導參與者表達它。

第十二章　幫助參與者「傾聽」的即時介入

「傾聽」是「談話有效性指標」的其中一個方面的指標。本章介紹幫助參與者傾聽的即時介入技巧與相關的觀念。下圖是這些指標與技巧的概觀。前面有數字編號的是技巧名稱。我為技巧編號以方便識別與引用技巧。

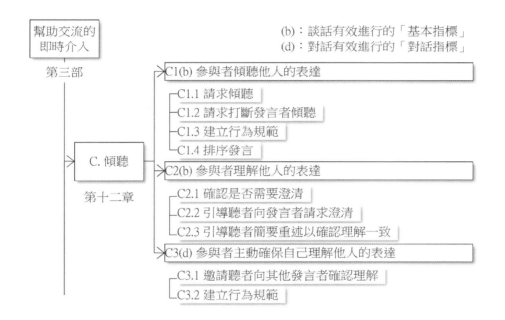

「幫助交流的即時介入」第三部

（b）：談話有效進行的「基本指標」
（d）：對話有效進行的「對話指標」

C. 傾聽　第十二章

C1(b) 參與者傾聽他人的表達
　　C1.1 請求傾聽
　　C1.2 請求打斷發言者傾聽
　　C1.3 建立行為規範
　　C1.4 排序發言

C2(b) 參與者理解他人的表達
　　C2.1 確認是否需要澄清
　　C2.2 引導聽者向發言者請求澄清
　　C2.3 引導聽者簡要重述以確認理解一致

C3(d) 參與者主動確保自己理解他人的表達
　　C3.1 邀請聽者向其他發言者確認理解
　　C3.2 建立行為規範

即時介入以幫助「參與者傾聽他人的表達」

「C1(b) 參與者傾聽他人的表達」是關於「傾聽」的基本指標。在使用與這個指標有關的即時介入技巧前，有兩個需要注意的重點。一是需要先排除造成參與者「不關注」的因素，二是略過不需要處理的正常情況。這兩個重點分述如下。

排除造成參與者「不關注」的因素

傾聽是人關注談話後就自然會做的事。「不傾聽」經常是因為有環境或心理因素讓參與者「不關注」談話。所以，在使用本節所介紹的介入技巧前，你可以先使用前面〈第十章、幫助參與者關注的即時介入〉的技巧，辨識與排除「不關注」的因素，幫助參與者回到關注談話的狀態。在確認沒有「不關注」的因素在影響參與者之後，若參與者還是有「不傾聽」的情況，再採用本節介紹的技巧作即時介入。

在排除「不關注」的因素時，最基本但又經常被忽略的作法，是調整大家的座位以縮短人與人之間的距離，並且讓每個人與其他每個人都能毫無物理障礙地隨時面對面。當人與人之間近距離面對面的時候，若是有人不聽他人說話，就會顯得很突兀。因此，光是這樣做就可以有效提高參與者彼此傾聽的機率。在線上虛擬會議的相應作法，則是請每個人打開鏡頭，讓大家能夠實時看到彼此。

略過不需要處理的正常情況

人會傾聽是因為「在乎」，而無法傾聽經常也同樣是因為「在乎」。

人在聽人說話的時候，內心會跟著有感受、思緒等各種反應。這些反應通常不妨礙傾聽。而且正是因為內心有反應，所以聽的人會想回應發言，因此交流才會發生。所以，聽的人對發言有內在的反應是很自然的現象。

但如果聽的人對發言的內在反應很強烈，就很難再把注意力放在傾聽發言上，而必須轉向去關注及照顧自己內在發生的反應。這個對於自己內在反應的「關注」或「照顧」可能是陷入自己的思考或情緒，或忍不住搶話回應別人的發言。這些都會造成傾聽的中斷。中斷也不一

定是壞事。例如，說不定那位陷入思考的參與者過了幾分鐘之後，回來說了讓人很有啟發的一段話。又如，忍不住搶話的參與者在表達了他與發言者的共鳴後，大家都覺得很有道理。所以雖然這些內在的強烈反應會造成對於傾聽的內在干擾，但因為它對談話並不一定帶來負面的影響，所以不一定需要介入。事實上，如果引導者對每一個傾聽中斷的情況都作介入，反而會頻繁打斷正常的談話動態，而讓談話更不容易進行。

在排除造成參與者「不關注」的因素及略過不需要處理的正常情況後，若是參與者還存在著「不傾聽他人的表達」的情況，那麼你就可以使用以下介紹的技巧作即時介入，以幫助他們傾聽。若不傾聽的情況是因防衛反應或防衛心態所引起，那麼你除了使用本章的技巧之外，可能還必須使用〈第十四章、幫助參與者因應防衛的即時介入〉的技巧，以幫助參與者避免或降低防衛，才能幫助參與者有效傾聽。

C1.1 請求傾聽

有時，參與者並不是不關注談話，只是偶爾走神或注意力轉到別處，而發生不傾聽的情況。這時候你可以作「C1.1 請求傾聽」的即時介入。

你可以先說明介入理由，例如：「我聽到小李已經開始說話了，但有些人的注意力還沒集中過來。如果我們沒注意聽，待會小李就還得再說一次。」然後請求傾聽：「可否請大家把你的注意力轉到這裡來，一起來聽聽看小李想說什麼。」

在情況明顯時，你也可以不說明介入理由而直接請求傾聽。例如：「有人發言了，請大家注意聽一下。」

C1.2 請求打斷發言者傾聽

聽的人在對於別人的發言有強烈的內在反應的時候，可能會忍不住插嘴打斷別人說話。發生這種情況時，表示打斷別人說話的這個人已經不傾聽了。你可以用「C1.2 請求打斷發言者傾聽」的技巧，請他回到傾聽的狀態。

具體的步驟是三個技巧的組合。這三個技巧分別是〈第七章、即時介入的基本技巧〉中所介紹的「Z.1 打斷發言」、「Z.2 說明介入理由」，以及上一小節的「C1.1 請求傾聽」技巧。

例如，在有人打斷別人發言時，你就馬上打斷「打斷者」的發言，並說明介入理由。例如：「我注意到在小胡剛開始說話時，你就打斷他了。如果我們互相打斷的話，就沒有人能完整表達。」然後接著對他請求傾聽：「請你先聽他說完，然後你再說。如果你怕忘記你要說的，請先拿筆記下來。好嗎？」

參與者把要說的話先拿筆記下來是「懸掛」的技巧。當他拿筆把想說的話記下來之後，就不用再惦記著要說的內容，而可以把心思空出來，回到傾聽的狀態。關於「懸掛」，你可以參考〈第十四章、幫助參與者因應防衛的即時介入〉中的〈F2.4 請求參與者暫緩評判〉那一節中的說明。

此外，如果有幾個人同時打斷發言的話，你也可以使用本章後面即將介紹的「C1.4 排序發言」技巧，為打斷者們排個順序，讓他們都得到依順序說話的機會。

C1.3 建立行為規範

如果不傾聽的行為重複出現，例如參與者每隔一會兒就打開電腦查看訊息

OPEN QUEST 引導力 上冊
引導的基本觀念與即時介入

或離開會議室去喝水吃東西，有可能是因為它是行為習慣的關係。若是在每次發生這種情況時，引導者都介入請求傾聽，會對參與者造成很大干擾，所以比較適合的介入方式是建立行為規範。

以「經常查看訊息」的情況為例，你可以先說明介入理由，例如：「我觀察到大家習慣每隔一會兒就用電腦查看訊息。我擔心這樣會經常中斷我們的討論，讓我們無法得出我們要的會議成果。」再提出你對行為規範的建議：「我們上下午都有多次的休息時間。我建議大家把電腦收起來，在休息時間再查看訊息。可以嗎？」關於建立行為規範的具體作法，請參考〈第七章、即時介入的基本技巧〉中的〈Z.9 建立行為規範〉那一節。

如果建立行為規範無效，那就不是單純「不傾聽」的情況，而是「參與者持續不關注談話」的情況。介入這種情況的具體作法，請參考〈第十章、幫助參與者關注的即時介入〉。

C1.4 排序發言

「C1.4 排序發言」是在多人同時說話導致參與者很難聽清楚發言內容時，所使用的技巧。

人受限於生理的限制，縱使在聲音都很清晰的情況下，一般人還是一次只能專注聽一個人說話。所以當有幾個人同時說話的時候，想同時聽清楚每個人說什麼幾乎是不可能的事。人所能做到的，最多是聽這個人說幾句，再聽另一個人說幾句。這個過程不可避免地會發生傾聽的斷點，因此聽的人並無法完整聽完所有的發言。而對於那些只想聽其中某一個人說話的人來說，因為此時其他人說話的聲音都變成了干擾他傾聽的噪音，所以他會覺得傾聽特別費力。因此，最好的談話環境是一次只有一個人說話。而這可以透過參與者一起的努力做到。

你可以想像當這種「多人同時說話」在談話中發生時，就像路上的交通發生了混亂，大家都卡在十字路口動不了。這時你要幫大家維持交通，讓談話恢復有效進行。這個維持交通的介入技巧叫作「C1.4 排序發言」，也就是幫助大家排好發言順序的意思。這個技巧的具體步驟如下。

步驟一、說明介入理由

你可以先說明介入理由，例如：「請大家先停一下。我發現現在有很多人同時說話，這會讓大家要聽清楚別人說什麼變得很費力。所以我幫大家排一下順序。我們照順序一次一個人說話，好讓我們都能聽清楚每個人說了什麼。好嗎？」

步驟二、為發言者排序及邀請發言

然後，你再調查一下有誰想發言，幫他們排個順序。例如，你可以說：「想說話的人請舉個手，讓我幫你們排順序。小方，你第一個；小朱，你第二個；小夏，你第三個……我有漏掉誰嗎？」然後請大家按照順序發言。

排好發言順序後，由於排在順序裡的人知道遲早會輪到自己，所以他們就不會搶著要發言而導致多人同時說話。以下我再補充幾個使用「C1.4 排序發言」時經常使用的技巧。

快速排序發言

等進行過幾次排序發言，大家都熟悉這種作法之後，你就可以採用快速版的排序發言。在看到有好幾個人同時想發言時，簡單地用手一一指向那些人，說：「一、二、三、四、五。第一個由小袁先說。」這就可以做到快速進行排序發言。

當大家已經排好隊在發言時，若有人再舉手，你就繼續把他往下排。數字可以隨時回到從「一」開始排，只要順序清楚即可。

處理插隊的情況

進行排序發言時，若是有人想要「插隊」發言，會影響到正在排隊的人的權利。所以，除非正在排隊的人同意，否則你不能讓人插隊。如果你讓人隨意插隊，後果是之後你再作排序發言時，就沒有人會遵守了。但反過來說，有時插隊的人提出了聽起來相當合理的插隊理由，積極爭取插隊。發生這種情況時，若是完全不允許他插隊似乎也不太合適。在這兩種考慮下，比較好的作法如下。

假設小汪舉手要求發言或已經插嘴發言。你可以打斷他，對他說：「小汪，你排第六號。」但由於小汪真的很想插隊，所以他提出要求：「讓我先說好嗎？因為現在小方講的跟我想講的是一樣的事情，所以我想回應一下。」

接下來，你要跟他確認他所需要的發言時間，然後再徵詢排隊的人是否同意他插隊。例如：「你需要多長時間講你想講的？」小汪回答說：「兩分鐘。」接著，你再跟小汪說明你接下來的步驟：「小汪，你插隊發言會影響到正在排隊中的人的權利，所以你插隊必須他們先得到他們的同意，否則以後大家都不願意按順序發言了。」然後你再徵詢已經在排隊的人的同意：「還在排隊中的有誰，請舉起你的手。你們願意給小汪兩分鐘時間回應一下小朱的發言嗎？同意的話請把手放下。」若大家都把手放下，你就讓小汪插隊發言；若還有人舉著手表示不同意，你就請小汪排隊。

在談話特別緊湊時，你也可以省略跟排隊中的人確認的步驟，直接允許或拒絕插隊。這可以讓介入的時間更短，因此對談話節奏的干擾更小。但這種作法容易導致排隊中的參與者不滿，所以你最好只允許要對現在正在進行的發言作簡短回應的人插隊，而且要特別留意與回應其他人對插隊的反應。

使用道具作為輔助

如果你在引導排序發言時，還是經常性發生參與者搶佔別人發言的情況，那麼你可以使用道具作為「說話權杖」來輔助排序發言的進行。你可以在排序完後，交給首先發言的人一個容易拿取與傳遞的道具。這個道具是作為「說話權杖」使用。唯有手上拿著「說話權杖」的人才能說話。發言者說完話之後，把道具傳給下一個輪到發言的人。下一個人在接到「說話權杖」之後才能開始發言。有了實際可見的道具以彰顯發言的權利，加上使用道具的儀式感，排序發言會進行得比較好。

「說話權杖」並不見得要是真的權杖或長得像權杖的物品。你可以事先準備或在會議室裡面就地取材，找一樣適合的物品。選用物品有一些條件。第一，它最好能讓人一隻手拿著而不會讓人感到累或累贅。第二，由於參與者可能在距離較遠時像傳球一樣「丟」及「接」說話權杖，所以說話權杖最好是選用萬一意外打到人也不會導致受傷或感到疼痛的物品。第三，說話權杖本身也要耐摔，以避免有人沒接到時掉到地上就損壞。如果你用的是一手可以掌握的小球，基本上很容易滿足上面三個條件。但由於球掉地上後容易滾動，可能因此造成參與者把時間浪費在撿球上，所以你最好挑選在落地後不易滾動的軟球。

同時有多人需要發言的情況，也可以以「分組進行流程」的作法處理。這不屬於「即時介入」的技能，而是屬於「引導流程的設計與實施」的技能。大概的步驟是調查一下有哪些人想說話以及他們要說的主題，然後以他們為小組的主要人物，讓大家組成小組。之後，給大家一段時間在小組裡進行討論。在小組討論時間結束後，請各個小組回來跟其他小組分享討論的結果。這種作法與排序發言的不同處，是它會把參與者打散去討論不同主題，所以不會是全部的人都一起參與所有的談話。

關於「分組進行流程」，你可參考〈第二十六章、流程的重要元素：參與形式〉中的介紹。

即時介入以幫助「參與者理解他人的表達」

參與者雖然傾聽發言，但不見得他在傾聽後就能理解發言內容，也不見得他所理解的內容就與發言者的意思一致。所以，傾聽的另一個談話指標是「C2(b) 參與者理解他人的表達」。

參與者不容易理解發言者的表達，可能來自客觀或主觀的原因。客觀的原因是雙方在語言、知識、文化、能力等方面的差距；主觀的原因是聽者並非純粹為了理解發言者去聽，而是帶著其它意圖或目的去聽。對於「客觀原因所導致的不理解」，引導者介入的策略是幫助參與者互相澄清及確認理解一致。這些技巧在本節裡介紹。對於「主觀原因所導致的不理解」，引導者介入的策略是消除或降低聽者的防衛心態，因為防衛心態是參與者不能純粹為了理解發言者而聽的主要原因。這部分的技巧我在〈第十四章、幫助參與者因應防衛的即時介入〉介紹。

幫助參與者理解他人的表達的介入技巧如下。

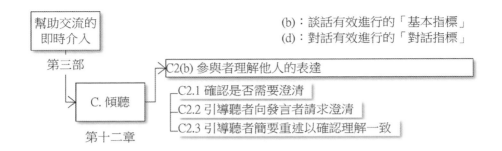

(b)：談話有效進行的「基本指標」
(d)：對話有效進行的「對話指標」

幫助交流的
即時介入

第三部

C. 傾聽

第十二章

C2(b) 參與者理解他人的表達

C2.1 確認是否需要澄清
C2.2 引導聽者向發言者請求澄清
C2.3 引導聽者簡要重述以確認理解一致

C2.1 確認是否需要澄清

這個技巧與〈第十一章、幫助參與者表達的即時介入〉中的「B2.1.1 確認是否需要澄清」是一樣的技巧。雖然技巧一樣，但它列在兩個不同方面的指標裡，可為是否介入提供不同的線索。

參與者在感到不理解時，通常會對發言沒有反應或有困惑的反應，這時你就可以作「C2.1 確認是否需要澄清」的介入。或者，雖然參與者們沒有明顯的困惑的反應，但你憑一般經驗判斷，認為發言者的發言可能讓他們不理解的話，你也可以主動作「C2.1 確認是否需要澄清」的介入。

例如，你可以先說明介入理由：「我看大家對老沈的發言沒什麼反應，所以我想確認一下大家對於老沈說的是否有不理解的地方需要澄清。」接著向參與者提問以確認是否需要澄清：「有沒有內容需要他澄清？」

如果情況適當的話，你也可以不說明介入理由，直接向參與者提問以確認是否需要澄清。

C2.2 引導聽者向發言者請求澄清

如果有人需要澄清，那麼你可以作「C2.2 引導聽者向發言者請求澄清」的

介入。例如你可以問：「你想請參與者澄清哪個部分的內容？」、「你想澄清什麼疑惑？」、「有什麼地方你不明白，需要他多作一些說明？」然後邀請發言者為聽者澄清。

C2.3 引導聽者簡要重述以確認理解一致

參與者雖然理解發言內容，但他的理解可能與發言者所表達的意思不一致。如果你感到有這種疑慮的話，你可以用「C2.3 引導聽者簡要重述以確認理解一致」的技巧來幫助他作確認。這個技巧需要請聽者簡要重述他所聽到的內容給發言者，然後由發言者確認意思是否一致。

例如，你可以先說明介入理由：「剛剛老徐說的這段話比較複雜，我想確認一下大家的理解是不是與他表達的意思一致。」然後從聽者中邀請一位自願者簡要重述：「有哪一位可以簡要重述一下剛剛你聽到的內容，我請老徐作確認。」

在自願者簡要重述完之後，你再請發言者確認及補充。例如：「老徐，他說的是你剛剛表達的意思嗎？有什麼你想要補充或更正的？」

即時介入以幫助「參與者主動確保自己理解他人的表達」

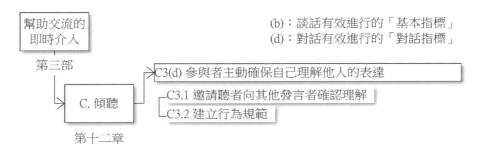

「C3(d) 參與者主動確保自己理解他人的表達」是一個對話指標，而非基本指標。它要求參與者更為主動。參與者不只要有意願傾聽，而且要主動去確保自己理解發言者表達的內容，所以這個指標的介入對象是聽者。這個技巧有以下兩種介入方式。

C3.1 邀請聽者向其他發言者確認理解

當發言者發言，而你觀察到有人感到困惑時，你可以向看起來困惑的人說明介入理由：「我看到大家的表情似乎不是很理解小趙的發言，我擔心這會導致大家交流不充分。」然後提出你的邀請：「我邀請有疑問的人向小趙詢問一下你需要澄清的內容。有誰要提出疑問來澄清的？」

如果這時聽者對於你為什麼要讓他們做這個事情感到困惑，你可以進一步說明介入理由：「當然，由我作為引導者幫你們向他澄清也可以。但我認為你們直接向他澄清是最理想的情況，因為這可以形成你們自己的對話。所以我提出這個邀請。你們在澄清的過程中我也會隨時協助。」

如果聽者並未主動向發言者澄清，那麼你就自己作「C2.1 確認是否需要澄清」及「C2.2 引導聽者向發言者請求澄清」的介入。下次另一位參與者發

言後同樣有人感到困惑時，你可以再試著對聽者提出邀請。你的每一次邀請都在無形當中影響參與者的行為，幫助對話成形。

C3.2 建立行為規範

如果情況適當的話，你也可以採用「建立行為規範」的作法。例如，你可以說：「我觀察到當你們對於別人的發言有疑問時，很少主動向發言者澄清。如果大家能主動澄清自己的疑問以確保自己理解別人的發言的話，對於我們進行對話會很有幫助。請問大家願意試試看嗎？」

形成行為規範之後，你就不需要在每一次有同樣情況時都作邀請，而只需要提醒遵守規範就可以了。所以，「建立行為規範」特別適用於不主動澄清的情況特別多的場合。關於「建立行為規範」的各種作法，請見〈第七章、即時介入的基本技巧〉中的〈Z.9 建立行為規範〉那一節。

第十三章　幫助參與者「探詢」與「回應」的即時介入

「探詢」與「回應」是「談話有效性指標」的其中兩個方面的指標。由於這兩個指標的即時介入技巧不多，因此我將它們一起放在本章介紹。下圖是這些指標與技巧的概觀。前面有數字編號的是技巧名稱。我為技巧編號以方便識別與引用技巧。

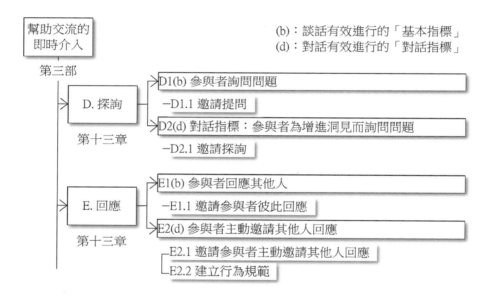

即時介入以幫助「參與者詢問問題」

相對於「表達」，「詢問」在談話中比較少見。但詢問有主動探索與引領思考的作用。在談話中，每個人各自的表達或許沒有交集，傾聽也比較被動。但有了詢問之後，就能有效開啟相互澄清及聚焦思考的過程，而讓交流更豐富。

D1.1 邀請提問

隨著談話的進行，或許有些人心中已經對談話的內容產生了一些需要澄清的疑惑，或許有些人已經感覺到一些需要提出來討論的問題。但他們也許因為不想打斷談話、因為覺得不好意思、因為找不到談話的空檔，或其它可能的原因，而沒有把它提出來。若你邀請參與者提問，這些疑惑或問題就會被提出來，而讓交流更豐富。由於詢問問題有重新聚焦討論焦點的作用，所以若是在討論進行中突然邀請提問，有可能中斷了正在進行的討論。因此，使用這個技巧的適當時機，是在談話中途突然沒有人發言的時候，或談話告一個段落的時候。

「D1.1 邀請提問」可以作短介入，也可以作長介入。

短介入例如：「大家討論到現在，有什麼疑問想問？」、「有誰心中有想提的問題，現在可以貢獻出來幫助大家思考？」、「現在或許是個問問題的好時機，有沒有人想對誰提個問題？」

長介入是先說明介入理由後，再邀請提問。例如：「我們討論到現在已經有一個小時了，大家已經貢獻了許多想法。我覺得這個時間點或許是提出一些問題來讓大家一起思考的時候。」接著邀請提問：「到目前為止你有什麼問題想拋出來問問大家？」

如果有人提問題，談話就會繼續進行。如果沒有人提問題也沒關係，進行你接下來想進行的流程即可。

即時介入以幫助「參與者為增進洞見而詢問問題」

「D2(d) 參與者為增進洞見而詢問問題」是一個對話指標，而非基本指標。在一般的談話中，參與者詢問問題的目的大多是為了自己想獲得答案。但若這是一個對話，詢問者還會詢問一些會引發大家的思考而增進洞見的問題。這類問題並不是在團體中分享已知，而是促進大家共同探索未知。參與者會問出這類問題，是因為他們在談話裡理解彼此的過程中，發生了想法互相激發、激盪與融合的動態。這個動態讓參與者超脫了個人視角，而能站在共同思考的高度上發出探詢。反過來說，你引導參與者詢問這一類問題，也可幫助這個動態發生，讓談話進入對話的型態。

D2.1 邀請探詢

「D2.1 邀請探詢」與「D1.1 邀請提問」類似，但兩者有一些差別。由於探詢的目的在引發大家的思考以增進洞見，所以在用語上明顯帶有這樣的意圖。

「D2.1 邀請探詢」與「D1.1 邀請提問」一樣，可以作短介入，也可以作長介入。

短介入例如：「剛剛的討論啟發了你哪些好奇想探索的問題？」、「你心中有想到什麼問題能幫助我們一起思考？」、「有什麼問題可以幫助我們在這個話題上作進一步的探索？」

長介入是先說明介入理由後，再邀請探詢。例如：「我們討論到現在已經有一個小時了，大家貢獻了許多想法。我覺得這個時間點或許是我們進一步探索未知的時候。」接著邀請探詢：「有什麼問題可以在現在的基礎上幫助大家作進一步的思考？如果你有想到這樣的問題，歡迎提出來向大家

作探詢。」

除了以上這些通用的問法之外，你也可以視談話進行的脈絡詢問貼近談話內容的具體問題，以作比較有方向性或針對性的探詢。

適合使用「D2.1 邀請探詢」的時機比「D1.1 邀請提問」的時機少。使用「D2.1 邀請探詢」的前提是談話內涵已足夠豐富，參與者們才能有感而發地問出這些問題。但縱使你使用了這個技巧之後沒有人提問，對於談話也會有幫助。你對於探詢的邀請就像一顆種子，會在有心的參與者心中萌芽，之後在對的時候結出果實，誕生出富有啟發性的探詢來。而且，若是在你的一次次邀請後，探詢成為了參與者們的習慣，那會對進行對話有莫大的幫助，也會讓你的引導省力不少。

即時介入以幫助「參與者回應其他人」

「回應他人」是交流的實際展現。回應包括了對發言內容的回應與對非語言訊息的回應。回應的方式可能是以語言補充、呼應、詢問、評價、挑戰其他參與者所表達的內容，也可能是以表情或肢體動作作出微笑、點頭、擊掌等反應。

在一場談話剛開始時，你需要先邀請個別參與者發言，因此你可能成為許多參與者發言的對象。但經過一段時間以後，如果參與者完全沒有互相回應，那麼交流就會顯得遲滯，想法之間的互相激發與激盪就會很有限，甚至無法形成談話氛圍。這時，你就要多多使用邀請參與者彼此回應的技巧，幫助參與者開始彼此交流。使用這個技巧，就像是在參與者的談話中穿針引線一樣，它能幫助參與者從對你發言轉向對彼此發言。若是你成功地讓參與者彼此互相回應，各人的發言就會彼此交織，談話會因此開始流

動，而形成參與者自己主動交流的談話。否則，若是形成了參與者在整場談話中都只對著作為引導者的你說話的情況，那麼談話中參與者間最基礎的互動與交流就會很少發生，談話也就難以形成激發、激盪、融合的效果，原來預計透過引導可以達成的談話結果也就難以達成。

E1.1 邀請參與者彼此回應

「E1.1 邀請參與者彼此回應」從「回應對象」上區分，可分為對「不特定對象」或「特定對象」作回應。例如：「大家對剛剛討論的觀點有什麼要彼此回應的？」是邀請對不特定對象作回應。「有誰想要回應小許的發言？」是邀請對特定對象「小許」作回應。

從「邀請回應的種類」區分，可分為「不特定回應」或「特定回應」。例如：「大家有什麼要彼此回應的？」是引導者不特別限定回應的種類邀請參與者回應。「大家有什麼要想要補充的？」、「大家有什麼要想要評論的？」、「大家有什麼要想要提問的？」、「大家有什麼要想要誇讚的？」是引導者邀請參與者作「補充」、「評論」、「提問」、「誇讚」等特定種類的回應。

還有一種作法是以「對於觀點的態度」邀請「特定回應」。在參與者對談話觀點呈現出不同的態度時，例如有人積極表達觀點、有人支持別人觀點、有人反對別人觀點、有人衡平看待各方觀點時，你可以基於這些態度邀請參與者彼此回應。例如：「有哪些人同意這個觀點的？你的理由是什麼？」、「有哪些人持相反看法的？你的理由是什麼？」、「有誰想表達一下你是怎麼考慮剛剛提出來的各方觀點的？」最後一種問法，也有邀請參與者全覽整體談話內容的作用。

在線上虛擬會議裡，參與者的溝通無法如線下實體會議那般有豐富細節，

所以對彼此的回應自然會比較少。因此,在引導線上虛擬會議時,引導者需要經常邀請參與者彼此回應,甚至請求參與者刻意增加回應的強度與頻率。

即時介入以幫助「參與者主動邀請其他人回應」

「E2(d) 參與者主動邀請其他人回應」是一個對話指標,而非基本指標。它要求參與者更為主動地邀請其他人回應。因此,這個指標的介入對象是發言者。這個技巧有以下兩種介入方式。

E2.1 邀請參與者主動邀請其他人回應

當發言者的發言結束時,你可以先說明介入理由:「我看到大家在聽了你發言時似乎都聽得很有興致,我想他們應該是有一些想法可以反饋給你。」然後提出你的邀請:「你要不要邀請他們回應一下你剛剛說的內容?」

如果這時發言者對於你為什麼要讓他做這個事情感到困惑,你可以進一步說明介入理由:「當然,由我作為引導者邀請他們回應也可以。但我認為你直接邀請他們回應是最理想的情況,因為這可以形成你們自己的對話。所以我提出這個邀請。你在邀請他們回應的過程中我也會隨時協助。」

如果發言者並未主動向其他人邀請回應,那麼你就自己作「E1.1 邀請參與者彼此回應」的介入。下次另一位參與者發言後有同樣情況時,你可以再試著對發言者提出邀請。你的每一次邀請都在無形當中影響參與者的行為,幫助對話成形。

E2.2 建立行為規範

如果情況適當的話，你也可以採用「建立行為規範」的作法。例如，你可以說：「我觀察到當你們發言時，很少邀請其他人回應。如果大家在發言完之後能主動邀請回應，大家的交流就會更多。這對於形成我們的對話會有很大幫助。請問大家願意試試看嗎？」

形成行為規範之後，你就不需要在每一次有同樣情況時都作邀請，而只需要提醒遵守規範就可以了。所以，「建立行為規範」特別適用於不主動回應的情況特別多的場合。關於「建立行為規範」的各種作法，請見〈第七章、即時介入的基本技巧〉中〈Z.9 建立行為規範〉那一節。

第十四章　幫助參與者因應「防衛」的即時介入

「防衛」是「談話有效性指標」的其中一個方面的指標。本章介紹幫助參與者因應防衛的即時介入技巧與相關的觀念。

使用前面幾章的介入技巧，你能幫助參與者關注談話以及互相表達、傾聽、探詢、回應，從而開展一場很好的談話，甚至形成對話。但事情並不總是每一次都會這麼順利。有時，你會發現參與者關注談話，而且有表達、傾聽、探詢、回應，但整場談話的走向並不正常。它不是一般經驗中的討論或對話，而是一場讓人感覺得到敵意的熱戰或冷戰。說的話不是直白清楚的溝通，而是你來我往的攻防閃躲。有些人激動地發洩情緒，有些人想掌控局面，有人試圖緩和氣氛，有人看得出來有意見但保持沉默。談話似乎成為一場角力。原本的談話目的不再受到關注，贏得爭論或發洩情緒成為主要目的。這種競爭型態的談話是由於參與者的防衛心態互相激發所引起，所以介入的重點在於處理防衛心態。

下圖是與因應防衛有關的指標與技巧的概觀。前面有數字編號的是技巧名稱。我為技巧編號以方便識別與引用技巧。

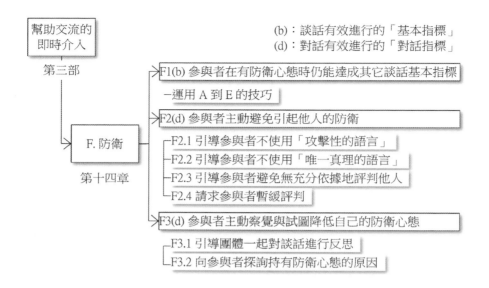

在介紹技巧之前，我先說明防衛心態的概念以及防衛心態升高與降低的重要機轉。這些基本觀念能幫助你了解技巧的作用。

防衛心態的概念

要能在引導上因應防衛心態，你需要了解防衛心態如何形成、會衍生出什麼行為、會對談話造成什麼影響。以下是對於這些基本觀念的說明。

防衛心態的形成

人有「認為自己所說的話是對的、正確的」的傾向。從交流的角度來看，這是自然而且健康的，有助於明確觀點及呈現不同的觀點。如果每個人都拿出自己認為是「對的」的觀點，互相理解與探索一番，就有機會去蕪存菁，找出或整合出最受認可的觀點。

但人有時對於自己的觀點會太過於執著，而抱持著「只有我擁有唯一對的

答案」的信念。持有這個信念的人不能衡平地看待與他的觀點不一樣的觀點，而會認為只有我自己是對的，別人的想法只要與我不一樣就是錯的。甚至人有時因為太過於喜愛自己的觀點，而會把「不認同我的觀點」等同於「不認同我這個人」。於是為了保護自己，他開始過度保護自己的觀點，把不同意見視為威脅，而進入了第八章所介紹的「單方控制模式」。

由於把不同意見視為威脅，持有「單方控制模式」的人對於不同的意見會有「戰鬥」或「逃避」的反應。例如想要辯解以讓自己的意見顯得較優越，或心裡對不同的意見嗤之以鼻。雖然這些反應是為了保護他對自己的認同而產生的自然反應，但若參與者有意或無意地認可了這些反應，而讓它在心裡固著了下來，就會形成「防衛心態」。

防衛心態所衍生的行為

防衛心態會影響人在談話中持續展現「戰鬥」或「逃避」的行為，例如以貶低、責怪他人的方式去強迫別人接受他的意見，或對他人假意敷衍或虛與委蛇卻仍私下堅持自己的意見。也就是說，他會積極地攻擊他人以消滅威脅，或消極地逃避以避免再被威脅。所以，他參與談話的態度就不是從他人的觀點中學習及互相合作，而是如何贏過他人，或至少不讓他人獲勝。

在具體的行為上，「戰鬥」行為是防衛心態的積極展現，參與者的行為會變得激進。在談話中，他的姿態會變得高人一等；他的表達會變得咄咄逼人；他的聽也不再是傾聽，而是為了找出對方弱點的、充滿挑釁的聽；他的提問會聽起來像在法庭上的質問；他的回應充滿了攻擊性，很容易激發對方的防衛反應。

「逃避」行為則是防衛心態的消極展現，參與者的行為會變得刻意的保

守。在談話中，他在表面上看起來雖然沒有激進的表達，但他要不是固執己見、迴避溝通，要不就是冷言冷語或酸言酸語、讓人覺得渾身不舒服。還有些比較隱晦的逃避行為，讓其他人很難察覺，只讓人覺得好像這個人雖然能溝通，但一直無法溝通到位。雖然這些相較於「戰鬥」而言是比較保守的行為，但其他人可以感受得到這個人在溝通上築起了一道隱形的牆。與他溝通不見得會得到他的回應，或至少不會得到有效溝通應該有的正常回應。最終，他還是只認可他自己的意見，採取他自己決定的行動，以不合作的方式贏得他自己定義的勝利。

防衛心態對談話的影響

有「防衛心態」的人視談話為戰場。無論他展現出來的是哪一種行為，輸贏已經成為他心中的主旋律。他把自己作為籌碼擺到了這個戰場上。他害怕如果沒有贏得談話，他將會失去自尊。所以，談話不是理解彼此與共同探索可能性的合作過程，而是充滿試煉的生存考驗。

參與談話的其他人之中，可能並不是每個人都認為只有自己擁有唯一對的答案。但第一個有防衛心態的人所表現出來的姿態與行為會讓其他人感受到威脅。他們有三種可能的反應。一是不隨著有防衛心態的第一個人起舞，仍然保持正常的參與；二是被激出火氣，加入戰鬥，與有防衛心態的第一個人拚個輸贏；三是投降，假裝認同有防衛心態的第一個人的觀點或保持沉默不說話。其他人的反應若是第一種，那麼他們通常是有意識地保持自己不受影響，以讓談話有效進行。其他人的反應若是第二種及第三種而且持續下去，意謂著他們也隨著這個情勢升起了防衛心態。

由於防衛心態會互相激發而升得更高，所以其他人的防衛心態所表現出來的行為，又會返回來刺邀有防衛心態的第一個人，讓他戰鬥或逃避得更加激烈。在這種反覆的激發之下，敵意呈螺旋狀上升，其他人也受到影響而

開始加入。最後,各方都把談話視為戰場,而感到自己只能贏,不能輸。至此,談話已經從「多元呈現」轉變為「互相對立」。

根據各方的「戰鬥」或「逃避」的反應,談話會呈現不同的態樣。如果各方都進入戰鬥的狀態,那麼談話就會進入「辯論」型態,甚至引發更糟糕的吵架或語言暴力。如果各方都進入逃避的狀態,那麼冷戰就開始了,該談的話題不會真正拿出來談或只是虛假地談,問題得不到真正的解決,雙方關係也會惡化。若是某些方戰鬥、某些方逃避,那麼表面上大家好像有溝通,但實際上不會真正去理解對方,仍然會是雙方各持已見的僵局。無論談話演變成哪一種態樣,在戰場上的人都覺得只有一方能獲得勝利,其他人都是輸家。最終,談話成為一場意氣之爭。不但談話的目的可能因此達不到,而且人際關係可能因此受到很大的損害,而產生長遠的負面影響。

防衛心態升高與降低的重要機轉

參與者帶著防衛心態所展現的行為,會在參與者間來回激發出更多的防衛心態,而導致敵意不斷升高,最終形成對立。參與者互相刺激而讓防衛心態愈演愈烈的重要因素,一是不適當的表達方式,二是不傾聽或不適當的傾聽。我將「不適當的表達方式」的機轉分散在本章各小節的介入技巧中介紹。此處我來介紹「不傾聽或不適當的傾聽」的機轉。

在傾聽上的機轉

對於防衛心態的升高與降低,傾聽比表達有更大的影響。傾聽不但是升高防衛心態的重要機轉,同時也是降低防衛心態的重要機轉。

舉個例子,參與者老李說:「你們都是笨蛋。你們提的辦法都是垃圾,沒

有用的。」這是防衛心態下的表達方式。如果其他人表現出「不傾聽」的態度，例如都別過頭去不理他，可能導致老李更激烈的反應：「你們都聾了嗎？難怪你們什麼事都幹不好。不只你們提的辦法都是垃圾，你們就是垃圾。」或者，如果其他人表現出聽到了，但是是「不適當的傾聽」。也就是並非純粹想理解老李，而是帶著防衛心態的傾聽。則他們可能會回應：「你一向對我們不滿是嗎？就你最聰明，你的辦法最好，那你還跟我們在這兒談什麼？你自己一個人幹不就得了？」這對老李來說也是火上澆油，會導致他更激烈的反應。

所以，「傾聽的方式」會影響「對於防衛心態的反應方式」，而左右接下來防衛心態的發展。假設在這個老李的例子中，其他人所用的傾聽是「純粹為了理解而聽」，那麼情況就會完全不一樣。例如，在老李說完：「你們都是笨蛋。你們提的辦法都是垃圾，沒有用的。」這句話後，其他人的回應是認真而好奇地問：「我們會提這些辦法當然是因為覺得不錯才提的，但也不是說它們就是最好的。很顯然你與我們的想法有很大差距。我想了解為什麼你覺得我們提的辦法都是垃圾、沒有用？」這種回應方式不迴避老李的說法，而且表現出對老李意見的尊重，因此老李如果再罵下去就顯得很沒道理。這有助於讓老李降低防衛心態，讓談話回到正常的動態。

升高與降低的螺旋

具體而言，在「升高防衛心態」的方向上，聽者不傾聽或不適當地傾聽表示他本身就處在防衛反應之中，而容易形成防衛心態。發言者會因為聽者的態度與行為感到不悅，而更進一步加大行為力度。發言者加大行為力度又會導致聽者起更大的防衛反應。對立的態勢就是在這種一來一往的互相反應中螺旋升高。

在「降低防衛心態」的方向上，聽者是「純粹為了理解而聽」。「純粹為了理解而聽」是目的最純粹的聽。聽者假設他還沒有完全理解對方所說的話，所以不能輕易對聽到的內容或發言者下評判，以免因此中斷了理解的過程。因此，聽者在這個純粹的目的下最能夠專注在傾聽上。雖然「理解」是聽人說話的最基本要求、最單純的目的，但在人有防衛反應或防衛心態時，這基本的要求與單純的目的都很難做到。要做到純粹為了理解而聽，聽者必須要排除其它例如要「反駁」、「護己」、「求勝」的目的，不斷擱置心裡的評判，試圖再多一點理解他人。這在聽者被發言者攻擊或責怪而感到有不公平或受委屈等情緒時，尤其特別困難。但是它威力強大。因為為了要做到這種純粹的「聽」，「聽者」以下這些內心的機轉就會發生。

聽者內心的機轉

一、好奇

當人有防衛心態時，無論對方說什麼，他都是排斥的，甚至會把耳朵關上，不願意聽。但人為了要理解對方說的內容，他的心態就必須從「排斥」轉為「好奇」，開始去聽對方說什麼。這意謂著聽者的心態變得開放，能容納不同的可能性。

二、同理

當人有防衛心態時，會傾向從自己的角度與立場出發去看待對方的觀點，這很容易引發評判。但當參與者要真正透過聽去理解對方時，他就必須要放下自己的角度與立場，而站在對方的角度與立場上去揣摩他的處境、需求及價值觀，從而看到對方所認為的道理。

三、尊重

當人有防衛心態時，傾向貶低對方的發言以贏得勝利。這經常表現為

對人的不尊重。但「純粹為了理解而聽」所展現的好奇與同理扭轉了這一點，而表現為對於人的尊重。

當聽的人為了做到「純粹為了理解而聽」而在心態上變得「好奇」、「同理」、「尊重」時，他的防衛反應或防衛心態自然就降低了，並且會反映在他外在的姿態與行為上。

發言者的機轉

另外一方面，當發言者被人以「好奇」、「同理」、「尊重」的方式傾聽時，他也就不再需要那麼用力地防衛自己。甚至他可能因為感到被接納而不再堅持己見，以及變得也能傾聽別人不同的觀點。所以說，當發言者「被傾聽」時，他的防衛心態也會因此降低。

幫助參與者傾聽以啟動機轉

傾聽會讓發言者與聽者降低防衛心態，降低防衛心態之後又有助於傾聽。防衛心態與傾聽此消彼長，就像風驅散了烏雲一樣，最後讓談話的氛圍露出陽光。

因為「純粹為了理解而聽」是如此重要，所以前面幾章中那些幫助參與者互相澄清以理解彼此的介入技巧非常重要。無論參與者帶著什麼額外的意圖、假設或目的去聽別人說話，你都可以運用這些介入技巧，幫助他去聽與理解別人所表達的內容，而讓他們對別人的理解盡量達到等同於「純粹為了理解而聽」的理解程度。如此一來，在談話按原來脈絡進行的情況下，參與者的防衛心態也能夠不再升高，而且有機會開始降低。若是你能更進一步，透過介入讓參與者自己「主動」去確認自己與他人彼此的理解，防衛心態的降低會更明顯。

消除或降低防衛心態的途徑

消除或降低防衛心態可從「行為」與「心態」兩個途徑著手。從「行為」途徑著手的介入，是幫助參與者調整他們的行為，例如減少會刺激他人產生防衛反應的行為，或增加可消除或降低防衛心態的行為。從「心態」途徑著手的介入，是幫助參與者預見行為造成的後果，以期望參與者能因此改變行為，甚至自主消除或降低防衛心態。這兩種途徑並非只能二者擇一，而是可以在介入的過程中搭配進行，產生互補的效果。因此，你可以在以下的介入技巧中看到這兩個途徑搭配運用的痕跡。

即時介入以確保「參與者在有防衛心態時仍能達成其它談話基本指標」

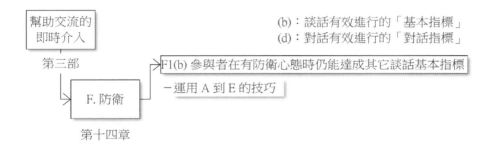

參與者在持有防衛心態的情況下還能有效進行談話，表示他們至少能達成在關注、表達、傾聽、探詢、回應等其它方面的談話有效性的基本指標。此指標能幫助你判斷介入與否。至於在達成指標的技巧上，前面幾章所介紹的介入技巧即是能用來幫助參與者達成這些基本指標的技巧，我在此不贅述。

即時介入以確保「參與者主動避免引起他人的防衛」

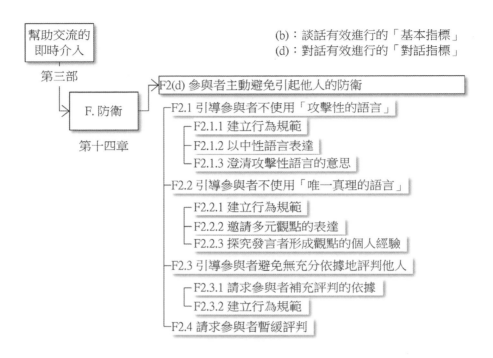

幫助交流的
即時介入

第三部

F. 防衛

第十四章

(b)：談話有效進行的「基本指標」
(d)：對話有效進行的「對話指標」

F2(d) 參與者主動避免引起他人的防衛
F2.1 引導參與者不使用「攻擊性的語言」
F2.1.1 建立行為規範
F2.1.2 以中性語言表達
F2.1.3 澄清攻擊性語言的意思
F2.2 引導參與者不使用「唯一真理的語言」
F2.2.1 建立行為規範
F2.2.2 邀請多元觀點的表達
F2.2.3 探究發言者形成觀點的個人經驗
F2.3 引導參與者避免無充分依據地評判他人
F2.3.1 請求參與者補充評判的依據
F2.3.2 建立行為規範
F2.4 請求參與者暫緩評判

「F2(d) 參與者主動避免引起他人的防衛」是對話指標。你可以透過本節所介紹的介入技巧，幫助參與者意識到自己的語言與行為的影響並作出調整。這包括了不使用攻擊的語言、不使用唯一真理的語言、避免無充分依據地評判他人，以及暫緩評判。引導者使用這些技巧的意圖，是他在透過每次的介入與建立行為規範來影響參與者的心態與行為之後，最終參與者能轉變為主動避免引起他人防衛，以達成這個指標。

F2.1 引導參與者不使用「攻擊性的語言」

具有攻擊性的語言，例如罵人、酸人、損人等，會引起聽者的防衛反應。

由於這種情況所引起的負面效應特別大，所以在發生時，引導者要引導參與者建立行為規範或作其它介入，以幫助他們有意識地主動避免再次使用攻擊性的語言。以下是這個介入技巧的說明。

F2.1.1 建立行為規範

為消除或降低防衛心態而建立行為規範的技巧，會比〈第七章、即時介入的基本技巧〉裡所介紹的作法要多出「幫助參與者看見行為後果」的步驟。以下是這個技巧的說明。

步驟一、說明介入理由

在參與者用攻擊性的語言表達時，你必須趕快打斷他並說明介入理由。例如：「老劉，我注意到在你剛剛說『我去你的』的時候，老張的表情馬上就變了。我擔心若是這樣的用語影響談話，讓它無法有效進行的話，我們就比較難達成我們進行這場談話的目的。因此我想暫停討論，探討一下這類說法的影響。」

步驟二、幫助參與者看見行為後果

接下來，你可讓受這個行為影響的其他參與者表達感受，以幫助運用攻擊語言的行為人看見他的行為後果。

例如，你可以向上例中的老劉說：「為了確認你剛剛說的話的影響，我想向老張問一下他的感受。」然後，你問受影響的老張：「老張，說說你聽到老劉這樣說話的時候，你的感受是什麼？」老張可能說：「他這種說法非常不禮貌，我覺得被侮辱了。」

然後你問雙方：「我們今天開會的目的是要討論出一個共同認可的方案，你們覺得如果我們用這種語言說話的話，對我們的溝通

會有什麼影響？」這時，老劉與老張說出來的影響通常會是負面的，例如「導致情緒上來無法溝通」或「會容易變成吵架而沒有結論」。

這個步驟還有一個作法是你直接告訴參與者影響是什麼，以幫助他看見行為後果。這樣做的好處是比較節省時間，而且介入過程也比較容易維持在你預期的方向上；缺點是參與者對後果的感受比較不深刻。

步驟三、建立規範

接著，你就可以建議行為規範以及邀請參與者承諾。例如：「那麼我們接下來說話就避免使用這種會挑動對方負面情緒的語言。好嗎？」或「那麼我們接下來說話就談自己的意見與感受，不去說別人。好嗎？」在參與者說「好」的同時，他們對自己的行為就作了一個承諾。

下次有人使用攻擊性語言的時候，你就可以根據這個行為規範，馬上要求行為人改用非攻擊性的語言重新發言。

關於「建立行為規範」的各種作法，請見〈第七章、即時介入的基本技巧〉中〈Z.9 建立行為規範〉那一節。

以上步驟是在引導現場作直接介入的技巧。對於不適合在引導現場作直接介入的情況，你也可以改為在會議休息時間找使用攻擊性語言的行為人作個別的介入。作個別介入時，你可以用以上步驟，但其中步驟二改為由你來反饋給行為人你所看見的行為後果。或者，你也可以採用第十九章的「J.1.3 幫助參與者覺察與調整影響力」的技巧進行介入。

處理介入時不順利的情況

但情況也可能不會這麼順利。在「步驟二、幫助參與者看見行為後果」裡，當你問「使用這種語言對我們的溝通的影響」時，使用了攻擊性的語言的行為人可能不回答負面影響的答案。此時，你可以讓受影響的人多給一些反饋，讓行為人能看見行為的後果。畢竟，後果是什麼並不是依行為人單方面的認知所決定的，受影響的人的反應才是決定後果的重要因素。你可以善用這一點，讓行為人清楚看見後果。

例如，若是上例中的老劉回答的是：「影響非常好啊！我說『我去你的』的時候感覺很舒服。」你可以說：「判斷談話中用語的影響，要看它引起別人什麼反應。剛剛老張說他聽到你說『我去你的』的時候，他覺得被侮辱了。你覺得接下來你們雙方談話的情況會變好還是變壞？」如果老劉還是採取迴避的態度說：「會變好。」或是說：「我怎麼會知道？」那麼你就回頭問老張：「老張，你覺得被侮辱了，接下來你會怎麼反應？」老張可能回答：「如果剛剛你沒打斷他說話，我接下來就會罵回去了。」

如果情況適當的話，甚至你可以再問幾個人在同樣情況下的反應，讓老劉多看到一些反應。例如，你可以說：「我們可以再多問幾個人的反應，以確認這個用語的影響。例如我問一下小賴。小賴，如果你被人說了『我去你的』之後，你正常情況下會有什麼反應？」

接著你就可以用他們的反應來回應老劉的說法：「就剛剛幾個人的反應來看，你說『我去你的』的影響有可能是你們開始互罵，以至於原來該討論的事情就無法好好討論了，而讓這場會議的目

的達成不了。」

在你判斷老劉的反應是已經可以清楚看到行為的後果之後，再提你對行為規範的建議，以及邀請老劉承諾。

最極端的情況是老劉依然故我，完全不想改變自己的行為。例如，他說：「我知道別人聽了會不爽，但我從小說話就是這樣，反正我不會改。」

在行為人不願意改變的情況之下，你可以轉而引導其他參與者決定如何應對這個情況。例如，你可以對其他參與者說：「在老劉不改變的前提下，我們作為聽他說話的人，可以如何避免或降低老劉的說話習慣對談話的負面影響？」通常這時會有人提建議。例如，可能會有人說：「我們不理他這種說話習慣就好了，反正他就是這樣。」

如果沒有人提建議的話，你也可以對聽者提建議，幫助他們有意識地降低防衛反應。例如你可以說：「我們作為聽他說話的人，可以自主降低這樣的話語對我們造成的影響。畢竟無論說話的人的用語是什麼，你都可以選擇要不要被他影響。你在內心提醒自己這點，可以避免我們將時間花費在無建設性的爭執上。如果你聽了還是覺得不舒服，你可以向老劉表達你的不舒服，然後我們還是回到會議內容的正常討論上。這樣好嗎？」

F2.1.2 以中性語言表達

攻擊性語言中帶有的攻擊、輕蔑、侮辱、貶低等負面字眼就像是話語中帶著的「毒素」，特別會引起聽者的防衛反應。此時，你可以以比

較中性的語言把這些話重新表達一次，或邀請發言者自己用中性的語言表達，以減低它的影響。

F2.1.2.1 引導者自己以中性語言表達

例如發言者老陳說：「你就是這麼缺德，老是把不願意做的事情往其他人身上推。」對方一聽臉色變了。這時你可打斷老陳的發言與說明介入理由。例如：「剛剛你說的話裡面有比較強烈的字眼，我擔心這可能會引起負面的情緒而模糊了談話的焦點。所以我想試著用比較中性的語言重述，跟你確認一下你的意思。」然後你以中性語言重新表達一次，並向發言者確認：「你的意思是說他經常把不願意做的事情推給其他人，這讓你覺得在道德上說不過去是嗎？」

「F2.1.2.1 引導者自己以中性語言表達」的優點是介入時間短，因此對談話形成干擾的時間較短。缺點是引導者為了保持角色在內容上的中立，在表達時不適合作過多詮釋，也不適合表達超出原來發言者發言內容的範圍，所以表達比較受限。此外，在比較敏感的時刻，縱使引導者認為自己的表達適當，發言者還是有可能覺得引導者曲解他，而導致介入耗費更長時間，甚至影響到引導者的中立性。所以，當你有這方面的顧慮時，可以採用以下的「F2.1.2.2 邀請發言者以中性語言表達」介入。

F2.1.2.2 邀請發言者以中性語言表達

你也可以邀請發言者自己改用中性語言表達。這個技巧有兩種介入方式，一是「F2.1.2.2.1 邀請以中性語言重述」，二是「F2.1.2.2.2 探詢以轉化陳述為中性語言」。

F2.1.2.2.1 邀請以中性語言重述

作「F2.1.2.2.1 邀請以中性語言重述」的介入時，你可以先說明介入理由，例如：「剛剛你說的話裡面有比較強烈的字眼，我擔心這可能會引起負面的情緒而模糊了談話的焦點。所以，我想請你試著用比較中性的語言重述。」然後邀請發言者以中性語言重述：「用中性的語言客觀地重述一次你的意思，你會怎麼說？」

若是發言者有意願且表達能力足夠，他就能很快重新改用中性語言重述自己的意思。但如果你判斷發言者並沒有使用中性語言的意願或他的表達能力不夠，你可以使用以下的「F2.1.2.2.2 探詢以轉化陳述為中性語言」介入，多作一些引導。

F2.1.2.2.2 探詢以轉化陳述為中性語言

參與者之所以會使用攻擊性的語言，通常是為了表達不滿或防衛自己。藉由探詢他如此表達的背後的原因，你就能引導他陳述事實、事實所引發的情緒，以及因此想表達的重點。這類陳述相對上客觀，而不至於過激。因此，當你引導發言者作這類陳述時，就已經在幫助他轉化他的語言為中性語言，而且其他參與者也能更深入理解他。

作「F2.1.2.2.2 探詢以轉化陳述為中性語言」的介入，也是先說明介入理由，例如：「剛剛你說『缺德』的字眼比較重，我擔心這可能會引起負面的情緒而模糊了談話的焦點。然而，我相信你會用這個字眼有你的原因，所以我想請你說說原因是什麼。」然後邀請發言者說明：「為何你會這樣

說？」然後視發言者的陳述情況，引導他從事實、情緒、理由各方面作比較完整的陳述。例如：「客觀來看發生了什麼事情讓你這樣說？」、「你覺得這些事情引起了你什麼情緒？」、「你想對他人表達的重點是什麼？」就經驗上來看，這些原因通常是需求、價值觀或切身的利益。

「F2.1.2 以中性語言表達」由於是單純在語言上的單點介入，所以適合用在偶爾發生而且較輕微的情況。對於頻繁發生或者是較明顯刻意的行為，還是必須要就行為形成規範，才會有效。若要形成行為規範，可以在作完某次「F2.1.2 以中性語言表達」的介入後，接著進行第七章的「Z.9 建立行為規範」。

F2.1.3 澄清攻擊性語言的意思

這個介入技巧只能用在比較特殊的場合。

在某些場合裡，攻擊性的語言並不會對談話明顯造成負面影響。例如，有一些團體平常就習慣使用某些攻擊性語言作為口頭禪。對他們而言那是一種口語習慣，而不是真的有意攻擊人。聽的人也不以為意，因為聽的人自己平時說話也是這樣。在這種情況下，你引導他們形成避免使用這種語言的行為規範，相當於是要他們改變語言習慣。雖然這樣做不是不可以，但若是這種改變來得太過突然，可能反而對談話造成不必要的限制。例如，習慣用「我去你的」這個詞開頭才能接著說話的一群人，若是突然不能說這個詞，他就不曉得怎麼開口說話了。這就像原來都是用右手寫字的人，你突然要他改用左手寫字，效率就會大受影響。因此，在有這種情況時，你可以不作任何介入。

但這種場合有一種情況需要介入。這種需要介入的情況跟攻擊性語言

造成防衛心態無關，而是跟表達的語意清不清楚有關。跟所有習慣性的語言或口頭禪一樣，參與者平時習慣使用的攻擊性語言，雖然在前述場合中不會對談話造成負面影響，但有時會過度簡化所要表達的意思，而讓聽者誤會。有這種情況時，你可以介入以澄清發言者要表達的意思。

例如老劉對老張說：「我去你的。你還真是了不起啊！」這到底是真的在稱讚老張，還是在調侃老張？如果你感到參與者對此感到困惑，而且澄清這個困惑對他們很重要，那麼你就可以介入去澄清老劉的語意。例如，你可以說：「老劉，你剛剛說這一句想表達的是什麼，可否具體說說？」

F2.2 引導參與者不使用「唯一真理的語言」

另一種會引起他人防衛反應的語言，是「所有人都應該知道……」、「沒有人會不認同……」、「只要是正常人都會認為……」這一類的語言。這種語言隱含了前面第八章介紹的「只有我擁有唯一對的答案」的假設，而把自己的意見說得好像是世間唯一的真理，所有人都必須同意。

有時候，這種假設的呈現比較隱晦。發言者不會明顯使用這些語言，但你從說話者說話的方式、語氣、反應來看，他並不接受其他人有不同的觀點。例如，他一聽到與自己不同的意見就說：「你說的不對。事實是……。」但他說的事實中其實包含了很多自己的主觀意見，而非客觀的事實。或者是說：「是的，但是……。」聽的人會感覺前面的那句「是的」好像同意別人的說法，但後面那個「但是」才是重點。

其他人在聽到這種語言的時候，會感覺由於不同意見都被提前否定或立即否定了，所以沒有表達不同意見的空間。他若是要表達不同意見，就必須

要與對方進行一場爭論，於是就必須在表達時把自己給武裝起來。所以說這種說法會引起防衛反應，把談話轉變為競爭型態的談話。

要避免參與者使用這類語言或減低其影響，你可以採用以下幾種技巧。

F2.2.1 建立行為規範

如果你察覺參與者經常使用「唯一真理的語言」，那麼你可以引導他們建立行為規範，幫助他們在說話時運用不同的語言。

步驟一、說明介入理由

例如：「我觀察到每當有人用『所有人都應該知道……』或『沒有人會不認同……』這樣的說法時，都會立刻引起較強烈的反駁。我擔心這樣會讓我們把時間花在爭論上，而無法有效地呈現與考慮不同的觀點。所以我想暫停討論，先探討一下這類說法的影響與我們可以做的調整。」

步驟二、幫助參與者看見行為後果

接下來，你可讓受這個行為影響的其他參與者表達感受，以幫助運用唯一真理的語言的行為人看見他的行為後果。例如，你可以問參與者：「大家覺得這樣的說法會引起強烈反駁的原因是什麼？我邀請有感受的人說一下。」以及「大家覺得這對我們的談話會有什麼影響？」

這個步驟還有一個作法是你直接告訴參與者原因及影響是什麼，以幫助他看見行為後果。例如，你說：「我想原因可能是這樣的說法會讓有不同意見的人覺得不愉快，而想要立刻反駁。這會讓我們的談話進行起來比較吃力。」這樣做的好處是比較節省時

間，而且介入過程也比較容易維持在你預期的方向上；缺點是參與者對後果的感受比較不深刻。

步驟三、建立規範

然後你就可以提出你對行為規範的建議：「為了讓談話能進行得比較順利，我想提個建議。我們接下來在說自己的意見時，就以『我』作為主詞。這樣每個人說的就代表自己的意見，其他人就不會覺得被迫接受或需要反駁了。這樣大家同意嗎？」關於「建立行為規範」的各種作法，請見〈第七章、即時介入的基本技巧〉中〈Z.9 建立行為規範〉那一節。

以下我介紹兩個在「不使用唯一真理的語言」上你可以向參與者建議的行為規範。

「以『我』發言」

通常，用「唯一真理」的假設說話的人，在語言上不會用「我」作為主詞。若是你回頭看一下前面舉的那些例子，你可以發現它們都不是用「我」開頭。這是因為持有這個假設的發言者必須在語言上表達他的觀點是「所有人」或「全世界」的唯一標準，所以他的句子若是用「我」開頭的話，就做不到這一點。

同樣的道理，當他依循行為規範，用「我」作為主詞說話時，他就把他所說的觀點限縮為他自己的觀點，而不是作為放諸四海皆準的觀點了。也就是說，當一個人說：「我認為……」，而不是「只要是正常人都會認為……」時，他就「獨自」「擁有」這個觀點，而不是宣稱別人或全世界也都持有這個觀點。如此一來，別人就不至於覺得需要去反駁，而產生了防衛反應。

這個行為規範也可以用在「引導參與者不使用攻擊性的語言」的目的上。因為，當一個人只說自己的意見與感受的時候，就不是直接在說別人。他的話語中攻擊別人的說法自然就少了。

「是的，而且⋯⋯」

用「唯一真理」的心態說話的人，在語言上還有另外一個特徵，就是很會說「但是⋯⋯」。人與別人有不同觀點時，會說「但是」是很正常的。但如果某個參與者對於大多數別人的說法都說「但是」，就很容易引起別人的防衛反應。因為別人會認為這個參與者認為只有自己才是對的，不允許別人擁有他們的不同觀點。

「是的，而且⋯⋯」這個使用語言的行為規範可以避免這種情形發生。一個小小的改變，從說「但是」改為說「而且」，說話者的姿態就會從「我不允許你有自己的觀點」改變為「你有你的觀點，我另外也來說說我的觀點」。其他持有不同觀點的人，就不會覺得需要去跟他爭執什麼。

以上是對參與者團體建立行為規範的例子。雖說這種介入通常是對團體所作的介入，但若是你需要對特定參與者建立規範，你可以參考「F2.1.1 建立行為規範」中的例子。雖然那是引導參與者不使用「攻擊性的語言」的例子，但作法上類似。

處理介入時不順利的情況

但介入也可能不會這麼順利。尤其是你在對某位特定的參與者作介入時，有時會遇到參與者無覺察或不願意改變的情況。舉個例子，老何使用了唯一真理的語言後，引起了小霍的反駁。你先說

明了介入理由後，問受影響的小霍：「小霍，你聽到老何這樣說話的時候，你的感受是什麼？」小霍說：「他明明知道我跟他的意見不一樣，卻說只要是正常人都會同意他的意見，我覺得他是在貶低我不是正常人。我感受很不好，所以我當然要起來反駁他。」

然後你問雙方：「我們今天開會的目的是要討論出一個共同認可的方案，你們覺得如果我們用這種語言說話的話，對我們的溝通會有什麼影響？」這時，老何與小霍說出來的影響通常會是負面的，例如「導致情緒上來無法溝通」或「會容易變成吵架而沒有結論」。

但老何也可能回答的是：「影響非常好啊！我這樣說沒什麼不好，是他們自己太敏感了。」你可以說：「判斷談話中用語的影響，要看它引起別人什麼反應。剛剛小霍說他聽到你那樣說的時候，他覺得被貶低了。你覺得接下來你們雙方談話的情況會變好還是變壞？」如果老何還是採取迴避的態度說：「會變好。」或是說：「我怎麼會知道？」那麼你就回頭問小霍：「小霍，你覺得被貶低了，接下來你會怎麼進行談話？」小霍可能回答：「我可能會繼續反駁他，或者不再跟他作任何溝通。」

可能老何在這時就已經看清楚他的行為的後果而且同意不再使用「唯一真理的語言」，但也可能他雖然看清楚了，但就是不願意改變。例如他說：「我知道別人聽了會不爽，但我習慣了，改不了。」

在行為人不願意改變的情況之下，你可以轉而引導其他參與者決

定如何應對這個情況。例如，你可以對其他參與者說：「在老何不改變的前提下，我們作為聽他說話的人，可以如何避免或降低老何的說話習慣對談話的負面影響？」通常這時會有人提建議。例如，可能會有人說：「我們不理他這種用語就好了，反正他就是這樣。」

如果沒有人提建議的話，你也可以對聽者提建議，幫助他們有意識地降低防衛反應。例如你可以說：「我們作為聽他說話的人，可以自主降低這樣的話語對我們造成的影響。畢竟無論說話的人的用語是什麼，他所說的話只能代表自己的觀點。你在內心可以提醒自己這點，這樣可以避免我們將時間花費在無建設性的爭執上。如果你聽了還是覺得不舒服，你可以向老何表達你的不舒服，然後我們還是回到會議內容的正常討論上。這樣好嗎？」

在這個指標上採用「F2.2.1 建立行為規範」的即時介入技巧，適合用在當這種行為比較普遍或比較嚴重時。若這種行為不普遍也不嚴重，你可以採用以下其它的即時介入技巧，不需要建立行為規範。

F2.2.2 邀請多元觀點的表達

「F2.2.2 邀請多元觀點的表達」是邀請其他參與者分享不同觀點的短介入。

例如在發言者以「只要是正常人都會同意……」說完話之後，你問其他人：「還有誰有不同的觀點？」當你這樣問的時候，就相當於以流程引導者的身分表達了「發言者的觀點不是唯一真理」的態度，而為其他參與者騰出了表達不同意見的空間。

這個技巧特別適合用在團體中已經形成觀點對立的情況。處於防衛心態的人很容易陷入「對錯二分法」的極端，而在談話中意圖證明自己是對的，甚至意圖證明對方是錯的。對錯之分經常讓談話的參與者自然形成兩個陣營，分別支持彼此對立的其中一個觀點或立場。當兩個陣營開始進行攻防之後，能接受的答案就限縮到只能二者擇一，非此即彼。此時，在參與其中的人的眼中，勝負成了最重要的事情，談話原本的目的很容易就被拋在腦後，傾聽就變得很困難。

在有兩種觀點對立的情況下，你可以鼓勵第三種、第四種、第五種……觀點進來，來打破這個動態。你可以在介入時先說明介入理由：「我們剛剛已經花了一些時間去傾聽與理解兩種很不一樣的想法。我很好奇我們之中除了這兩種想法之外，還有沒有其他想法存在。所以我想邀請有其他想法的人發言。」然後再邀請多元觀點的表達：「還有誰有不一樣的想法想說說看？」

一旦有其它觀點的加入，那麼二者擇一、非此即彼的極端情況即會因此緩和。在呈現多元觀點的環境中，對立會變得困難，這有助於降低參與者的防衛心態。這時你再搭配使用其它幫助傾聽的介入技巧，就能更進一步有效降低參與者的防衛心態。

F2.2.3 探究發言者形成觀點的個人經驗

當有人使用了「唯一真理的語言」說話時，你可以使用「F2.2.3 探究發言者形成觀點的個人經驗」的介入技巧，邀請他分享形成這個觀點的個人經驗。他在分享形成觀點的個人經驗時，由於觀點是以個人經驗為基礎，自然就形成他的觀點的侷限性，而允許別人有別的經驗與觀點。這個技巧用在適合讓參與者用較長時間分享個人經驗的場合。

例如，在老何使用「唯一真理的語言」說話之後，你可以問老何：「我很好奇你的看法是你個人經歷了什麼經驗得來的。能分享你的經驗或舉個例子嗎？」接著讓老何分享形成他的觀點的經驗。等他說完，你再邀請其他人發言：「其他人誰有不同的經驗？」

這會有機會讓發言者察覺作為自己觀點的基礎的經驗的侷限性，以及察覺其他人以不同經驗所佐證的不同的觀點也有道理。經驗是發生在人的身上的真實事件，屬於每個人的獨特內容，沒有其他人可以反駁。因此，這可以避免各方在觀點上高來高去地互相反駁，並且讓各方對於觀點的形成有更多的理解。在這種作法下，無論發言者如何宣稱他的觀點是「唯一真理」，其他人的經驗都有可能證明那不是，而且發言者無法輕易否認。這就無形中讓「唯一真理」的說法不攻自破。

但萬一大家的經驗與觀點都是一樣的呢？那麼發言者的說法自然也會被其他參與者所認同，而不會有問題。

F2.3 引導參與者避免無充分依據地評判他人

「無充分依據地評判他人」是另一個常見的引起防衛反應的行為。例如參與者在沒有了解事實的情況下就武斷地說：「你就是不上道。」、「你怎麼這麼笨？」、「你們的職業操守有問題。」

除了一般性的評判之外，評判還有不同的行為態樣。例如：「你這個人就是個膽小鬼。」、「你這個吃裡扒外的傢伙。」這種貼人標籤的行為。又如：「既然你承認你言之無物了……」、「你說的難道不就是這個意思嗎？」這種曲解他人的行為。又如：「你不就是要故意扯我後腿嗎？」、「你是故意要讓大家難過。」這種編派別人的動機或意圖的行為。

對於參與者無充分依據地評判他人，你可以使用以下兩種技巧。

F2.3.1 請求參與者補充評判的依據

評判會引起防衛反應的前提是無充分依據。如果發言者下這個評判前已表達充分的事實與邏輯的話，雖然被評判的人一樣會感到不悅，但他的反應主要會是論理，而不是強烈的防衛反應。所以，介入的策略是請求評判的行為人補充評判的依據。

例如，小柯對小顏貼了一個標籤，說：「你這個人就是個膽小鬼。」小顏很生氣地說：「你說什麼？你再說一次試試看。」這時，你打斷他們並說明介入理由：「小柯，說人膽小鬼是一個評判。評判都要有依據，否則很容易引起爭執。我剛剛沒聽到你作這個評判的依據，所以想請你說明。」然後請求參與者補充評判的依據：「可否請你說明你作這個評判所依據的事實與邏輯？」

你也可以根據〈第十八章、即時介入以幫助談話內容深入〉裡介紹的「推論階梯」的架構，用提問的方式幫助發言者把事實與邏輯陳述清楚。

介入的結果有兩種。一是發言者的確提出了充分的依據而讓各方開始論理。這是回到有效談話的狀態，你接著正常引導談話進行即可。二是發言者提不出依據。這種情況你可以順勢用以下「F2.3.2 建立行為規範」的技巧，幫助參與者避免再度無充分依據地評判他人。

F2.3.2 建立行為規範

要為無充分依據而評判他人的行為建立行為規範，最好是在「F2.3.1 請求參與者補充評判的依據」之後做。以前面小柯的例子為例，你最

好是在小柯提不出評判的依據之後，再建議行為規範。例如，你可以說：「沒有充分依據的評判不只對人不公平，而且會為談話帶來負面的干擾。所以我建議在接下來的談話裡，我們不輕易對人下評判。在有必要對人下任何評判時，都要說明依據的事實與邏輯是什麼，以免發生不必要的爭執。大家同意這樣做嗎？」、「小柯你同意嗎？」

若你沒做「F2.3.1 請求參與者補充評判的依據」就直接作「建立行為規範」的介入，會有較大的風險。例如，當你向上例中的小柯建議行為規範時，他可能會說：「你這不也是在評判我嗎？你怎麼知道我沒依據？」

關於「建立行為規範」的各種作法，請見〈第七章、即時介入的基本技巧〉中〈Z.9 建立行為規範〉那一節。

F2.4 請求參與者暫緩評判

參與者在持有防衛心態時，內心很容易下評判，而展現出「戰鬥」或「逃避」的行為。例如，參與者在聽到別人的不同的觀點時，因為有防衛心態而評判別人的觀點是錯的，進而展現出貶低他人的行為。因此，如果你有足夠的敏感度，能察覺到參與者因評判而作出了相應行為的時刻，那麼你可以即時介入以幫助他察覺與暫緩評判。如此一來，你便可以幫助他暫時不受防衛心態的影響，而能持續專注於傾聽與理解談話內容。以下舉兩個例子。

‧例如，當大家都還有想法要表達時，老黃說：「我的想法很明顯是比較好的。大家就照我說的做，不需要提其它意見了。」這呈現出老黃已經對別人的不同意見有了評判，而且即將要進入「戰鬥」的行為模式了。這時你可以即時介入，先說明介入理由：「其他人可

能也會跟你一樣，覺得自己很有道理。所以在別人聽過了你的想法之後，我也希望你給別人同樣的機會，聽聽看他們的想法。」然後請求老黃暫緩評判：「是否可以請你把你的想法先暫時放一放，聽聽看別人要說什麼？」

· 又如，當大家說完想法之後，老黃又說：「聽了你們的想法之後，我更加覺得我的想法最好。你們早聽我的就不必多浪費這些時間了。」其他人聽了之後，立刻就變了臉色，喝斥說：「你這樣說太過份了吧！」這是其他人評判老黃的態度之後發生的防衛反應。這時你可以即時介入，先說明介入理由：「我看到大家似乎不喜歡老黃的說法，但我想任何人會覺得自己的想法比別人的好都有他的理由。」然後請求其他人暫緩評判：「雖然老黃的語氣可能讓大家感到不高興，但我想老黃用較強烈的語氣表達他的想法最好，應該有他自認的道理。所以請大家先暫時先放下情緒，聽聽看他覺得自己的想法最好的理由是什麼。好嗎？」然後邀請老黃說明為什麼他覺得自己的想法最好。

暫緩評判是一個非常重要的對話技巧，它還有一個特別的名稱叫作「懸掛」。這個詞來自英文裡的suspension。在英文裡，suspension這個詞有「暫緩」及「懸掛」兩個解釋，而這兩個解釋都很適用在談話中發生的情況。使用這個技巧的人，在內心出現評判時，「暫緩」自己的評判，而在內心把它「懸掛」起來，稍後再決定怎麼處理這個評判。透過這個技巧，他可以給自己一段時間與空間，繼續專注傾聽當下的談話，而讓自己不會過早受到評判的影響。因此，使用這個技巧的人，較不會作出立即的防衛反應，而可以在考慮之後作出防衛反應以外的選擇。也因此，他不會在無意識的情況下讓自己的防衛反應固著為防衛心態，從而能夠自主保持談話的有效性。

在談話中，若是參與者不懂得使用這個技巧，我們作為引導者可以透過即時介入來幫助他暫緩評判。暫緩評判時所作的懸掛，除了在內心的懸掛之外，還有向外懸掛出來給其他人看到或聽到的作法。本章後面所介紹的「F3.2 向發言者探詢防衛心態的原因」技巧，即是屬於向外懸掛的作法，邀請發言者將形成防衛心態的原因懸掛出來。

即時介入以幫助「參與者主動察覺與試圖降低自己的防衛心態」

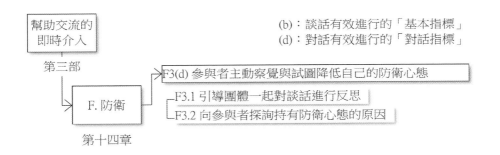

「F3(d) 參與者主動察覺與試圖降低自己的防衛心態」是對話指標。要達成這個指標，參與者須願意主動去覺察自己的防衛心態，而且試圖去降低它。如果參與者能達到這個指標，相當於參與者在有意識地維護對話的環境。這個努力本身會打造出適合對話發生的場域，形成堅固的對話容器，以承載高風險、高難度的對話。

這個技巧分為對團體與對個人兩種。對團體是「F3.1 引導團體一起對談話進行反思」；對個人是「F3.2 向發言者探詢持有防衛心態的原因」。

F3.1 引導團體一起對談話進行反思

當團體的談話因為防衛心態的普遍存在而進行得比較困難或沒有進展時，

你可以作「F3.1 引導團體一起對談話進行反思」。它的步驟如下。

步驟一、說明介入理由

由於接下來要做團體反思，動靜會比較大，而且會持續一段時間，所以你必須要先說明介入理由。例如：「我察覺我們現在的談話進行得比較困難，所以我想邀請大家在接下來二十分鐘的時間裡，一起把我們的關注點從談話的內容暫時轉到對於我們談話的進行方式的思考上，大家一起反思接下來要如何進行談話，讓它有進展。」

步驟二、請參與者調整座位或開啟鏡頭

作這個反思最好讓參與者都能面對面看到彼此。在線下實體會議的場合，你可以先請大家調整一下座位。最理想的座位排列方式是圍成一個圓圈。讓大家的座位面向圓心，圓圈中間不要有桌子或其它較高的物品。這可以讓每個人隨時都能看到每個人，而且每個座位之間的距離一樣，方便交流。若是場地不方便作這樣的設置，那麼至少要讓每個人的位置與方向都能夠輕易看到其他所有人。由於這個反思的過程不需要頻繁的介入，所以你最好也能夠坐進這個圓圈裡面，以免參與者對你過度關注。

在線上虛擬會議的場合，參與者要調整的就不是座位，而是鏡頭。你可以邀請每個人打開鏡頭，讓其他人看到自己。

步驟三、提供主題與焦點問題

由於在接下來的反思時間中，有感觸的人都能自由發言，所以你最好能提供主題以及建議大家思考的問題，以讓大家的反思有焦點，而不會過度發散。例如，主題可以是「我／我們能做什麼讓

談話有所進展」。焦點問題可以是：「我對於談話進行的情況有什麼覺察？」、「要更好地進行這個談話，我/我們需要的是什麼？」、「我要放下的是什麼？」

在你告訴參與者主題及焦點問題的時候，可稍作說明，以確保大家理解它們。你可以將主題及焦點問題寫成海報或製作成投影片，放在所有參與者隨時都方便看得到的地方。這能有效保持談話聚焦。

焦點問題不見得就一定是這幾個，你可以視情況調整為你覺得當下參與者們最需要思考的問題。數量不要太多，以免反而分散了注意力焦點。

步驟四、提供參與原則

如果你有希望參與者在這段時間內遵守的參與原則，最好也能事先提醒。以下我舉幾個例子。

- 若是這個團體不習慣沉默而隨時都有人說話，但大家都在反思的時候又需要允許沉默發生，那麼你可以提供「允許沉默、有感而發」這個原則。

- 若是這個團體的參與者習慣話說得很長又很難停得下來，那麼你可以提供「說話表達重點，留給彼此時間」這個原則。

- 若是這個團體的參與者喜歡說別人而不喜歡說自己，那麼你可以提供「以『我』為主詞發言，表達自己不說別人」這個原則。

除了由你作為引導者提供參與原則之外，你也可以引導參與者一起決定參與原則。這方面較詳細的說明，你可以參考〈第二十二章、引導流程的常態安排〉中〈確保參與情況〉那一節裡的〈制定參與規範〉那一小節。雖然那一小節所介紹的是事先設計的流程，但觀念與作法上互通，可以作為此處的參考。

此外，參與原則的數量視需要而定，但不要太多。若是訂了太多個參與原則，參與者也記不住，而且他們會感到被太多規則束縛。

步驟五、引導反思進行

接下來的反思時間，你儘量讓每個人自由發言，而不作頻繁的介入。若是你在這個反思進行前所使用的，是結構化程度較高的流程，介入較為頻繁，那麼參與者可能會對於你突然在這場反思性的談話中改變了引導風格感到不適應。若是有這種情況，你可以在反思開始前，先跟他們預告接下來你的介入會比較少，以及他們可以主動要求你協助。

之後，你再宣佈一下預計要進行的時間長度，就可以邀請大家想想這些焦點問題及分享他們的答案。在接下來的過程裡，你只需要在觀察到參與者需要幫助時適當介入即可，不需要頻繁介入。介入技巧以短介入為主，以避免過度干擾反思與交流的過程。

在有參與者分享自己的反思時，你可以視情況問他們一些問題，以幫助他們審視自己在談話中的防衛心態。例如，你可以問：「剛剛在談話裡面是什麼讓你這麼堅持你的觀點？」、「如果這個觀點沒有被別人接受，你的風險是什麼？」、「你覺得你堅持

觀點對於談話的影響是什麼？」等等。但留意別做太多，以免談話焦點一直固定在某個人身上或回到你身上。

在有對話發生時，你就順勢引導。例如當某人分享他在談話中的困難與需要時，另一個人突然回應說他知道他自己要放下什麼了，那麼你可以邀請他說說。

若是在反思過程中，團體呈現出了防衛心態所引起的動態。你除了可以用參與原則介入之外，也可以引導大家一起實時分享對於正在發生的動態的體驗與反思。如此一來，這個實時發生的動態就成為了降低整體防衛心態的契機。

步驟六、結束反思

反思所需的時間可能與你所估計的不同。在預定時間快結束時，如果你評估值得延長反思時間，你就向參與者宣佈延長時間。

在反思結束前，你可以鼓勵參與者在反思後回到原來的談話內容時，嘗試運用他們剛剛反思所獲得的心得參與談話。你也可以鼓勵他們繼續保持他們對於談話動態的覺察，並適時地作類似於反思談話中的分享。這可以讓他們持續關注談話方式，並嘗試作出讓談話更好的改變。在鼓勵完之後，你就可以引導參與者回到原來在團體反思前所進行的流程。如果反思的效果不錯的話，你會感覺到談話動態的正向改變。

反思不必強求結果。作為引導者，你能做的是透過你的角色與流程，創造特定的時空環境，讓反思發生。參與者要利用這個機會反思到什麼程度，是他們的決定。你可以引導他們儘可能的反

思，但不必強迫。因為強迫不見得會有更好的結果，但肯定會負面影響你的引導者角色的效能。

雖然這是視情況才作的即時介入，但由於它所擁有的時長與已經有結構化的步驟，它其實已經是一段流程的引導。要引導這類介入程度極小的談話，引導者需要對於團體的動態有較高的敏感度。由於敏感度很難靠看書獲得提升，因此若是你想提升敏感度，可參加與「對話」或「深度匯談」有關的引導方法課程。課程中所經歷的對話體驗，對於提升敏感度有直接的幫助。

F3.2 向參與者探詢持有防衛心態的原因

由於幫助「F3(d) 參與者主動察覺與試圖降低自己的防衛心態」會引導參與者作內在的覺察與反思，而且會有一定程度的自我揭露，所以在團體中用這個技巧對個人作介入時，被介入的個人就會有一段時間在其他所有人的關注中作反思與揭露，這會構成對被介入的個人極不安全的環境。因此，在團體中對個人使用這個介入技巧時，只能作時間較短的介入。你的引導最好能融入當前談話進行的脈絡，而在不脫離當時談話的脈絡的情形下，以提問的方式幫助參與者覺察與反思。

探詢原因的理由

每一個參與者的防衛心態背後，都有他所認為的持有防衛心態的正當原因。這原因可能是他需要保護某些價值或利益，或他為了自己的安全不想承擔某些風險。例如，小陸處在「戰鬥」狀態的原因，是因為他相信如果大家不接受自己的觀點，團隊全體會陷入很大的危機，所以他為了保護團隊的利益而不肯妥協。又如，老蔡處在「逃避」狀態的原因，是因為他過去開過同樣的會之後想認真執行會議所產出的結論，但都得不到支持，所以這次他想先觀望，以免認真投入後再度失

望。又如，小楊處在「逃避」狀態的原因，是因為這次談的事情對他而言風險真的很大，所以他覺得還不到時候說出自己心裡真正的想法。

如果參與者自己沒有覺察到這些原因，或因感到風險而隱藏這些原因，那麼這些原因就會在暗地裡持續影響他參與談話的行為，讓他用非比尋常的方式堅持己見或保護自己，而非揭露這些原因來作溝通。其他人在不知道原因的情況下，就容易被他表面上的行為影響而感到困擾或被激怒。這時，如果你引導參與者覺察與表達出自己有防衛心態的原因，他自己與其他人就有機會面對與處理導致這個心態的癥結，從而有機會緩解這個心態。這就像找到炸彈的引信一樣，找到之後你就有可能消除炸彈引爆的風險。最後縱使風險沒有完全消除，大家也知道了這個引信的存在，而能考慮如何適當應對，以盡可能有效進行談話。

因此，在談話進行到適當的時刻，你可以介入，向參與者探詢他持有防衛心態的原因。

探詢原因的例子

例如，你可以對「戰鬥」狀態中的小陸說：「我一直聽到你十分堅持你的看法。我覺得如果你能讓大家了解你堅持看法的原因，對於我們的談話應該會有很大的幫助。所以，我很好奇你覺得必須要堅持的原因是什麼，可否分享給我們知道？」

又如，你可以對「逃避」狀態中的老蔡或小楊說：「我覺得你說話好像有所保留，不曉得我這樣的感覺對不對。如果真的是這樣的話，我覺得若是大家能了解你保留的原因，對於我們的談話會有很大的幫

助。你不一定要跟我們說那些你不想說的話，但可否跟我們分享一下你有所保留的原因？」

這種介入既是探詢，也是邀請。你能透過這種介入，讓參與者有機會向內覺察防衛心態的來源，以及有機會表達出來。如果他願意利用這個機會說明，其他人就能了解他的防衛心態的來源，以及作回應與處理。

例如，小陸可能會說：「我覺得在這件事情上我們無法承擔錯誤決定所帶來的後果，而且我很肯定我是對的，所以我一定要堅持我的觀點。」那麼其他人就可以問：「你覺得錯誤的決定的後果會是什麼？」、「你為何這麼肯定你是對的？」甚至有人會鬆了一口氣說：「我剛剛對你的態度感到很不爽，但現在我發現我誤會你了。」談話可以就此進行下去。

又如，老蔡可能會說：「我的角色在這件事上有些敏感。有些想法若是要我現在說，我會覺得壓力很大。而且，我也還沒想清楚。所以我覺得還不到說的時候。」其他人可能會有各種反應，例如回應道：「好吧，我理解。」或回問：「你覺得敏感的是什麼？」或：「你在什麼條件下可以放心說？」其他人或許最終還是不知道老蔡不說的內容是什麼，但至少他們可以嘗試去了解老蔡不說的原因，以獲得較多的資訊，以及決定要如何讓談話繼續下去或終止談話。

而對於持有防衛心態的人而言，造成防衛心態的原因通常是他非常在乎的事。如果他願意透過這個過程談原因，相當於他與其他參與者正面溝通自己最在乎的事，因此他也會獲得抒發情緒與被理解的機會，而讓他的防衛心態獲得緩解。如此一來，他就不會因為抱持著防衛心

態而呈現各種非常態的行為，而負面干擾了談話的有效進行。

介入時避免進入參與者動態

「進入參與者動態」是引導者在對參與者作所有種類的直接介入時，都要留意避免發生的情況。由於它特別容易發生在引導者為了幫助參與者因應「防衛」而作即時介入時，所以我把這個觀念放在本章介紹。

當參與者在談話中展現出「戰鬥」或「逃避」的行為時，他們會覺得處在對立的關係當中，覺得自己有不得不戰鬥或逃避的理由。例如，他覺得是自己是價值觀的維護者，不得不以強硬的態度要求他人遵守價值觀。又如，他覺得自己是委屈的受害者，不得不反擊以對抗加害者。這形成了他們對於情況與對自己角色的認知。對他們來說，談話的動態就像一場戲，他們在戲裡扮演著自己的角色。

在引導這種談話時，你要特別小心，避免自己進入這樣的動態中，而被參與者將你代入他們戲中的角色。例如，某個參與者老杜對你說：「引導者你評評理吧。我付出這麼多的努力還不是為了團隊的成功？你看老田他還那樣批評我的意見！」這時，如果你就轉頭對老田說：「你要不要多考慮考慮老杜的意見？畢竟他都是為了團隊。」這時老田可能回應你說：「我才是被批評的那一方吧？！引導者你看不見嗎？還幫著老杜說話？」在說句話的同時，老田心目中已經把你代入「老杜的幫凶」的角色了。

從這時起，你就進入了他們的動態裡面。接下來的發展可能是，你被他們視為老杜的同路人，以至於老田不只攻擊老杜，也開始攻擊你。老杜為了拯救你，也開始為你說話，責備老田。老田因此認為你確實就是老杜的人馬。最終，你深陷於這個動態之中，完全失去中立性，引導不動任何人。

要避免進入參與者的動態，你要時時警惕自己，介入時要處於超然的位置，保持自己立場的客觀。你可以想像自己並不是與參與者的動態處在同一個平面上，而是在更高一點的位置，觀看參與者的整體動態。在介入時，你客觀描述你所看到的動態，作為提供給參與者參考的視角。你可以引導參與者進行談話，或引導他們自己決定怎麼進行談話，但不要自己加入談話。

承上例，當老杜對你說：「引導者你評評理吧。我付出這麼多的努力還不是為了團隊的成功？你看老田他還那樣批評我的意見！」接下來你可以採用以下這幾種不同的介入方式。

· 你可以客觀描述你看到的動態跟老杜作確認，然後引導他們進行談話。例如，你向老杜說：「你的意思是你希望老田能看到你為了團隊的成功已經很努力了，而且希望老田不要只是批評你的意見，而是能考慮接受。是這樣嗎？」然後邀請老田回應：「你聽到老杜是這樣想的。你想對他說什麼？」

· 或者，你在客觀描述你看到的動態並跟老杜作確認後，引導老杜自己決定怎麼進行談話。例如：「所以老杜，老田剛剛說了他不同意你的意見的理由。對於這些理由，你是怎麼想的？」老杜在對你回覆這個問題時，就會嘗試釐清思路。之後，你再問他：「接下來你要對老田怎麼說？」

· 或者，你可以客觀描述你看到的動態，讓雙方思考怎麼進行談話。例如：「我剛剛聽到你們已經很清楚地表達了自己的意見以及對於對方意見的看法，但似乎都覺得對方不太能體諒自己及同意自己的看法。若要讓現在的情況能有進展，你們覺得接下來談話應該怎麼

進行？」

以上這幾個介入方式只是舉例，不進入參與者動態的介入方式不限於上例這幾種。這幾個介入方式的例子都比一開始所舉的介入方式好。它們可以讓你維持在中立的引導者角色上，而非進入參與者的動態之中。只要能把握好這個原則，在使用各種各樣的介入技巧時，就可以儘量避免讓自己落入因失去中立性而無法進行引導的境地。

第四部
豐富內容的即時介入

本部介紹「豐富內容的即時介入」。「豐富內容的即時介入」
屬於對參與者所作的一種「直接介入」。在屬性上，它是視情
況在有需要的時候所進行的即時介入，而與第七部所介紹的
「引導流程的實施」所代表的計畫性介入相對。它的作用是幫
助參與者豐富交流的內容，而與第三部所介紹的介入參與者的
行為以幫助參與者進行更好的交流的「幫助交流的即時介入」
相對。

本部開頭的第十五章介紹「豐富交流的即時介入」的基本觀念以及判斷是否介入的四方面觀察指標。這四方面的觀察指標分別是「聚焦」、「廣泛」、「深入」、「全覽」。後面第十六章到第十九章介紹技巧。每一章的技巧即是對應到這六方面觀察指標的其中一個方面。

由於豐富內容的即時介入技巧在種類、數量與層次上比較多，你可以參考本書開頭〈引導知識與技能體系結構圖〉中的「即時介入技巧體系結構圖」以獲得更清晰的整體概念。

第十五章　豐富內容的基本觀念

「豐富內容的即時介入」與「幫助交流的即時介入」一樣，都是屬於「即時介入」的技能。本章要介紹的是「豐富內容」的基本觀念以及「內容豐富性指標」。

「內容豐富性指標」與前一部所介紹的「談話有效性指標」是同類的概念。由於即時介入是視情況使用的技能，所以必須有方法判斷在何種情況需要使用。幫助引導者判斷是否需進行「幫助交流的即時介入」所使用的是「談話有效性指標」；而幫助引導者判斷是否需進行「豐富內容的即時介入」所使用的即是「內容豐富性指標」。

由於參與者主要是以談話進行內容的交流，所以「內容豐富性指標」與參與者豐富談話內容的過程互相緊密地結合。因此，我在以下〈豐富談話內容的過程〉這一節中介紹豐富談話內容的基本觀念時，也同時介紹「內容豐富性指標」。

豐富談話內容的過程

聚焦談話的焦點

豐富內容的第一個指標是「聚焦」，也就是參與者的談話內容聚焦或圍繞在某個主題或焦點上。參與者進行談話時，談話的整體或當中的任何一個時刻，都要有談話的焦點，例如有談話的主題或有當下大家要回答的焦點問題。如果沒有談話的焦點，談話的內容就很容易變得漫無邊際。若是發生了這種情況，參與者不但不容易關注及參與談話，而且很難達成會議目

標。相反地，若是談話有清楚的焦點，那麼參與者就可以藉由關注焦點、針對焦點表達而展開談話。如此一來，參與者就能集中注意力，更有效率地交流。

既然有了焦點，那麼參與者在這個焦點上所交流的內容就有一定的範圍。以下這個示意圖中，外面的大圓表示談話焦點的內容範圍，而中間深色的那一個小圓代表參與者團體在這個內容範圍中所呈現的某一個想法、說法或觀點。以下我就以「觀點」來統一稱呼這種小圓。

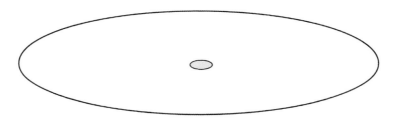

圖15-1：談話焦點的內容範圍與其中的一個觀點

增加內容的廣泛程度

豐富內容的第二個指標是「廣泛」的程度，也就是在參與者談話的內容範圍內所有可能的觀點被表達出來與被聽到的程度，也可以簡稱為「廣度」。如下圖所示，愈多觀點被表達與聽見，廣度就愈大。從過程來看，廣度在談話的初期會增加較快。因為參與者在剛開始談一個話題或討論一個焦點時，每個人基於他原本既有的想法各自發表意見或回答焦點問題，即是在增加廣度。隨著談話的進行，參與者原本既有的想法表達完了之後，廣度的增加就慢了下來。之後只有在參與者互相激發與激盪出不同的想法時，廣度才會再增加。產生新的不同想法屬於創新，相對上是比較不容易的事，所以在後期廣度的增加會比在初期時來得慢。

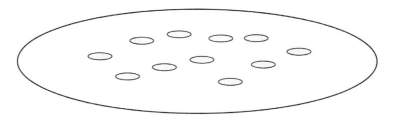

圖15-2：談話焦點的內容範圍與其中的多個觀點

增加內容的深入程度

豐富內容的第三個指標是「深入」的程度，也就是觀點或整體談話內容被參與者揭露或探究的程度，也可以簡稱為「深度」。如果參與者表達的內容是只是觀點的一部分，例如只是一個結論或一個感想，那麼它被揭露的深度是比較小的。聽的人只知道發言者已表達的結論或感想，而不知道這個結論或感想是怎麼來的、它的影響是什麼，或能怎麼用。但如果發言者表達了作為觀點基礎的事實或經驗、觀點形成的過程、推論、邏輯、原因、背後的需求、假設、價值觀、考慮、影響、作用等等，那麼這個觀點即是被揭露或探究得比較深。對於深度大的觀點，聽的人的理解更多，因此有更多內容與脈絡能引發他們的創意、共鳴、同理、靈感、疑惑、各種感受等，而有機會在團體內激發或激盪出更豐富的交流。如下圖所示。

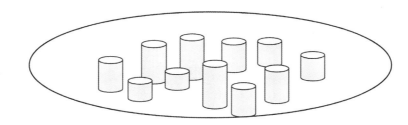

圖15-3：談話焦點的內容範圍與其中觀點的深入程度

深度的增加，能讓參與者交流的內容超出他們原來對於主題的認知，或讓他們對於主題的探索達到與原來的理解的不同層次。這個達到不同層次的

概念，以不同的「深度」或「高度」的說法都可以說得通，但為求表達方便，我就以「深度」來統稱。

在作「為達成特定目標的引導」前，引導者需要預先設計引導流程。他會設計有前後串連關係的焦點問題，以便引導參與者思考。這些焦點問題所要問的答案不見得都有深度。例如當引導者詢問客觀事實或數據的問題時，他期望參與者回答的便是客觀事實或數據，不希望有問題範圍以外的答案。詢問這類問題肯定導致答案深度較小。但這些問題經常是用來作為討論的鋪陳，幫助參與者分享基礎資訊，以幫助他們在回答其它問題時能有更豐富的答案。所以，雖然這些問題所引出的答案的深度不大，但它能增加其它問題的答案的深度，所以對於增加整體談話的深度也有其貢獻。

人的交流過程會讓談話內容流動起來。在談話內容流動時，廣度與深度的增加並不一定同時發生。每一次參與者有了表達、傾聽、探詢或回應，都可能促進了參與者對想法的「理解」、「激發」或「激盪」，而催生了某個新的觀點而增加了廣度，或讓已出現的某個觀點增加了深度。就像下圖中的箭頭一樣，內容流經之處就讓談話的廣度與深度一點一點地增加了。各觀點的深度愈大，代表了整體談話的深度愈大，談話內容也就更豐富，更能帶給參與者意義。

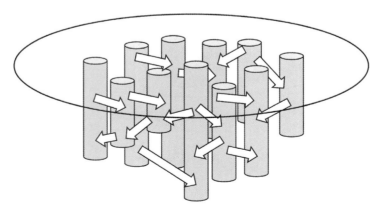

圖15-4：談話焦點的內容範圍與談話深入的過程

全覽內容以尋求突破

豐富內容的第四個指標是「全覽」，即參與者能夠不只關注自己或其他個別參與者的觀點，而且能夠比較各觀點，並看到內容的全局。參與者交流的過程中，每一個時間點上參與者關注的點不一樣，這讓談話的內容流動了起來。關注的點與點連成了線，形成了各種思路。這個過程可將人帶離自己原來思考與認知的框架，而從不同的角度來看待事物，進而對事物產生新的認識。若是參與者能夠更進一步，將線的思考擴展到面的思考，也就是從每一個角度去衡平看待談話中的所有觀點，那麼他就能從各種觀點與思路的關聯性、一致性或差異性上，獲得更大的洞見。這種看到內容全局的嘗試，是對於群體智慧的充分運用，讓參與者在這個議題上探討的廣度與深度超出原來的侷限，以尋求突破。這也就是「全覽」的作用。如下圖所示。

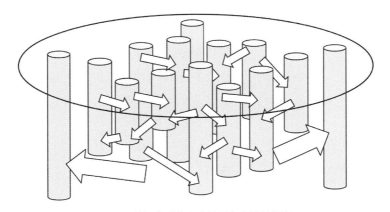

圖15-5：談話焦點的內容範圍與全覽的過程

結合第二章所介紹的「圓丘模型」、第九章所介紹的「談話有效性指標」與本章的「內容豐富性指標」來看，幫助每位參與者在「交流」上「關注、表達、傾聽、探詢、回應、因應防衛」、在內容上「聚焦、廣泛、深入、全覽」，是引導者的基本工作。以這些交流為基礎，參與者有機會

「理解」彼此的想法與觀點，並全覽想法與觀點而達成對所談事物的「共通的理解」。參與者可以在共通的理解的基礎上，「激發」與「激盪」出創意與洞見，以及「融合」為一個整體，一起感受與思考。這個過程有助於形成團體的「共識」，或讓每個人在共通的理解的基礎上作出各自的選擇，而不至於有誤解。這即是發揮群體智慧豐富談話內容的過程，也是形成「承諾」、「決定」與「行動」的基礎，而讓談話能影響真實世界。

內容豐富性指標

以上我從豐富談話內容的過程介紹了內容豐富性指標。以下我具體介紹各指標。指標編號延續「談話有效性指標」的編號順序，從G開始編號，以方便識別與引用。

內容豐富性指標：G. 聚焦

「G. 聚焦」是指談話內容聚焦或圍繞在某個主題或焦點上。若談話達到這個指標，你可以觀察到各參與者所表達的內容可以對得上焦，或至少是圍繞著同樣的主題，而不會讓你感覺他們在各說各話，或發言的內容彼此之間沒有聯繫。

內容豐富性指標：H. 廣泛

「H. 廣泛」是指在談話的內容範圍內所有可能的觀點被表達出來與被聽到的程度。如果你作了詳細的事前調研，或你原本就對參與者的觀點非常熟悉，那麼你對於參與者對內容要表達到什麼程度才算是廣泛會比較有概念。例如你知道了最極端的想法是哪些，就會知道內容範圍的邊界在哪裡；你知道觀點的數量有多少種，就會知道觀點有多分散。所謂分散的意思是指多元性，即大多數人的觀點都相同，或幾乎每個人的觀點都不同。以事先所知的資訊與談話中實際的發言內容相對比，你就可以知道談話內

容的廣泛程度的大小。

但如果你事前對於參與者所擁有的觀點完全沒有概念，那麼你很難精確判斷談話的廣泛程度。你只能依常理與經驗作判斷，猜測參與者中是否還有不同的內容尚未被表達出來。例如，在討論某個事件對公司的影響時，通常應該要談到這件事對於財務及人力資源的影響，但卻還沒有人談到。這表示廣泛的程度還不夠。又如，參與者中有一些與這件事密切相關的職務的人或角色還未表達他們的看法，也可以視為廣泛的程度還不夠。

對於原本的意圖即是要激發創意的談話，例如腦力激盪或創意思考，內容廣泛的程度是愈大愈好。在這種場合裡，引導上要做的，就不只是在參與者原來所認知的內容範圍裡引導出最廣泛的內容，而是還要引導出超出參與者原來所認知的內容範圍以外的內容。雖然引導的意圖不一樣，但你對原有的內容範圍有概念的這個有利條件，在你意圖激發參與者的創意時也能幫助你引導，因為它能幫助你判斷參與者提出的想法是否已經超出參與者原來所認知的內容範圍而屬於新的創意。

內容豐富性指標：I. 深入

「I. 深入」是指觀點或整體談話內容被揭露或探究的程度。深入的程度與廣泛的程度一樣，你事先擁有對參與者持有的觀點的資訊，能幫助你判斷談話深入的程度。如果你事先不知道參與者持有觀點的情況，你就不會知道有哪些觀點當中所包含的資訊已經是眾所周知、哪些觀點還屬於未知而有待探索。但你還是可以用參與者現場的行為與反應來作猜測。

有幾個常見的情況能顯示出談話還有深入的空間。例如，參與者對於一個觀點的內容的表達程度，不到正常所應該表達的程度。又如，在參與者發言後其他人表現出困惑或好奇。又如，參與者主動提出探索內容的問題或

有興趣探索的方向。

參與者對於談話內容的興奮度也可以用來判斷深入的程度。若是談話內容有了新的發展或延伸而超出原來參與者對內容的理解，或突破到了與原來內容不同的層次，通常就會引起參與者對於進入新領域的興奮感。有這種氛圍出現時，代表了談話已有較大的深入程度，也代表了有新的洞見產生。

此外，你還可以以會議目標或引導流程的目標來判斷深入的程度是否足夠。例如，對於分析問題的談話，眾人預期必須要能釐清問題的根本原因。若是這個還沒有被釐清楚，那麼自然就還有深入探討的必要。也就是說，在談話必須深入到某個程度才能達成目標的場合，而談話卻沒深入到那個程度，自然就還有深入的空間。

內容豐富性指標：J. 全覽

「J. 全覽」是指參與者衡平看待各觀點以看到內容的全局。在有全覽發生時，你可以看到參與者開始跳脫對於單一觀點的探索，而開始從整體與宏觀的角度整理與比較不同的觀點，以試圖對於所談的事物有更全面的理解。

並不是所有談話主題或焦點都明顯有全覽的過程。對於廣度或深度比較小的談話主題或焦點，由於每個人在聽過談話內容之後，就能輕易地各自在內心中做到全覽，所以參與者不會特地發言來整理與比較不同觀點。這種情況中沒有明顯的全覽動態並不妨礙談話的品質。但當談話的內容豐富到一定程度後，參與者就無法輕易自行在心裡全覽談話內容。此時，整理與比較不同觀點能為參與者帶來更多的思考與啟發，而有團體一起進行全覽的價值。這即是你引導參與者進行全覽的時機。

這四個方面的即時介入技巧的技能體系結構圖如下。

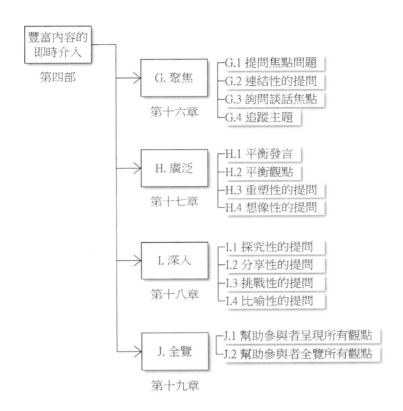

關注內容但是在過程上介入

「內容豐富性指標」能幫助你在「豐富內容」上作是否介入的判斷。使用這些指標時，你要關注與解讀的標的，與使用幫助交流的「談話有效性指標」時所要關注與解讀的標的不同。使用「談話有效性指標」時，你是關注與解讀參與者的行為來作出判斷；但使用「內容豐富性指標」時，你是關注與解讀參與者所表達的內容來作出判斷。縱使有時候使用「內容豐富性指標」時，你必須觀察參與者交流的行為與反應，但這些觀察也是為了幫助你關注與解讀參與者所表達的內容。

儘管如此，「關注與解讀參與者所表達的內容」並不表示你要對內容作介入。你判斷後所作的介入仍然是在過程上作介入。你的介入是在幫助參與者對談話的內容聚焦、更廣泛與更深入地探索內容，以及對內容作全覽。你是幫助參與者去做這些事，而不是由你自己來做這些事。這是在使用與「豐富內容」有關的即時介入技巧時，要時時留意的重點。

與引導流程相輔相成

「引導流程的設計與實施」在讓內容聚焦、廣泛、深入、全覽上也能發揮強大的作用，而且它與「豐富內容的即時介入」相輔相成。引導流程的設計與實施是透過焦點問題與參與形式的搭配，以較有結構或步驟的方式來達成這幾方面的效果。即時介入則是視參與者當下的情況或需要作介入，以即時影響參與者的行為或動態來達成這幾方面的效果。在為達成特定目標而作的引導中，你兩者都需要。這兩者作用的層次不一樣，而且無法互相取代。因此，將這兩者搭配好，豐富內容的效果就會非常好。

能在「豐富內容的指標」上發揮作用的「引導流程的設計與實施」的觀念

與技巧，我在以下第十六章到第十九章介紹「豐富內容的即時介入技巧」時一併介紹，之後就不在〈第六部、引導流程的設計〉與〈第七部、引導流程的實施〉中贅述。

第十六章　即時介入以幫助談話內容「聚焦」

「聚焦」是「內容豐富性指標」的其中一個方面的指標。本章介紹幫助談話內容聚焦的即時介入技巧與相關的觀念。

一場完全沒有主題的談話，會讓談話不著邊際而很難創造意義，所以談話一般都會有主題。比較大的主題裡面還有許多可以談的點。若是大家談的點不一樣，則談話內容沒有交集，交流會比較困難。所以在談話的每個時刻，一般會有談話的焦點。但人的頭腦很擅長聯想，談著談著思緒就會發散出去。發散的思緒雖可以帶來創意與形成思路，但過度的發散又會使談話失焦而影響交流。所以在談話中，若是談話的焦點已經過於模糊，而使得參與者的談話內容沒有交集時，引導者就應該介入，為談話重新聚焦。

談話聚焦的另一個作用是形成流程。談話從一個焦點過渡到另一個焦點時，流程就產生了。所以引導者藉由引導參與者進行一連串談話焦點的轉換，就可以引導談話進行的方向。因此，在需要預先設計引導流程的場合，設計「討論的焦點」以及引發在焦點上討論的「焦點問題」，是引導流程的設計上最重要的事情。而流程設計好之後，引導者要在會議現場實施流程時，「聚焦談話內容」是引導者順利實施流程的必要能力。關於「引導流程的設計與實施」的詳細內容，你可參考〈第六部、引導流程的設計〉與〈第七部、引導流程的實施〉中的介紹。

你可以使用以下介紹的即時介入技巧，幫助參與者聚焦談話內容。這些指標與技巧的概觀如下圖。前面有數字編號的是技巧名稱。我為技巧編號以方便識別與引用技巧。

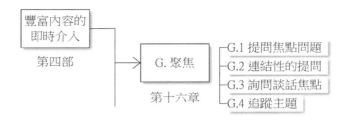

G.1 提問焦點問題

「提問」是聚焦內容最有效的技巧。用來聚焦談話內容的提問是「聚焦內容的提問」，而提問用的問題是「焦點問題」。「聚焦內容的提問」與「焦點問題」的概念我在〈第五章　直接介入的基本觀念〉中的〈在直接介入時使用提問〉那一節已介紹，於此不贅述。

焦點問題一般是用開放式問句，也就是「特指問句」。問的是關於「誰」(Who)、「什麼」(What)、「何時」(When)、「何地」(Where)、「為何」(Why)、「如何」(How) 等所謂的5W1H的問句。例如：「誰是我們必須去影響的重要關係人？」、「我們需要解決的問題是什麼？」、「何時是我們推出新產品的最佳時機？」、「我們要在哪些地區展開活動？」、「為何我們此時需要作這個決策？」、「我們如何推動有效的行動？」等。

焦點問題使用開放式問句的原因，是因為這類問題不像「是非問句」或「選擇問句」那樣會限定參與者回答的答案，而是能夠容納各種可能的答案。因此，它在發揮聚焦的作用的同時，又能夠在表達的內容上給予參與者較大的自由度，讓談話的內容更豐富。但也因為開放式問句容許參與者較自由地表達內容，所以焦點問題中所提的焦點要明確且精準，否則參與者的回答很容易偏離焦點。此外，對於為達成特定目標的引導，焦點問

題所帶動的思考需要與談話或會議的主題及目標緊密相關，也需要與參與者關注的內容緊密相關，否則無法幫助參與者達成會議目標。所以，引導者需要為每個場合特別量身設計焦點問題。關於焦點問題的設計，你可參考〈第二十四章、設計一個流程段落的引導流程〉及〈第二十五章、流程的重要元素：提問〉的內容。

提問除了聚焦內容之外，同時也有邀請發言的作用。當參與者在回答問題的時候，就已經參與在談話裡面了。所以藉由提問問題讓參與者們回答，你就能一次又一次有效地邀請大家有焦點地參與談話。所以「G.1 提問焦點問題」同時還是邀請參與者發言的重要介入技巧。關於這一點，你可參考〈第十一章、幫助參與者表達的即時介入〉中〈B1.2.2 運用聚焦內容的提問邀請發言〉那一小節的內容。

G.2 連結性的提問

在談話中，有時會天外飛來一段發言，讓人覺得「離題」。這是因為當談話有焦點時，談話的內容就會自然與焦點有關，而形成當時談話內容的範圍。當有人的發言落在這個內容範圍之外，其他人就會覺得他離題了。

對於發言者是否「離題」，你可以由其他參與者的困惑反應判斷，也可以依你對於談話內容的理解與自身經驗判斷。當離題發生時，你不一定需要介入。如果離題的程度相當輕微而不影響談話，那麼進行介入對談話所造成的干擾可能會大過離題所造成的干擾。但若是離題明顯影響了交流動態或談話內容，你就必須介入了。

在發言者離題時，如果你向發言者作這樣的介入：「你說的內容跟今天討論的事情沒關係，我們不討論這個。我把你的發言記下來，以後再討論。」那麼你極有可能引起發言者的抗議。因為，發言者會說這些內容，

即是因為他覺得這些內容與談話主題或焦點有關。這種介入方法相當於直接否定了他的發言，不讓他有說明的機會。所以，這可能會讓他感到不受尊重而引起他的抗議。

比較好的處理方式是使用「G.2 連結性的提問」的介入技巧。「G.2 連結性的提問」是短介入，邀請發言者說明他的發言內容與目前的談話主題或焦點的關係。例如：「我不是很明白你剛剛的發言內容跟今天的主題的關係是什麼。可否請你說明一下？」

發言者在說明他的發言內容與談話主題或焦點的關係後，可能發生兩種結果。第一種結果，是他自己發現兩者是沒有關係的。這時，你就可以順理成章地說：「既然你的發言與今天談的主題沒關係，那麼我們把你的發言記下來，以後再討論。好嗎？」此時發言者也會同意。第二種結果，是他說出了發言內容與談話主題或焦點的關係。這種情況表示這位發言者貢獻了其他人本來不知道的內容，而為談話擴大了內容的廣度或深度。這經常是一個可能為大家帶來洞見的驚喜時刻。你會看到其他人一邊聽一邊點頭，臉上有著認可的表情。甚至，這可能是這場談話的高光時刻，為大家帶來了思考上的突破。

於是，若你能有效運用「G.2 連結性的提問」介入，無論結果是哪一種，都能為談話重新聚焦。

G.3 詢問談話焦點

另外還有一種離題的情況，並不是個別參與者的發言離題，而是在交流之中自然發生的離題。例如，參與者在事情的細節上爭論而把談話焦點帶偏了，或在談如何處理當前的問題時回憶起了歷史，而模糊了原來的談話焦點。這種情況發生時，你可以使用「G.3 詢問談話焦點」介入，讓大家表

達對於談話焦點的看法，以幫助參與者重新聚焦談話內容。

例如，你可以先說明介入理由：「我發現現在我們談話的焦點已經不是很清楚了，我擔心這樣下去我們會談不出任何成果，所以我想澄清一下談話的焦點。」然後再向參與者詢問談話焦點：「請大家各自說一下。你覺得我們一開始想談的是什麼、現在談的是什麼，以及接下來需要談什麼？」

「G.3 詢問談話焦點」的技巧，可以讓參與者暫時從談話的內容中跳脫開來，覺察到目前的談話脈絡，然後有意識地決定接下來的談話焦點。通常，參與者在回答完你介入所問的問題之後，會發現他們已經偏離了原來的談話焦點，而各自談了一些較不相關的內容。這時，你就有充分的理由建議接下來的談話焦點，或引導參與者一起討論及決定接下來的談話焦點，而幫助談話重新聚焦。

但如果參與者在回答完你的介入問題之後，發現大家其實都在焦點上，或是接下來想談的焦點是一樣的，那也很好。重點是參與者都覺察到了談話進行的情況，而且對於接下來的談話焦點有共識，那麼你的介入就達成了重新聚焦的目的。

G.4 追蹤主題

還有一種不完全是失焦或離題的情況，而是談話的內容自然分散成幾個話題，有多個焦點同時進行。有這種情況發生時，你可以看到參與者在談話中所感興趣的話題是不相同的，而形成幾個不同的話題小群。若是話題各自發展的情況造成全體的交流不充分，那麼你就必須要介入，幫助談話回到共同的焦點上。

對於這種情況，你可以使用「G.4 追蹤主題」的介入技巧。「G.4 追蹤主

題」可以幫助參與者盤點團體中正在進行的所有話題，以決定接下來如何進行談話。步驟如下。

步驟一、盤點主題

你可以先說明介入理由：「我感覺現在大家正在談的話題有好幾個，我想為大家整理一下，然後看看接下來怎麼進行討論。」

接著與大家分享你追蹤到的主題：「我剛剛聽到小莊在說更新設備的事情，老雷在說調整專案時間的事情，小吳與老江在討論客戶的建議。」

然後，別忘了邀請補充：「我有漏掉誰在討論的話題嗎？」可能小史會說：「你漏掉我們的。我與小羅剛剛說的是招聘新人的安排。」

步驟二、安排接下來的談話

然後你就可以安排接下來談話的進行方式。

例如，你可以引導大家一起討論及決定：「我們要各討論各的嗎？還是我們要排一下討論題目的順序，先後討論？」

或者，若是你有好的建議，也可以提出來徵詢大家的意見。例如：「這幾件事情都有各自負責及感興趣的人。不如我們先分開成小組，各自用十分鐘討論出一些想法來，然後大家再回來一起就每一件事按順序討論。你們覺得這樣如何？」

在安排接下來的談話方式上，有一個重要的考慮，那就是在同一

場域裡，例如在全體共同參與的場域裡或小組各自的場域裡，同一時間最好就只有一個談話焦點。如此一來，由於在一個場域裡大家所關注的談話內容是一樣的，所以在交流上最有效率。「追蹤主題」所要處理的情況是一個場域裡同時存在多個談話焦點的情況，所以根據這個考慮，處理的原則即是讓情況回到在任何一個場域裡的任何時間點都只有一個談話焦點。

在具體作法上有兩種安排。第一種安排是維持場域不變，但調整在此場域內「同時存在」的談話焦點為「按順序存在」的談話焦點。也就是為話題排順序，大家一起按順序討論。第二種安排是維持談話焦點同時存在，但分開成不同場域。如此一來，每個場域都只有一個談話焦點。換句話說，這也就是分小組進行談話，各小組討論不同話題。你要選用哪一種安排，須視情況考慮。這方面的考慮屬於引導流程的設計的範疇，你可參考〈第六部、引導流程的設計〉中〈第二十六章、流程的重要元素：參與形式〉裡的說明。於此不贅述。

第十七章　即時介入以幫助談話內容「廣泛」

「廣泛」是「內容豐富性指標」的其中一個方面的指標。本章介紹幫助參與者增加談話內容廣泛程度的即時介入技巧與相關的觀念。

增加談話內容廣泛程度的概念，是指幫助參與者儘可能表達與聽見與當前談話焦點相關的不同內容。增加談話內容的廣泛程度有兩種方式，一是透過「引導流程的設計與實施」，二是透過「即時介入」。兩者相輔相成。

如果引導者在廣度上已經有特定方面的內容希望參與者表達，那麼透過「引導流程的設計與實施」是很有效的作法。例如，在「尋找生產良率問題的原因」這個題目上，你可將焦點問題設計為「最近導致生產線良率低的原因是什麼？」，並且預先設定好「人員、機器、材料、方法、環境」五個原因的類別，邀請參與者在回答焦點問題時要考慮這五個類別的原因。如此一來，由於有五個類別把參與者回答焦點問題的廣度給張開了，所以參與者自然能產出較廣泛的答案。如果再加上使用「魚骨圖」的參與形式，把這幾個類別設定為魚骨圖的第一層節點，那麼討論的內容就能以視覺化的形式展現。參與者能看到他們對於哪些類別已經有想法了、對於哪些類別還沒有。如此一來，參與者就知道可以在哪些類別上擴大談話內容的廣度。以上是一個藉由「引導流程的設計與實施」幫助參與者增加談話內容廣泛程度的例子。你可參考〈第六部：引導流程的設計〉以了解這方面的觀念與技巧。

無論你有沒有設計與實施引導流程，都有必要使用即時介入來幫助參與者

增加談話內容的廣泛程度。即時介入是視談話進行的情況，在有需要時才使用的技巧，所以它在增加廣度的作用上也與預先設計的流程不同。在沒有預設流程的情況下，引導者是根據他對現場動態的觀察作即時介入，以適時鼓勵參與者增加內容廣度。在有預設流程的情況下，流程可以引導參與者往特定方面或方向增加內容廣度，而即時介入可以讓這些方面或方向都能確實得到參與者充分的考慮與交流。

你可以使用以下介紹的即時介入技巧，幫助參與者增加談話內容的廣泛程度。這些指標與技巧的概觀如下圖。前面有數字編號的是技巧名稱。我為技巧編號以方便識別與引用技巧。

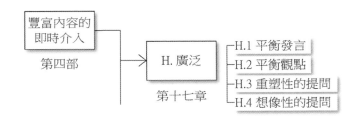

H.1 平衡發言

談話的參與者有各種不同背景。他們代表了不同的經驗、角色、職務、層級、組織、利益、資源等等。由於參與者的背景不同，所以我們可以合理地假設他們對談話的焦點會有不同的感受、想法、考慮與觀點。因此，若是具有某方面背景的人還沒發言，我們就可以假設團體中有些觀點還沒有被表達出來。「平衡發言」的意思，即是讓所有不同背景的人都有機會發言。當你察覺到具有某方面背景的人還沒發言時，就是你使用「H.1 平衡發言」的技巧介入的時機。

還有另一種情況也適合使用「H.1 平衡發言」。有時候，不發言的參與者並不是具有某方面背景的群體，而是受現場參與條件或某種原因影響，而

使得位於某個位置的人都普遍沒發言。例如坐在前面的人都很少發言，或坐在後面的人都很少發言。縱使你不知道原因是什麼，你也可以使用「H.1 平衡發言」的技巧邀請他們發言。

運用「H.1 平衡發言」的關鍵在於判斷使用時機。至於在操作上，它是很簡單的短介入邀請參與者表達不同觀點。你可以把它視為〈第十一章、幫助參與者表達的即時介入〉中的「B1.2.3.5 邀請發言的提問：定向邀請」技巧的特別版，用於特別邀請某個群體的人。例如：「生產線上的夥伴們，你們的想法是怎麼樣的？」、「財務的同事對這件事情有什麼看法？」、「坐在後面的朋友們發言似乎比較少，你們有什麼想法？」

「H.1 平衡發言」與「B1.2.3.5 邀請發言的提問：定向邀請」一樣，要儘量避免點名。理由請見〈B1.2.3.5 邀請發言的提問：定向邀請〉那一小節的說明，於此不贅述。

H.2 平衡觀點

會議之所以會召開，通常是因為有不同的意見需要溝通。所以，若是在一場會議裡只有一種觀點呈現，我們就可以合理推斷還有其它觀點未被表達出來。有這種情況時，即是你可以使用「H.2 平衡觀點」技巧的時機。「H.2 平衡觀點」技巧的不同作法詳述如下。

H.2.1 短介入

運用「H.2 平衡觀點」的關鍵在於判斷使用時機。在操作上可以簡單地使用短介入邀請參與者表達不同觀點。例如：「誰有不同角度的看法？」、「這件事目前我們只有兩種看法，還有第三個看法嗎？」、「誰願意用相反的立場來說說看？」

H.2.2 長介入

若是你擔心使用短介入會讓參與者覺得比較突兀，你也可以在說明介入理由之後，再邀請平衡觀點的發言。例如：「目前我們對這件事的看法比較單一，我擔心如果沒有其它看法作比較，可能會讓我們對決策的考慮不夠周延。所以，我想邀請大家提出不一樣或甚至相反的看法，以幫助我們對這件事作更周延的思考。」然後邀請平衡觀點的發言：「請問誰想說說看不一樣的看法？」

由於你說明了介入理由，參與者理解了你的介入意圖，所以若是氛圍適合，你也可以採取用詞比較強烈的問法來邀請平衡觀點的發言。例如：「有誰願意唱唱反調？」、「誰願意扮扮黑臉？」、「有誰想來吐個槽？」

H.2.3 角色扮演

除了單純使用即時介入技巧之外，你也可以使用「參與形式」中的「角色扮演」，來幫助參與者作平衡觀點的發言。這屬於引導流程設計的範圍，但因為這種作法很輕量，所以在即時介入時也可以輕易使用。

我們以Edward de Bono發明的「六頂思考帽」中的六種角色來作為例子。你可以先說明介入理由：「目前我們對這件事的看法比較單一，我擔心如果沒有其它看法作比較，可能會讓我們對決策的考慮不夠周延。所以，我想請各位戴上不同顏色的帽子，用不同的角度來發表你對這件事情的看法。我來介紹這六頂帽子，這是由Edward de Bono發明的……。」然後向參與者介紹不同顏色的帽子。你可以把帽子的意思寫或畫下來，貼在參與者能持續看到的地方。這可以讓你的說明更省力。之後，你再邀請平衡觀點的發言：「誰想試試看戴著

不同的帽子發言？你想戴哪個顏色的帽子？你的看法是什麼？」

這六頂思考帽分別是：

・**白色思考帽**

　　白色沒有任何色彩。戴白色帽子的人只表達已知或需要知道的事實，不含任何主觀意見。

・**黃色思考帽**

　　黃色象徵明亮與樂觀。戴黃色帽子的人只探索正向的一面，表達事情的價值及好處。

・**黑色思考帽**

　　黑色象徵風險、困難、問題。戴上黑色帽子的人只關注風險，表達遭遇的困難、存在的問題、可能的錯誤等。

・**紅色思考帽**

　　紅色象徵感覺、情感、直覺。戴上紅色帽子的人表達情緒、感受、愛憎、喜好、厭惡等。

・**綠色思考帽**

　　綠色象徵創意。戴上綠色帽子的人表達創意、可能性、新的想法、不同的選擇等。

・**藍色思考帽**

　　藍色象徵冷靜。戴上藍色帽子的人管理大家用不同帽子思考的過程，以及確保戴帽子的人遵守規則。由於引導者已經相當於是戴

著藍色帽子的角色了，所以你也可以為藍色思考帽換個不同的意義，讓參與者使用。例如，改為「陳述邏輯」。

在操作時，你不一定要真的準備帽子，只要參與者能了解你的意思，以及能扮演這些角色進行不同的思考即可。此外，六頂思考帽是我用來作示範的一個例子，並非在「H.2.3 角色扮演」這個技巧上只能用它。若你覺得六頂思考帽不符合需要，你可以在「H.2.3 角色扮演」裡採用別的模型或自創的角色，來幫助參與者平衡觀點。

本小節所介紹的是即時介入可採用的步驟，較為簡單。你也可以用〈第六部、引導流程的設計〉裡面所介紹的流程設計技能，在運用角色扮演平衡觀點的目的上設計較複雜的流程，以滿足較複雜的引導需求。

此外，六頂思考帽並非只能用於平衡觀點。只要你掌握了設計引導流程的能力，你就可以為一個模型設計不同的流程，讓它發揮不同的作用。關於如何設計引導流程，請參考〈第六部：引導流程的設計〉。

H.3 重塑性的提問

幫助參與者打破既有的思考框架可以增加他們的談話內容的廣度。人一般都會以可見的或隱含的「假設」為基礎進行思考。這些假設形成了「思考的框架」，人的思考會被限制在框架裡面。藉由暫時去除或鬆動「假設」，你就可以幫助參與者暫時跳脫既有的思考框架，而在思考上取得突破。這種方法特別適合應用在需要腦力激盪或突破盲點的情境。由於它用在即時介入上是以提問的方式進行，而且作用相當於在打破與重塑思考框架，所以我把它叫作「重塑性的提問」。

「H.3 重塑性的提問」是以短介入的方式進行。以下我提供幾個例子。

- 打破角色的假設：「站在客戶的角度，他們會怎麼看這件事？」、「站在公司經營者的角度，你會怎麼看資源分配？」、「站在協作部門的立場，你會重視什麼？」

- 打破時間的假設：「如果能夠再爭取到一年，你會怎麼做？」、「如果時程都照你的意思，它看起來會是什麼樣子的？」、「如果在十年後回頭看，你會怎麼看待今天的決策？」

- 打破資源的假設：「如果錢不是問題，你的策略會是什麼？」、「如果你能得到所有你要的支持，你的作法會是什麼？」、「如果明天起成本就改為全部由我們承擔，我們會怎麼改變我們運用資源的方式？」

- 打破關係的假設：「假設供應商的態度可以改變，你會怎麼做？」、「假設集團聽我們的，由我們來引領集團的策略方向，那麼我們會給出什麼建議？」、「若是我們開始與競爭對手合作，會有什麼可能的局面？」

- 打破邏輯的假設：「假設這個因素的變動對結果不會有影響，那麼事情會怎麼變化？」、「若是這個情況的發生並非只有人為的因素，那原因可能是什麼？」、「若是我們用來推論的事實並不完整，事情的發展還有哪些其它的可能？」

- 打破動機的假設：「假設我們的競爭對手最近的舉動是想刻意激

起我們的反應，那麼我們該採用什麼策略？」、「假設其他部門不配合我們有一個合理的理由，那個理由可能是什麼？」、「假設我們的合作夥伴看重的價值與我們不同，那麼他們的意圖會是什麼？」

以上這些只是舉例。人的思考裡面還有其它各種各樣的假設。要用哪種假設去幫助參與者作廣泛的思考，要視個案情況而定。

重塑的概念也可以用在引導流程的設計上。若是你事先知道參與者需要在哪方面的思考上取得突破，那麼你可以事先設計好重塑性的問題作為焦點問題，並且搭配適當的參與形式，以幫助參與者取得思考上突破的效果。關於這方面的內容，請參考〈第二十七章、幫助發散的通用概念與工具〉中的介紹。

H.4 想像性的提問

某些談話主題或焦點特別需要參與者發揮想像力，才能增加談話內容的廣度。對於這種主題或焦點，你可以用提問去幫助參與者發揮想像力。這即是「H.4 想像性的提問」的介入技巧。

例如，要引導參與者想像未來的發展，你可以問：「假設我們現在已經到了五年後，我們想做的、想達成的、想擁有的都有了，那麼你會看到什麼樣的景象？」又如，要引導參與者想像事物的可能面貌，你可以問：「以現在我們所擁有的證據為基礎，當時整體可能是什麼樣子的情況？」

你還可以圍繞著這個主要的問句為中心，再多問一些問題來延伸大家的想像。例如以未來發展的想像為例，你可以在大家嘗試回答的時

候，多問一些問題：「假設現在已經是五年後了，你進到辦公室裡，你會看到跟五年前有什麼不同？」、「同事們都在討論些什麼？」、「打開電腦，看一下過去五年的業績，你注意到了什麼？」、「牆上掛了各種獎牌，那是什麼獎牌？」藉由一波波地提問這些能更具體幫助大家想像的問題，你就相當於為參與者打開一道道想像力的大門，而幫助他們擴大了談話內容的廣度。

第十八章

即時介入以幫助談話內容「深入」

「深入」是「內容豐富性指標」的其中一個方面的指標。本章介紹幫助參與者增加談話內容深入程度的即時介入技巧與相關的觀念。

增加談話內容深入程度的概念，是指幫助參與者完整表達與聽見各個觀點的內涵，以及對觀點與談話整體作較深入的探索。透過揭露更多觀點的內涵與深入探索，參與者就更有機會能互相激發、激盪、融合各種想法，而對談話焦點的內容有不同的深度或高度的思考。要提高談話內容的深入程度有兩種方式，一是透過「引導流程的設計與實施」，二是透過「即時介入」。兩者相輔相成。

如果引導者在深度上已經有特定方向希望參與者去探索，那麼透過「引導流程的設計與實施」是很有效的作法。以上一章所舉的「尋找生產良率問題的原因」這個例子為例，若是你想要參與者增加談話深度的方向是尋找問題的根本原因，那麼你可以將焦點問題設計為「為什麼會發生這個情況？」然後，對於參與者想到的可能原因重複提問這個焦點問題，以形成一個引導流程，直到找到可以系統性地有效防止問題發生的原因為止。

例如，參與者認為其中一個原因是：「產線人員作業失誤率高」，循著這個流程，你可就這個原因再問：「為什麼會發生這個情況？」；接著，參與者的回答是：「他們尚未適應新的生產方式」；你可就這個原因再問：「為什麼會發生這個情況？」；接著，參與者的回答是：「按產品換生產模組的流程複雜度高，所以產線人員需要較多時間適應」。最後，參與者

決定以「降低換生產模組的流程複雜度與加入防錯機制」解決生產良率低的問題，而非只解決表面的問題。由於設計了這樣的引導流程，參與者最終可以深入探索出問題的根本原因，而採取系統性的解決方案。

以上的流程設計是一個例子。藉由「引導流程的設計與實施」，你可以有方向地幫助談話內容深入。對於這方面的概念與技巧，你可參考〈第六部：引導流程的設計〉的介紹。

無論你有沒有設計與實施引導流程，都有必要使用即時介入來幫助參與者增加談話內容的深入程度。即時介入是視談話進行的情況，在有需要時才使用的技巧，所以它在增加深度的作用上也與預先設計的流程不同。在沒有預設流程的情況下，引導者是根據他對現場動態的觀察作即時介入，以適時鼓勵參與者增加內容深度。在有預設流程的情況下，流程可以引導參與者往特定方面或方向增加內容深度，而即時介入可以讓這些方面或方向都能確實得到參與者充分的考慮與交流。

你可以使用以下介紹的即時介入技巧，幫助參與者增加談話內容的深入程度。這些指標與技巧的概觀如下圖。前面有數字編號的是技巧名稱。我為技巧編號以方便識別與引用技巧。

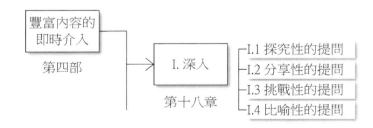

I.1 探究性的提問

當發言者說完話後,若是你覺得他還沒有把意思表達完整,或其他參與者對於他的觀點還有其它需要理解的內容,那麼你可以使用「探究性的提問」來幫助他作更多的表達。你可以依參與者的需要以及談話的脈絡,直覺地往你覺得需要探究的方向去探究。比較通用的探究方向有兩個,一是探究完整的觀點,二是探究形成觀點的過程。分述如下。

I.1.1 探究完整的觀點

當你發現發言者少說了某些內容或說得太過簡略,以至於他的發言內容不完整,而可能有礙其他人理解他的觀點的時候,你可以提問探究性的問題以幫助他完整表達觀點。例如,你可以問:「你剛剛提到這件事對你意義重大,那個意義是什麼?」、「你剛剛所說的可能的發展是什麼?」、「你說你當時看到資料就有了一番思考,你當時的思考是什麼?」

I.1.2 探究形成觀點的過程

若你認為發言者在陳述觀點上沒有問題,但其他參與者需要了解形成觀點的過程以達到對於發言者真正的理解時,你也可以提問探究性的問題,以幫助發言者向其他人分享他形成觀點的過程。例如:「你根據什麼思路得到這個結論?」、「你形成這個觀點背後的邏輯是什麼?」、「你為什麼會選擇這麼看這件事情,而不是像其他主流看法一樣?」

如果你對於這方面的探究可以提問哪些問題感到困難的話,你可以參考Chris Argyris的推論階梯 (Ladder of Inference) 這個模型。這個模型描述了人從觀察資料到採取行動的內在認知過程。這也是人形成觀點的過程。人因為注意力有限,所以不可能觀察到所有「可觀察的

資料」。因此，人在觀察時，通常會受自己對這件事情的信念影響，而只觀察被他選擇觀察的資料。人選擇觀察的資料的過程可能是有意的，也可能是無意的。但由於注意力有限，人終究會作出選擇。然後，根據他的觀察，他會賦予這些資料「意義」，再就意義作出對事情的「假設」，從假設得到「結論」，從結論再產生「信念」，最後依信念採取「行動」。而他在這個過程中所形成的「信念」會回頭影響他下次對觀察資料的選擇。而由於人在選擇觀察資料時，無論他有意或無意，都會傾向選擇符合他的信念的資料，而導致這個信念在每一次的認知過程中不斷增強。

舉例而言，有位主管在會議中提出了「千萬別用剛從學校畢業的員工」這個觀點。若是以推論階梯來看這個觀點形成的過程，那麼一開始他可能是觀察到了「我部門那兩個剛從學校畢業的員工經常問很基本的問題以及犯很基本的錯誤」。他對這份觀察資料的選擇可能是有意的，也可能是無意的。然後，他賦予這些資料的意義是「他們連最基本的工作都不會做」。然後，他再將意義泛化為「剛從學校畢業的員工大概都是這樣」的假設，再從中得到「剛從學校畢業的員工不好用」這個結論。最後，他產生了「千萬別用剛從學校畢業的員工」的信念與實際行動，而且在會議中說出來變成一個觀點。而這個信念讓他在下次觀察員工表現時，會特別留意剛從學校畢業的員工的較差表現，而進一步增強他的推論與信念。以上這個過程我以下圖來表示。

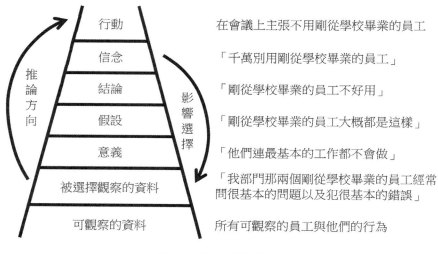

圖18-1：推論階梯的例子

由於信念有這個自我增強的過程，所以人通常會覺得自己的觀點理所當然是正確的，但別人聽了卻可能會感到莫名其妙或難以理解。若你是前述例子的引導者，在這個主管說出「千萬別用剛從學校畢業的員工」這個觀點後，你看到其他參與者顯得詫異時，你就可以介入去探究發言者形成這個觀點的過程。

推論階梯中的每一個環節都是可以探究的點。例如，你可以問：「你觀察了哪些事實或數據得到這個觀點？」、「你從這些事實與數據中解讀到的意義是什麼？」、「你的觀點背後有什麼假設？」、「你會從這些事實及數據形成這個觀點是因為你相信什麼？」

雖然這當中可以問的點很多，但不適宜每一個點都問，否則會給發言者受質問的感覺。你可以用本小節開頭舉的幾個問句的例子，以一個主要的問題詢問形成觀點的整體推論或思路，例如：「你根據什麼思路得到這個結論？」然後再視需要補充提問。

參與者若是能接受你或其他人向他探究，對話就容易形成。因為這個過程相當於發言者在他人的探究下放慢了自己的思考過程，檢查與反思自己的觀點。不只如此，他還向外「懸掛」出自己的思路，讓其他人也能看到與理解。所以探究觀點不只有助於參與者彼此理解，而且能夠幫助參與者客觀平等地看待各種不同觀點。這個過程本身就是降低與消除防衛心態的過程。

若你在某個場合裡純粹是扮演引導者的角色，那麼你要留意你的探究是為了參與者而做，而非因自己的好奇或興趣而做。否則，你可能會往參與者認為沒有幫助的方向去探究。舉個例子，有位引導者本身是個機械迷。某次他在為客戶引導一場解決機械問題的會議上，問了許多關於該機械的基本構造問題。但全體參與者原本就都很了解該機械的基本構造，也都早就認為問題並不是出在基本構造上。引導者是為了他自己的需要問這些問題，結果參與者不但沒有從他的提問中得到幫助，反而還要花時間為引導者說明，而浪費了討論與發現真正的問題的時間。

I.2 分享性的提問

「I.2 分享性的提問」是用提問邀請參與者分享經驗、例子、啟發、洞見、補充的知識、數據等各種可能的內容。使用「I.2 分享性的提問」，除了可以以提出觀點的發言者為介入對象之外，也可以以其他人為介入對象。以發言者以外的人為介入對象時，藉由邀請他們分享與該觀點有關的內容，就相當於同時作了「E1.1 邀請參與者彼此回應」的即時介入，有助於全體參與者對觀點深入理解與交流。

「I.2 分享性的提問」可以單純地作短介入，例如對發言者本人你可以問：「可否請你分享你的一次具體經驗？」、「可否請你補充相關

的數據？」、「這件事後來帶給你哪些啟發？」對其他參與者你可以問：「誰有這方面的經驗願意分享？」、「誰遇過類似的問題？」、「誰有這方面的知識可以補充？」、「這個想法引發了你什麼思考？」等等。

或者，你也可以在說明介入理由之後，再作分享性的提問。例如：「剛剛老郭說到這個概念時，是單純以邏輯來描述，我擔心有人比較不能體會。所以我想邀請大家分享實際的例子作為補充。」然後再使用分享性的提問邀請發言：「誰可以分享在你身上發生過的實際例子？」

若你邀請分享的是實際經驗或例子，通常參與者會開始講他們的經歷或故事，因此而提供了實際場景以及與其相關的人物、事實及背景脈絡的內容。這有助於幫助參與者跳脫純粹概念上的討論，而進入具體實務的討論。

I.3 挑戰性的提問

「I.3 挑戰性的提問」是幫助參與者發現盲點的介入技巧。參與者有時對於事實的認知、對於事物的假設與推論、對於思考……等會有盲點，但他自身沒察覺，所以觀點裡會出現無根據的推論、違反常理或經驗法則、前後不一致、重複作法但期望不同結果、與會議目標相違背……等情況。這時你可以用「I.3 挑戰性的提問」以幫助他們發現盲點的存在，讓他們的思路更合理、更縝密。

「I.3 挑戰性的提問」可以單純地作短介入，例如：「你們之前說到市場未來會往下走，但現在卻決定加大投資，你們作此決定的道理是什麼？」、「你從邏輯上判斷了競爭者用不當手段競爭，有哪些事實

可以支持你的說法？」、「這些作法以前你們以前都嘗試過了。這次再把同樣的作法提出來作為方案，你們的期望是什麼？」

或者，你也可以在說明介入理由之後，再作挑戰性的提問。例如：「就我以一般常識判斷，由於現在政策已經有了限制，我擔心若是你們這樣做，達到你們期望的結果的可能性並不高。所以我想請你們思考一下。」然後再使用挑戰性的提問邀請發言：「你們覺得能在政策限制之下達成這個結果的依據是什麼？」

使用「I.3 挑戰性的提問」時，要留意你並不是要挑戰參與者，而是要挑戰他們的思考盲點。所以雖然你發言的內容尖銳，但態度上依然可以平和、立場上依然可以客觀。實際上，你愈是平和客觀，愈是可以讓參與者感受到盲點的存在，而發揮挑戰性提問的作用。

I.4 比喻性的提問

「I.4 比喻性的提問」是幫助參與者說明或理解概念或事物的介入技巧。當參與者試著要給一個概念或事物「就像什麼」的比喻時，他就必須要把它的形象、道理或精髓設法以生活中相似的事物類比出來。類比的過程中會引發許多的聯想與總結性的思考，所以比喻對於談話的深度有幫助。此外，使用比喻能避開複雜的細節描述。因此，對於不熟悉談論中的概念或事物的參與者使用比喻，就能借鑑他們原來就熟悉的事物，幫助他們快速理解。

「I.4 比喻性的提問」使用短介入進行。你除了直接問：「你可以用什麼來比喻……？」之外，還可以用各種喻詞，例如「好像」、「好似」、「有如」、「如同」、「彷彿」等，來作提問。例如：「請你打個比方，這就像什麼？」、「這就如同什麼一樣？」、「用電影場

景來比喻，這彷彿就像什麼場景？」

舉更具體的例子，例如：「目前我們面對這個情勢，你覺得就像什麼？」有人可能會回答：「就像獵人面對一群動作比他迅速很多的獵物一樣。」有人可能會回答：「就像有經驗的航海家，在沒有地圖與雷達的情況下，要去探索一處沒人去過的海域。」這些回答能巧妙地表達出發言者如何看待這個情勢。

或者，你也可以在說明介入理由之後，再作比喻性的提問。例如：「我擔心這個情勢只用數據來呈現並不是那麼容易體會，所以我想請你用其它事物比喻一下。」然後再使用比喻性的提問邀請發言：「目前我們面對這個情勢，你覺得就像什麼？」

比喻還有引發參與者更多想像的作用。例如，有人可能會說：「如果我們面對情勢是像獵人面對一群動作比他迅速很多的獵物一樣，那麼我們是不是就不能靠我們的反應去追捕牠們，而是要靠有計畫的佈局？」作為喻依的「獵人追捕獵物」啟發了參與者對於作為喻體的「情勢」的更多思考。無論是比喻本身或它所引發的想像，都可以為參與者帶來更多洞見，而增加談話內容的深度。

第十九章　即時介入以幫助「全覽」各方觀點

「全覽」是「內容豐富性指標」的其中一個方面的指標。本章介紹幫助參與者全覽談話內容的即時介入技巧與相關的觀念。

談話中很自然地會有不同觀點呈現。參與者對待觀點的態度，會決定他們能運用不同觀點來豐富談話的程度。參與者若是把不同觀點視為威脅，就容易壓抑不同觀點，而傾向忽視觀點的價值；若是把不同觀點視為資源，就容易重視所有觀點，而傾向發掘觀點的價值。全覽的技巧，即是試圖引導參與者把不同觀點視為資源，讓參與者從宏觀的角度整理與比較不同的觀點，以試圖對所談的事物達成更全面的理解。

這也呼應到對於對話有深入研究的學者David Bohm的觀點。他認為這個世界是整體的，有內在的一致性。我們之所以會有不同觀點，是因為每個人都只能看到整體事物的片段。對話的目的即是在透過呈現不同的觀點，從觀點與觀點之間發現一致性，從而看見事物的整體。要做到這一點，各方觀點都必須能夠被看見。打個比方，每個人的觀點就像是拼圖當中的一塊。拼圖愈多，我們看到的圖畫才會愈完整。而發現一致性的過程，即是察覺與探索觀點背後的假設與價值觀。這個過程會讓意義在對話中浮現與流動，並激發出洞見。

本章介紹的全覽技巧分為兩種。一是「幫助參與者呈現所有觀點」。前面章節裡已經有許多能幫助參與者呈現不同觀點的技巧，我於本章再多補充一些技巧。二是「幫助參與者全覽所有觀點」。這種技巧是在幫助參與者

跳脫對於單一觀點的探索，而以整體的角度來看待談話的內容。由於在觀點的廣度與深度足夠豐富的情況下，參與者才有全覽的必要，所以前者是後者的基礎。因此，你在引導參與者全覽觀點前，必須要先確認觀點的呈現已經足夠豐富，否則參與者會覺得全覽十分多餘。

這些指標與技巧的概觀如下圖。前面有數字編號的是技巧名稱。我為技巧編號以方便識別與引用技巧。

J.1 幫助參與者呈現所有觀點

要幫助參與者呈現所有觀點，你在談話的不同時期可以採用不同的技巧。

為了方便你理解以下技巧，我要請你想像一個情境。你現在正在準備要引導一場談話。參與這場談話的是一個「發言受重視的程度非常不平均」的團體。在這個團體裡面，某些人的發言被輕視的情形特別明顯，所以他們的觀點很容易被忽略。由於在這個環境中，發言的價值因人的背景而異，所以發言被輕視的人覺得自己的觀點不重要，而傾向不發言。此外，整個團體傾向於跟隨發言受重視的人的意見，所以他們說的話經常一說出口就成為主流意見。這也導致了縱使他們想聽其它不同觀點，也不容易聽到。

J.1.1 善用談話剛開始的時機

在參與者剛開始第一個題目或焦點的談話時，是一個很好的時間點，

讓大家了解「呈現所有觀點」的重要性。例如，你可以說：「我們有不同觀點是很自然的事情。不同的觀點是很好的資源，讓我們能從各個角度去看這件事情，以及讓我們對於它了解得更多。所以在我們開始作選擇或決定之前，我希望我們能聽聽各種不同的看法。這可以讓我們的決定有更周詳的考慮。」這樣大家就知道你期望他們先花時一些時間呈現不同觀點，而不是要馬上做一個決定。

在整場會議或對重要題目的討論剛開始時，也是鼓勵每個人都發言的好時機。你可以說：「我想邀請每個人都說說你既有的看法。如果你現在還沒有看法，也請說一下你還沒有看法。我們一個一個發言，誰想先說？」

在發言的順序上，除了常用的自由發言外，若是情況適當，你也可以作發言順序的安排。例如，你可以請大家按照座次輪流發言、請平時話比較少的人先發言、請幾個意見彼此不同的人先發言，或請意見領袖比較晚發言。一般而言，在談話一開始時就有幾個不同的意見被表達出來，比較能營造鼓勵談話內容百花齊放的氛圍。

J.1.2 適時提供支持

就呈現多元觀點的角度來看，你要特別留意支持不太敢表達自己觀點的人，以及保護他們表達的權利。參與者在表達自己的觀點上會有不同的障礙。例如有些人純粹是因為不習慣發言而感到緊張，有些人是因為覺得在這件事上發言有風險，有些人是怕自己說話後別人不敢說不同意見。通常這些障礙會有一些徵兆。你要善用自己的直覺探測這些障礙的存在，並且運用適當的技巧介入。這些技巧在〈第十一章、幫助參與者表達的即時介入〉已詳細介紹，於此不贅述。

若是不太敢表達自己觀點的人在團體中的比例很高，你可以考慮採用分組討論的方式。你可以請參與者分小組進行討論，再由每組派一位代表向全體分享小組討論的結果。這可以讓參與者不需要面對所有人單獨發言，因而有效提高發言的整體安全度。但造成發言風險的原因並無法單憑分組討論的方式消除。因此，若你認為有必要降低或消除造成發言風險的原因，則你必須要運用技巧去發現原因及就原因採取適合的消除方式。對此，你可參考〈第十一章、幫助參與者表達的即時介入〉中〈B4.5 提高對發言的心理安全度〉那一節的內容。

J.1.3 幫助參與者覺察與調整影響力

有些參與者因為他所擁有的身分、角色、地位、風格等原因，一旦他發言了，其他人的參與度就會降低。例如一向偏好個人決策的團隊領導者在發言後，其他人都會傾向認為決策已定，再說其它意見只是浪費時間，而不會再提不同意見。由於這種參與者的影響力特別大，因此他的某些舉動會讓其他人感覺參與的空間擴大或縮小了。所以如果這些參與者不把空間讓出來或創造出來，你縱使鼓勵其他參與者呈現觀點，他們的參與度還是提高不上來。

最能改變這種情況的人即是這位參與者。因此，當你發現有這種情況時，你可以跟這位參與者溝通「呈現所有觀點」的重要性，以幫助他有意識地調整自己的行為，給予其他人更大的參與空間。這種介入比較適合在休息時間進行。在休息時間，你可以去找這位參與者個人談談。步驟如下。

步驟一、喚起參與者對自身影響的覺察

首先，你要幫助這位參與者覺察到他的發言的影響。你可以用比較直接的方式反饋你的觀點。例如：「我觀察到通常在你發言完

之後，其他人就很少再發言了。你是否也察覺到這個現象？」

或者，你也可以委婉一點，詢問他對他自己的觀察。例如：「我觀察到你在會議中的參與對於其他人的影響挺大的。你覺得你的參與對其他人的影響是什麼？」如果他有因此提到其他人不發言的情形，你就可以順勢抓住這個話題；如果他沒有提到其他人不發言的情形，那麼你再給他反饋。

當他關注到這個話題之後，跟他聊一下他的行為所造成的影響。在你確定他意識到影響是什麼後，即可進入下一步。

步驟二、建立行為規範

接著採取建立行為規範的步驟。例如，你可以與他共創規範。你可以說：「我擔心在這種影響之下，有許多有價值的意見不會被說出來。你覺得你可以作什麼行為上的調整以避免這種情況？」

或者，你也可以建議規範。例如，你可以說：「我擔心在這種影響之下，有許多有價值的意見不會被說出來。我建議你在每個話題開始時先不急著說話，以及主動表達你想多聽不同意見。在你發言之前，你可以先說明你只是貢獻想法，還不到作決定的時候。此外，你還可以刻意長話短說，避免給人你要掌握話語權的印象。你覺得這些建議如何？」

在建立行為規範的最後，別忘了請參與者給出承諾。例如，你問：「我跟你確認一下，在接下來的會議中，你願意做這幾件事情以幫助大家參與。第一、……；第二、……；第三、……。是嗎？」

如果順利的話，這位參與者接下來就會有意識地調整自己的行為，以提供給其他參與者更大的參與空間，從而讓各種觀點都能被呈現出來。這種溝通愈早愈好。若是你在籌備會議的期間就已經意識到會有這種情況在會議中發生，在會議前作這種溝通是最好的時機。

J.2 幫助參與者全覽所有觀點

「J.2 幫助參與者全覽所有觀點」技巧的用途在於幫助參與者轉換視角，從關注個別的觀點轉換到以整體的視角來看談話的內容。由於這是參與者內在視角的轉換，所以你可以透過提問作短介入去觸發它。常用的提問種類如下。

J.2.1 梳理性的提問

「J.2.1 梳理性的提問」在邀請參與者一起梳理目前已經在談話中呈現的所有觀點。例如，你可以問：「到目前為止我們之中已經呈現了哪些觀點或立場？」、「你聽到我們各種說法裡共通的是什麼？」、「相異的是什麼？」藉由提問「梳理性的問題」，參與者會開始回顧、盤點與爬梳他們的談話內容，而有利於他們看到團體的整體思考脈絡。

J.2.2 視角性的提問

「J.2.2 視角性的提問」在邀請參與者一起用較遠或較高的距離來看談話的整體內容。例如，你可以問：「若是我們站在一個比較高的視角，就像乘坐直昇機從空中俯看到目前為止我們的談話內容，就像看山川河流一樣，你會看到有哪些主要的思考脈絡？」、「若是我們從單一的觀點跳脫開來，把自己放遠一點，站在可以看到所有觀點的位置，你看見了哪些主要的觀點？」

J.2.3 啟發性的提問

「J.2.3 啟發性的提問」在啟發參與者對談話內容的整體性的思考。例如，你可以問：「剛剛所有觀點中，哪些啟發了你新的思考？你被啟發的思考是什麼？」、「若是要從我們剛剛的談話中提煉出一些意義來，那些意義是什麼？」、「剛剛有哪些交流讓你感受到了新的火花？你感受到的火花是什麼？」、「我們的談話內容裡，有哪幾個點特別值得我們進一步鑽研？」

J.2.4 總結性的提問

「J.2.4 總結性的提問」在為談話內容作整體性的總結。例如，你可以問：「若是將剛剛這一段交流的內容摘要起來成幾個重點，那些重點會是什麼？」、「剛剛這一段討論形成了什麼結論，可以讓我們帶到接下來的討論裡面去？」、「若要用幾句話描述我們目前討論的進展，你會怎麼說？」

全覽的技巧如果發揮出作用，你會觀察到參與者的談話內容從表達自己個別的觀點轉變為關注各方觀點，而讓談話內容開始串連與流動起來。這提高了在參與者間激發、激盪出更多內容與融合出主要意見的機會，而讓這個主題或焦點的交流內容更豐富。

內容的流動也可能最終導致談話的內容溢出到到原本談話的主題或焦點之外，而引發參與者對其它主題或焦點的探索。若這是發生在為達成特定目標所作的引導裡，你就必須要判斷談話流動的方向是否對於達成目標有幫助。若是沒有的話，就需要即時介入，將談話重新聚焦回原來的談話主題或焦點上。

與下冊的銜接

本書上冊《引導的基本觀念與即時介入》到此結束。

上冊的內容在介紹引導的「基本觀念」以及在所有的引導場合都可以使用的「即時介入」的技能。「即時介入」的技能並不是事先計劃好要如何使用的技能，而是視引導現場的情況，在需要時才使用的技能。你可以用它在各種場合幫助參與者更有效地進行交流，以及讓交流的內容更豐富。

下冊《引導流程的設計與實施》則是在介紹「計畫性的引導」。在有特定目標要達成的引導場合，引導者透過設計與實施引導的流程，來幫助參與者達成目標。這種場合大多是在我們生活中發生的大大小小的會議。你可以用下冊所介紹的技能來計劃會議如何進行，以及在會議現場讓它一步步實現。

少了「即時介入」的技能，你可能會無法即時幫助參與者提升交流的品質與豐富交流的內容；少了「引導流程的設計與實施」的技能，你可能會無法幫助參與者有效達成會議目標。因此，對於引導者而言，這兩種技能缺一不可。

歡迎你繼續閱讀本書下冊《引導流程的設計與實施》！

國家圖書館出版品預行編目資料

OPEN QUEST引導力 上冊：引導的基本觀念與即
時介入／鐘琭貿著. --初版.--臺北市：開放智慧
引導科技股份有限公司，2024.2
　　面；　公分.
ISBN 978-986-81771-4-7（平裝）
1.CST: 企業領導 2.CST: 組織管理
494.2　　　　　　　　　　　　112004691

OPEN QUEST引導力
上冊：引導的基本觀念與即時介入

作　　者　鐘琭貿
封面底圖　李珮玉
發 行 人　許逸臻
出　　版　開放智慧引導科技股份有限公司
　　　　　106台北市大安區信義路二段72號6樓之1
　　　　　電話：（02）2358-3595
設計編印　白象文化事業有限公司
　　　　　專案主編：陳逸儒　經紀人：徐錦淳
　　　　　412台中市大里區科技路1號8樓之2（台中軟體園區）
　　　　　出版專線：（04）2496-5995　　傳眞：（04）2496-9901
經銷代理　白象文化事業有限公司
　　　　　401台中市東區和平街228巷44號（經銷部）
　　　　　購書專線：（04）2220-8589　　傳眞：（04）2220-8505
印　　刷　基盛印刷工場
初版一刷　2024年2月
定　　價　580元